科学文化经典译丛

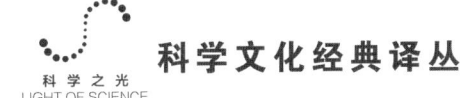

西班牙技术简史

EUROPEAN TECHNOLOGIES IN SPANISH HISTORY

[西]安赫尔·卡尔沃 主编
李伟彬 刘华 译

中国科学技术出版社
·北京·

图书在版编目（CIP）数据

西班牙技术简史/（西）安赫尔·卡尔沃主编；李伟彬，刘华译.—北京：中国科学技术出版社，2024.11

（科学文化经典译丛.第三辑）

书名原文：European Technologies in Spanish History

ISBN 978-7-5236-0739-8

Ⅰ.①西… Ⅱ.①安… ②李… ③刘… Ⅲ.①制造工业 – 产业发展 – 研究 – 西班牙 Ⅳ.① F455.164

中国国家版本馆 CIP 数据核字（2024）第 092914 号

This translation of *History of Technology Volume 30* is published by arrangement with Bloomsbury Publishing Plc.
© Ian Inkster and Contributors, 2011
北京市版权局著作权合同登记　图字：01-2023-5346

总策划	秦德继
策划编辑	周少敏　李惠兴　郭秋霞
责任编辑	汪莉雅　崔家岭
封面设计	中文天地
正文设计	中文天地
责任校对	焦　宁
责任印制	马宇晨

出　版	中国科学技术出版社
发　行	中国科学技术出版社有限公司
地　址	北京市海淀区中关村南大街 16 号
邮　编	100081
发行电话	010-62173865
传　真	010-62173081
网　址	http://www.cspbooks.com.cn

开　本	710mm×1000mm　1/16
字　数	319 千字
印　张	22.25
版　次	2024 年 11 月第 1 版
印　次	2024 年 11 月第 1 次印刷
印　刷	河北鑫兆源印刷有限公司
书　号	ISBN 978-7-5236-0739-8 / F·1254
定　价	108.00 元

（凡购买本社图书，如有缺页、倒页、脱页者，本社销售中心负责调换）

导　言
西班牙技术史概述

技术转移是技术史上的一个重要课题。现代社会以许多不同方式构建，在这期间，知识和技术的转移功不可没。然而，技术史研究与科学史研究一样，更多地侧重于创造力而非技术转移。这种优先顺序使得当代西班牙的技术贡献略显黯淡。

近几十年来，技术史学的研究重心已发生变化。其中涉及几个因素，但无论是传统技术还是新技术，无论是本国产生的技术，还是从他国转移来的技术，其经济价值都让人们对技术在社会中的实际作用产生兴趣。大卫·埃杰顿（David Edgerton）对技术史的作用提出了一个新观点，强调要深入研究技术在社会中的实际作用。他在一篇已被翻译成多种语言的论文中提出该观点，并在一本书中将其观点用于对20世纪情况的阐述。[1]技术日益被视为一种与历史相关的因素，因而一般历史研究也促进了对技术转移及其社会作用的研究。不过该观点有一定决定论倾向，因此在学界饱受争议。总之，技术转移是欧洲工业发展地区的重点。19世纪初以来，西班牙国情及其经济发展深受欧洲工业的影响。

西班牙科学史学的标志是"西班牙科学之争"（la polémica de la ciencia

española），即关于西班牙科学的争议。这场争论始于17世纪末，其核心是西班牙人是否为现代科学做好了准备。针对这一问题有两种对立观点：反对的观点认为，自16世纪特伦特会议①后，天主教会抵制现代思想，极大地阻碍了西班牙跻身科技主流之列。可以说，西班牙天主教会的力量及其在20世纪以前的影响是导致西班牙人对现代科学缺乏兴趣的主要原因。这一观点得到了西班牙左派政党和自由主义思想家的支持；相反，保守派思想家认为，真正的西班牙科学只是被忽视了，因为"黑色传奇"②，或其特殊秉性，使得它与受到普遍认同的西方科学中心大相径庭。持这种观点的人声称，应该承认西班牙对现代科学的"特殊"贡献。[2]

应当指出，"科学之争"③对西班牙社会产生了重大影响，尤其是在西班牙人对现代科技完全缺乏原创贡献这一观念方面。根据这一观点，西班牙目前的科技活动几乎总被视为是国外的产物。与此同时，20世纪中欧和北欧科学史的发展也证实了这一点。事实上，在这个时期的记载中，人们很少提及西班牙。但自那以后，现代西班牙科学史改变了其研究目标，着重分析科技在西班牙工业、农业、通信、研究和教育等社会领域中的作用。该研究方法的成果之一是，在西班牙16世纪和17世纪成为世界主要强国

---

① 特伦特会议（Council of Trent）是天主教会在16世纪召开的一次宗教大会，以回应宗教改革运动的挑战。该会议于1545年在意大利特伦特市召开，共经历了三个阶段，直到1563年才结束。特伦特会议的目的是加强天主教会的团结和纪律，消除宗教改革运动带来的异端和分裂的影响。会议采取了一系列重要措施，包括确认天主教的信条、改革神职人员的培训和生活方式、规范圣事和教堂礼仪、制定禁书目录等。——译者注（下文若无特别说明均为译者注）
② "黑色传奇"（Black Legend）是指在欧洲宗教改革时期和西班牙帝国扩张时期，西班牙被贴上了"野蛮""残酷""暴虐""奴役"等不良的历史标签。这种形象是由当时的敌对国家和各种宗教和政治势力故意宣扬的，以便于贬低西班牙的声誉。这种负面形象也在一定程度上遮蔽了西班牙在文化、艺术、科学和政治等领域所取得的重大成就。
③ 此处所指为1876年开始的西班牙科学论战（Polémica de la ciencia española），这是一场始于西班牙科学领域丑闻的学术争论。争论围绕教育体制及西班牙科学技术被边缘化等话题展开。

之时，其技术与社会的高度相关性得到更多人认可。[3]

西班牙技术史的起源

西班牙的技术史研究在20世纪经历了专业化的发展。[4] 20世纪初，新的技术博物馆给前来参观的西班牙教师留下了深刻的印象。阿古斯丁·穆鲁亚（Agustín Murúa）便是其中之一，他是巴塞罗那大学（University of Barcelona）教授，是一名化学家，在慕尼黑（Munich）生活了两年（1903—1905）。1909年，穆鲁亚以1903年新开放的德意志博物馆（Deutsches Museum）作为研究技术和科学文化的参照点（Murúa y Valendi，1909）。或许是受到了威廉·奥茨瓦尔德（Wilhelm Otswald）及其史学研究的影响，他对科学史饶有兴趣。奥茨瓦尔德与恩斯特·马赫（Ernst Mach）等德国科学家认为，科学发展应基于对其概念史的批判性分析。

在20世纪前三分之一的时间里，工程师们对技术史做出了若干贡献，并在西班牙工业多元化发展时期发挥着重要作用。他们为文化遗产提供新视野，并对西班牙经济发展轨迹进行了不同分析。在工业和技术遗产方面，安东尼·加利亚多-加里加（Antoni Gallardo-Garriga，1887—1942）和圣地亚哥·鲁维奥·图杜里（Santiago Rubió Tudurí，1892—1980）做出的贡献尤为显著。1930年，他们出版了一部关于"加泰罗尼亚锻造（Catalan forge）"的著作，讲述了一套自中世纪在西班牙的比利牛斯山脉（Pyrenees）发展起来的冶金系统，直到19世纪仍在当地广泛使用。[5] 这些生产多种铁制品的锻造厂也构成了军火工业的基础。加利亚多-加里加和鲁维奥·图杜里研究了该系统的技术基础，并对西班牙和法国的锻造厂遗迹进行了实地考察。筹备该书的同时，他们还复制了一套加泰罗尼亚锻造系统，于1929年在巴塞罗那世界博览会上展出。加利亚多-加里加和鲁维奥·图杜里都是工业工程师，加利亚多-加里加还是一位杰出的摄影师，他为埃布罗水力发电公司［Riegos y Fuerzas del Ebro，后改名为加泰罗尼亚发电公司（Fuerzas Eléctricas de Cataluña），再后来被西班牙国家电力公司（Endesa）接管］拍摄了一组出色的照片。[6]他也从事加泰罗尼亚流行的乡村建筑研究，为人类学做出了贡献。而鲁维奥·图杜里则设计了巴塞罗那的第一条地下铁路，于1924年开始投入运营。他在西班牙内战期间（1936—1939）担任巴塞罗那工业工程学校的校长，内战结束后流亡海外。这本关于加泰罗尼亚锻造的小册著作就是我们现在所说的"工业考古学"的早期作品，该书以工程师在西班牙的新角色为背景，特别是在加泰罗尼亚，这个抵制了普里莫·德·里维拉（Primo de Rivera）1923—1930年独裁统治的地方，是共和运动的先锋之地。

西班牙内战后，在佛朗哥（Franco）统治时期，工程师们继续扮演着重要角色。佛朗哥政权的第一阶段（约1939—1959）实行闭关自守的经济政策，需要工程师来建设新经济，技术在其中发挥了重要作用。在此背景下，何塞·M. 阿隆索-比格拉（José M. Alonso-Viguera，1900—1974）撰写了一本1944年出版的西班牙工业工程百年史著作，向参与西班牙工业化进程的工程师们致敬。[7]阿隆索-比格拉本人也是一名工业工程师，还曾是一名政府官员。工业工程师曼努埃尔·德·福龙达·戈麦斯（Manuel de Foronda Gómez，1907—1969）于1948年出版了一本长达800页的关于工业工程师的鸿篇巨制，他就是后来的托雷·努埃瓦·德·福龙达（Torre Nueva de Foronda）伯爵。[8]这本书是在研究了15个图书馆的文献后凝练出的研究成果。福龙达·戈麦斯表示，技术类文献此前虽没有得到重视，但这本书可以促进许多历史研究的发展。然而，这本书只是一本向工程师和研究人员提供参考的工具书。随后的几年里，一些有关机构历史的书籍相继出版，比如巴塞罗那有关工业工程师协会百年历史的书籍。[9]

除工程师撰写或为工程机构撰写的文献外，不同领域的专家对技术史也颇感兴趣。胡利奥·卡罗-巴罗哈（Julio Caro-Baroja，1914—1995）在农村和热门技术方面的研究值得关注。他管理着一座位于马德里某村庄的人类学博物馆，不过，该博物馆只运营了一段时间便关门停业了。[10]

在20世纪60年代和70年代的工业发展时期，人们对技术史研究的兴趣似乎有所下降。然而，在佛朗哥政权于1975年倒台时，对技术史的新思考已经得以开展。

新方向

20世纪70年代，西班牙技术史研究进入了新的历史阶段，数位研究人员做出了卓越的贡献。有趣的是，不同工程专家的项目之间存在着一些偶合。比如，在研究土木工程师方面，史学家安东尼奥·鲁梅乌·德·阿马斯（Antonio Rumeu de Armas，1912—2006）应邀撰写该专业领域在西班牙的起源史。他重点撰写了工程师阿古斯丁·德·贝当古（Agustín de Betancourt，1758—1824）的事例。贝当古是西班牙在该领域的先驱，推动了该国第一批土木工程学院的建设。[11] 在土木工程史研究方面，费尔南多·萨恩斯·里德鲁埃霍（Fernando Sáenz Ridruejo）研究了西班牙工程师的整体发展，及其对19世纪和20世纪西班牙基础设施现代化建设的主要贡献。[12] 此外，史学家拉蒙·加拉布-塞古拉（Ramon Garrabou-Segura，1937— ）于1982年对19世纪加泰罗尼亚工业工程进行了一项新的研究，该研究是首次对工业工程进行的现代审视。[13]

何塞·玛丽亚·洛佩斯·皮涅罗（José María López Piñero，1933— ）在推动科学史革新的同时，也促进了技术的革新。值得一提的是他在1979年做出的对16世纪和17世纪西班牙科学技术的纲领性研究。[14] 皮涅罗指出，在西班牙帝国统治期间，航海、造船、采矿、冶金、防御工事、火炮和建筑等技术体系得到发展，其中一些技术的发展对西方技术的革新起着重要作用。皮涅罗还和维克多·纳瓦罗-布罗顿（Víctor Navarro-Brotons）、欧亨尼奥·波特拉（Eugenio Portela）和托马斯·格利克（Thomas Glick）等人合作，在他们共同出版的《西班牙现代科学史大典》（Diccionario histórico de la ciencia moderna en España，1983）中汇集了科学史、技术史和医学史。[15]

在巴利亚多利德市（Valladolid），尼古拉斯·加西亚·塔皮亚（Nicolás García Tapia，1940—）对文艺复兴时期的西班牙技术史进行了研究。他利用西曼卡斯（Simancas）国家档案馆的资料，分析了16世纪和17世纪杰出工程师所作的贡献。[16] 在巴塞罗那，吉列尔莫·卢萨（Guillermo Lusa，1941—）创立了一个科技史研究小组，其主要目标之一就是研究1851年创建的巴塞罗那工业工程学校（Escola Tècnica Superior d'Enginyeria Industrial de Barcelona，ETSEIB）的历史。[17] 该研究小组还于1995年创办了杂志《工程史料汇编》（Quaderns d'Història de l'Enginyeria），这是西班牙唯一一份专门讨论科技史的杂志。[18] 在技术史和职业教育史研究上，拉蒙·阿尔韦迪（Ramón Alberdi，1929—2009）所做的研究值得关注，这是一个关于巴塞罗那技术史研究的优秀案例。[19]

同样在巴塞罗那，奥拉西奥·卡佩尔（Horacio Capel，1941—）创立了一个地理史和地球科学史研究小组。出于对城市和土地规划的兴趣，他和小组成员还研究了军事、林业和农业等领域的工程师在其中所扮演的角色。[20] 此外，卡佩尔及其团队也对电报、电力、电话和天然气等技术网络颇感兴趣。[21] 在电信方面，塞瓦斯蒂安·奥利维（Sebastián Olivé）和赫苏斯·桑切斯·米尼亚纳（Jesús Sánchez Miñana）在西班牙发表了研究这类工程的新方法。[22]

经济史学家也对技术史研究做出了贡献，其研究重点是与产业相关的技术。2000年，霍尔迪·马卢克尔·德·莫茨（Jordi Maluquer de Motes）收集了霍尔迪·纳达尔（Jordi Nadal）和亚历克斯·桑切斯（Alex Sánchez）

等人在前一时期的研究成果。[23]其他史学家也致力于加泰罗尼亚和西班牙的技术史研究，比如J.K.J.汤姆森（J. K. J. Thomson），他研究了巴塞罗那棉产业的起源和18世纪纺织技术的转移。[24]还有对电信史感兴趣的安赫尔·卡尔沃（Angel Calvo），他致力于研究主要电信公司的创立及其发展初期的历史。[25]

科学史研究涵盖了对技术的分析。在这方面，阿拉伯问题专家霍安·贝内特（Joan Vernet，1923—）在其西班牙伊斯兰科学研究和其西班牙科学史方面的著作中都涉及相关的研究内容。[26]西班牙近期研究科学史的集体著作也是如此，例如由何塞普·M.卡马拉萨（Josep M.Camarasa）和安东尼·罗加－罗塞尔（Antoni Roca-Rosell）主审的有关加泰罗尼亚科学家的著作；由路易斯·加西亚·巴列斯特尔（Luis García Ballester，1936—2000）主审的卡斯蒂利亚王室科学技术史；以及由贝内特和帕雷斯（Parés）共同审定的加泰罗尼亚地区的科学史。[27]

近年来，技术史学领域内最引人注目的贡献是萨拉戈萨大学教授曼努埃尔·席尔瓦－苏亚雷斯（Manuel Silva-Suárez，1951—）的一项倡议。他开设了为期两年的工程史课程，在这些课程和其他贡献的基础上，他出版了五卷从文艺复兴至19世纪西班牙工程史的著作，[28]他计划再出版两卷关于19世纪工程史的书，也许还有四卷关于20世纪工程史的书。尽管该系列丛书并不完整，但这五卷书代表着对西班牙技术史最实质性的贡献。

得益于像席尔瓦－苏亚雷斯这类的史学家所做的开创性贡献，西班牙技术史研究在过去的十年里发生了天翻地覆的变化。而本书的撰稿者们所进行的研究就是现阶段技术史研究的很好例子。

目 录

导言　西班牙技术史概述 ·· i

知识篇

第一章　西班牙工业谍报活动的开端 ·· 2

第二章　贝当古与采矿技术的知识迁移 ·· 16

第三章　追溯桑庞斯，探究西班牙机械工程学的基石 ··················· 37

第四章　19 世纪的海外专利制度 ··· 52

第五章　西班牙工程行业 ·· 69

制造篇

第六章　西班牙黄金时代造船技术 ··· 90

第七章　加泰罗尼亚棉纺技术和产业区位的源流 ·························· 107

第八章　18 世纪西班牙丝绸技术的高光时刻 ································ 121

第九章　非创新型国家的纺织技术企业家 ···································· 131

第十章　外国机器和本国造纸车间 ·· 147

第十一章　外国企业、本土企业集团与西班牙化学工业的形成 ············ 167

能源篇

第十二章　西班牙电能：从概念引进到产业化 ················ 184

第十三章　佛朗哥时期西班牙的核技术转移 ···················· 202

电信和公共工程篇

第十四章　西班牙电信业的发轫与崛起 ···························· 222

第十五章　"法国气动时钟天才"与西班牙无线电站 ········· 235

第十六章　佛朗哥时期大坝的技术倒退 ···························· 254

贡献者 ·· 270
注释 ·· 272
参考书目 ·· 315
索引 ·· 337
译者后记 ·· 342

知识篇

第一章
西班牙工业谍报活动的开端

众所周知，1748年10月签订的《亚琛和约》①结束了西班牙接连起伏的王位继承战争。18世纪初以来，这些战争一直在消耗其大部分财力，严重损害了国民经济。此后，西班牙开明的统治者摆脱了过重的军费开支，能够将越来越多的预算投入经济现代化建设和国家基础设施重建中。这项新改革政策的主要推动者是恩塞纳达侯爵（Marquis of Ensenada），他是费尔南多六世（Fernando Ⅵ）最具影响力的大臣，[1] 兼任财政部、战争事务部、海军部和西印度群岛事务部等部门的部长。正是在其领导下，西班牙启动了旨在实施单一税（Única Contribución）的全面税制改革。政府实施了雄心勃勃的交通网络改善计划，修建了新的道路和运河，并鼓励本地工业减少对外国进口的依赖。最终，恩塞纳达的改革涉及军队。实现长期和平后，在积极中立的外交政策下，西班

---

① 《亚琛和约》，亦称《爱克斯·拉夏贝尔和约》。和约由法国、英国、荷兰和奥地利等方签订于1748年10月18日，是同年4月24日开始的第二次亚琛和会的结果，标志着奥地利王位继承战争的终结。

牙开始不遗余力地追求军事的工业扩张和现代化，造船业是其重点发展目标。这种看似矛盾的现象只是表面的，因为恩塞纳达打算让西班牙在18世纪中叶拥有一支强大的海军；这不仅是为了赢得欧洲列强的尊重，最主要还是为了保住殖民地和海外贸易。为此，他大力发展了埃尔费罗尔（El Ferrol）、卡塔赫纳（Cartagena）和卡拉卡（Carraca，位于加的斯地区）的三大海军部门的兵工厂和在瓜尼佐（Guarnizo，位于桑坦德地区）的造船厂，这增加了西班牙对装备战舰的枪支弹药以及缆绳、船桅和船帆的需求。

连年战火致使西班牙的军工技术落后于欧洲其他国家，也使得西班牙将重心放在追求短期生产力的发展而不是长期的技术进步。因此，西班牙在18世纪上半叶的战争中使用的军舰建造方法与17世纪如出一辙。

1748年以来，恩塞纳达侯爵为了让西班牙在短时间内摆脱技术落后的困境，采用了工业谍报活动这一见效最快的方法[2]，其内容包括派遣精明强干的军事间谍前往欧洲强国，窥探欧洲主要的兵工厂和军械库，以收集其中使用的最新技术情报，并在可能的情况下，让他们招募外国技术人员，将现代技艺引入西班牙军事工业，并给当地劳工提供培训。[3] 将这种外派活动称为间谍行为绝非夸大其词，因为这些活动都是经过精心策划和组织的。间谍们收到详细指令，包括主要行程、停留地点、行动的主次目标，以及与马德里总部通信的加密代码等。[4] 此外，沿途各国任职的西班牙外交官奉命采取一切必要手段协助他们执行任务。

海军间谍：豪尔赫·胡安与安东尼奥·德·乌略亚

第一次谍报行动中，恩塞纳达招募到了豪尔赫·胡安（Jorge Juan）和安东尼奥·德·乌略亚（Antonio de Ulloa），并得到了这两位年轻海军军官的鼎力相助。此二人曾在西班牙-法国测地线任务[1]，即测量南美洲赤道经度的工作中崭露头角。恩塞纳达分别于1748年10月和1749年6月给胡安和乌略亚下达指令，这两套指令结构相似，但第二套指令的任务历时更久。[5]在这两套指令中，都有两个部分是明确的。第一个部分是制定行程和目标，第二个部分则为间谍们制定了一套行为准则，让他们对其任务的真正目的进行保密。这两个任务目标一致，即：首先，获取造船业相关信息；其次，了解目标国与西班牙殖民地进行贸易所遵循的官方政策与实际政策；最后，了解这些国家为发展本国工业而采取的经济措施，尤其是那些在国内贸易和殖民地贸易中与西班牙直接竞争的国家。

豪尔赫·胡安是第一个被派出的间谍。他在加的斯遇到了他的同伴，年轻的海军见习军官何塞·索拉诺（José Solano）和佩德罗·德·莫拉（Pedro de Mora），而后乘船前往伦敦，于1749年3月初抵达。[6]胡安的主要目标是收集有关英国造船技术的信息，并招募若干英国工程师和技术人员，以便将这些技术引进西班牙兵工厂。他以非凡的努力和谋略投入这项任务中，在伦敦仅待了一年零三个月后，他就成功地将50多名造船技术人员（有时还包括他们的家人）[据梅里诺·纳瓦罗（Merino Navarro）估计]经由波尔图（Oporto）和加来（Calais）送往西班牙，以隐瞒他们的最终目的地，其中包括三名主要的造船师：W. 鲁思（W. Rooth）、E. 布莱恩特（E. Bryant）和M. 马伦（M. Mullan）[7]。此外，胡安不仅向恩塞纳达提供了英国造船法、英国皇家海军组成情况和英国在美洲的战略等全面信息，而且还提供了许多有关其他领域的技术和事项的额外情报，其中就有后来在加的斯海军天文台收藏的许多书籍和科学仪器，以及最早到达西班牙的蒸汽机之一的纽科门蒸汽机的模型。20年后，在胡安的指导下，该模型被

---

[1] 西班牙-法国测地线任务（Spanish-French Geodesic Mission）是18世纪二三十年代至五六十年代、在如今南美洲厄瓜多尔进行的探险活动，目的是通过弧度测量来推出赤道附近一个纬度的长度，从而推算地球的半径。

用作卡塔赫纳兵工厂仿制的模板。胡安冒着极大的生命危险，才能取得如此出色的成就。他利用几个假身份与当地人结成各种形式的伙伴，有的是严格意义上的雇佣关系，有的基于宗教纽带；在任务的最后阶段，英国当局下令逮捕他，他才不得不匆忙逃离该国。1750年6月，他几经周折成功回到马德里，在恩塞纳达大力支持下，他迅速开始在西班牙海军的三个兵工厂里实施"英国造船法"①。[8]

胡安仓皇逃回西班牙的同时，他的老朋友乌略亚花了半年多的时间环游欧洲大陆，[9]其目的地主要是法国，其间途经荷兰和斯堪的纳维亚地区（Scandinavia）。他迟迟未出发是因为在1749年夏天，他必须在巴塞罗那和卡塔赫纳兵工厂执行一些任务。在巴塞罗那，他访问了铜炮铸造厂，撰写了一些关于炼铜法的技术报告，并将其发送给恩塞纳达。在那里，他会见了三名年轻军官，分别是他的亲兄弟费尔南多·德·乌略亚（Fernando de Ulloa）、海军见习军官萨尔瓦多·德·梅迪纳（Salvador de Medina）和何塞·德·阿斯卡拉蒂（José de Azcarrati），他们协助他完成部分行程，并为其提供掩护。乌略亚假扮成三名军官的主管，带领他们进行学习之旅，重点关注数学、航海和水文学等科目。

乌略亚的第一段旅程途经法国南部，穿越鲁西荣（Roussillon）、朗格多克（Languedoc）和普罗旺斯（Provence）地区，持续了1749年秋季的大部分时间。此行的主要军事目标是窥探法国土伦（Toulon）海军基地，尽管期间曾引起了一些怀疑，但乌略亚还是完成了一份关于该基地的全面描述和详细计划的报告，几个月后，恩塞纳达将这一报告交给埃尔费罗尔和卡塔赫纳兵工厂厂长，以供他们作为参考。在民用方面，其主要成就是他写的有关米迪运河（Canal du Midi）和卡尔卡松（Carcassonne）毛纺业的报告。为了撰写第一个报告，他穿越了整条运河，完成了一份非常详细的

---

① 即所谓的英国体系（sistema inglés）。——原书注

报告，描述了运河的主要工程，并收集了关于其河流交通组织和开发条件的数据，这令人倍感兴趣。该报告无疑鼓舞了恩塞纳达着手建设卡斯蒂利亚运河（Canal of Castile）计划的决心。这份关于卡尔卡松毛纺业的报告也意义非凡，因为它包含了第一份抵达西班牙的飞梭的描述（旁附一张小图）。该装置是最近（1747年）由其发明者英格兰技术员约翰·凯（John Kay）引入法国纺织业的。

乌略亚及其同伴从法国马赛（Marseille）出发，沿罗讷河（Rhone）逆流而上，前往里昂（Lyon）。根据恩塞纳达的指示，他们需要深入收集该市丝绸工业的情报，因此，他们在那里待了一段时间。[10]接着，乌略亚从里昂出发，绕道前往计划之外的目的地日内瓦（Geneva），在那里，他度过了1750年的最后几周，其间，他设法雇用瑞士钟表匠雅克·弗朗索瓦·德·吕克（Jacques François de Luc），后者最初对移居西班牙略感兴趣，但协商结果还是未能如愿。

他们一行人最终于1750年中期抵达巴黎，并花费一年多的时间在这里建立行动基地。他们此行的最初目的是让乌略亚的同伴在其监督下学习数学，同时他也可以自由地实现他的目标。然而该计划在他们到达不久之后就失败了，因为同伴父亲的轻率行为，暴露了这次任务的真实动机。遭受此番挫折之后，乌略亚并未退缩，不过其任务的成功率却因此大打折扣。在接下来的几个月里，他一边撰写各种任务报告，一边忙于招聘人才，虽然未能聘请到著名的地图绘制师德赫兰（D'Heuland），但成功招募了水利工程师夏尔·勒莫尔（Charles Le Maur），并于几年后合作进行卡斯蒂利亚运河项目。此外，他还偷偷访问了巴黎兵工厂的大炮铸造车间，窥探了用于实心浇铸大炮钻孔的新机器，并向恩塞纳达寄了一份有关这些机器的蓝图和报告。

1750年4月至8月，乌略亚将同伴留在巴黎后，沿着布列塔尼（Brittany）和诺曼底（Normandy）海岸旅行，参观了法国海军在这些地区的主要港口和兵工厂。由于身份暴露，他毫不犹豫地向法国海军部部长安托万－路易·鲁耶（Antoine-Louis Rouillé）申请许可，并获得了多方协助和建议，参观了军事设施。基于这次探访，他写了几份关于洛里昂（Lorient）、南特（Nantes）和圣马洛（St Malo）等港口设施的报告。[11]

回到巴黎后，乌略亚继续忙于各种事务，从法国陆路交通网络到巴黎市政卫生服务组织。在此期间，他不断购买了大量的科技书籍，并联系有兴趣移居西班牙的专家，爱尔兰博物学家威廉·鲍尔斯（William Bowles）便是其中最重要的一位。1751年初，乌略亚开始准备下一阶段的旅程，由于这趟旅程需途经佛兰德斯①（Flanders）和荷兰，而恩塞纳达侯爵想让他把在荷兰的停留时间压缩到最短，因此他必须说服这位没耐心的侯爵坚持原来的行程。接着，乌略亚于1751年6月抵达荷兰，在那里他与西班牙驻荷兰大使普埃尔托侯爵（Marquis of Puerto）合作，招募了6名专门制造缆绳、桅杆和船帆的工匠到西班牙兵工厂工作。他还成功进入海牙（Hague）的大炮铸造厂，发现那里已经采用了和巴黎一样的新的实心铸造法，还使用了类似的机器来给大炮钻孔。

1751年8月，乌略亚及其同伴开始了环北欧国家的最后一段旅程。这个任务一开始是半机密的私人任务，但后来却变成了具有官方性质的外交。在丹麦，乌略亚与丹麦舰队司令一起参观了其主要的兵工厂，接着他在第二个月带着瑞典大使写的几封介绍信前往斯德哥尔摩（Stockholm）。在那里，他受到了瑞典王公大臣们的亲自接待，并毫不费力地参观了卡尔斯克鲁纳（Karlskrona）兵工厂，他在那里看到了一个大型干船坞，该干船坞后来成为西班牙卡塔赫纳兵工厂干船坞的建造基础。接着，他从斯德哥尔摩前往柏林，在那里他也受到了隆重的接待，因为普鲁士腓特烈二世（Fredrich Ⅱ）的妹妹瑞典女王的引荐信为他铺平了道路。腓特烈二世还亲自在无忧

---

① 佛兰德斯（荷兰语：Vlaanderen），是西欧的一个历史地名，泛指位于西欧低地西南部、北海沿岸的古代尼德兰南部地区，包括今比利时的东弗兰德省和西弗兰德省、法国的加来海峡省和诺尔省、荷兰的泽兰省。

宫（Sansonci）接待乌略亚，他们在著名数学家皮埃尔-路易·德·莫佩尔蒂（Pierre-Louis de Maupertuis）的陪伴下共进晚餐。

11月20日，乌略亚及其同伴开始启程返回西班牙。三周后他们抵达巴黎，乌略亚在那里收到了一封来自恩塞纳达的信，敦促他在返回西班牙之前访问一些中欧矿场。由于这并未在最初的指示之列，乌略亚推脱了这项任务，并在恩塞纳达的答复抵达之前，于1751年12月26日离开巴黎前往西班牙边境。最终于1752年初抵达马德里，结束了这场持续了两年多的欧洲之旅。

失败的"即兴任务"：恩里克·恩里基的谍报之旅

胡安和乌略亚出色地完成了这些谍报任务后，恩塞纳达侯爵信心倍增，决定扩大工业谍报行动，收集冶金和火炮领域的情报，并获取有关新大炮制造技艺的信息。这些新任务中的第一个是即兴的，可以在上文中乌略亚旅程的一个额外延伸中体现。早在1749年11月，乌略亚抵达马赛时，便收到了恩塞纳达的一封信。信上说，恩塞纳达在查看他写的关于巴塞罗那铜炮铸造厂的报告后，希望他扩大其猎取目标，收集金属铸造技艺的相关信息。但乌略亚认为自己不能胜任此次任务，建议恩塞纳达针对欧洲主要铸造厂，组织一个新的工业间谍团，并推荐他在巴塞罗那停留期间遇到的炮兵中尉恩里克·恩里基（Enrique Enriqui）负责这次行动。恩塞纳达采纳了这一建议，并让乌略亚为恩里基中尉的旅程制定行动指南。

恩里基于1750年3月抵达巴黎，乌略亚给他下达指示，明确这次窃取冶金情报的目标：获取与铸造火炮零件相关的铜和铁处理的所有信息。此次行程预计包括三个阶段：第一阶段，在巴黎短暂停留后，窥探阿尔萨斯（Alsace）和洛林（Lorraine）的矿场和铸造厂，并在荷兰结束此阶段任务。第二阶段，前往北欧国家，重点关注瑞典的铜矿场，并在圣彼得堡结束这一阶段的任务。最后一个阶段覆盖中欧矿区，途经普鲁士、奥地利和匈牙利，终点是意大利北部。恩里基将于旅行两年半之后，也就是1752年夏天返回西班牙。然而，这次旅程的实际情况却与乌略亚最初的行程计划大相径庭，恩里基的无能是导致计划失败的主要原因。他只完成了旅程的第一阶段，而且收集的信息也乏善可陈，从中只得出一些既讽刺又意外的结论：无论是合金质量方面还是大炮的设计与构造方面，西班牙火炮都比他在谍报行程中看到的任何火炮都要先进得多！1750年11月，恩里基一到达荷兰，就请求恩塞纳达取消第二段旅程，因为他认为北欧国家的铜矿开采和金属加工技术并没有什么可借鉴之处。他的请求得到了批准，但作为替代方案，他受命前往英国，等待新的指示。1751年初，恩里基抵达伦敦，由于不懂英语，他几乎无所事事。在多次请求后，恩塞纳达命令他于3月返回西班牙，彻底终止了此次任务。两个月后，恩里基回到西班牙，受到了恩塞纳达的冷遇，只让他写了一份关于实心浇铸大炮中钻孔所用不同机器的比较报告。这份报告彻底败坏了恩里基的名声，因为他趁机提出了自己设计的项目，却被专家们一致否决。此后，恩里基被打入冷宫，再也没有接到任何与技术相关的谍报任务。

四名炮兵军官之旅

事实上，从前一年开始，发现恩里基有任务失败的迹象，战争事务部秘书处（Secretario del Despacho de Guerra）即刻谋划另外两次工业谍报行动，以窃取冶金和采矿的新技术，更具体地说，窃取生产大炮的技术情报。一切迹象都表明，战争事务部秘书处炮兵司令胡安·德尔·雷伊（Juan del Rey）陆军中将是这次行动的组织者。他挑选了四名军官结对前往：达马索·拉特雷（Dámaso Latre）和阿古斯丁·乌尔塔多（Agustín Hurtado）去往北欧，何塞·马涅斯（José Manes）和弗朗西斯科·德·埃斯特切里亚

(Francisco de Estachería)去往中欧。[12]从1750年10月至1751年1月这几个月的时间里，他们聚集在马德里，协调准备与任务相关的每个细节。最终，他们收到任务指令，包括每次活动的详细行程、每个阶段必须达到的具体目标，以及用于加密通信的密钥。

拉特雷与乌尔塔多之旅

拉特雷和乌尔塔多的第一段旅程在英格兰，这与乌略亚最初安排给恩里基的行程十分相似。他们在1751年4月抵达伦敦，主要目标是收集一种铸造新型大炮的金属合金情报，该合金正在切尔西（Chelsea）大炮铸造厂进行试验，并计划在不久后进行全面测试。[13]拉特雷和乌尔塔多成功与该合金的发明者穆尔（Moore）和斯塔克（Stark）取得联系，甚至在原则上达成了一项让他们透露合金成分的协议。与此同时，他们对该合金进行了一次全面测试，尽管测试结果初现曙光，但拉特雷和乌尔塔多认为这不够确凿。发明者们以此为借口漫天要价，要求1.5万英镑的巨款。恩塞纳达无法接受这一变故，命令间谍们采取拖延战术争取更多时间。由于该策略无限期地延长了他们在伦敦的停留时间，他们便把时间花在收集各种价值不大的技术情报上。由于拉特雷对寻求资助的发明家见面会饶有兴趣，再加上与穆尔和斯塔克的谈判未取得任何进展，他步了恩里克的后尘，斗胆提出自己的计划，开发一种新型的金属合金，但该提议被战争事务部秘书处否决。最后，在1752年年中，谈判破裂，恩塞纳达命令他们按原计划继续他们的行程，但拉特雷不断用借口将他们在伦敦的停留时间延长了一年，以便与他结识的发明家们保持联系。该行为导致两位间谍间产生分歧。恩塞纳达下令让他们先经过荷兰再前往北欧国家，乌尔塔多却于1753年6月先行离开，几周后，拉特雷才不情愿地跟着他走了。这一计划外的临时绕行是想让间谍们探访本哈明·艾雷斯（Benjamín Aires），因为他曾向西班牙大使提供过他发明的新光学仪器，该仪器可大幅提高枪支的准度。他们在荷兰待了整个夏天，结果再次以失败告终，因为他们甚至没看到这个所谓的新仪器。鉴于这种情况，他们无视西班牙刚刚与丹麦断绝外交关系的事实，继续前往丹麦。在这些短暂和失败的停留期间，由于他们假装旅程的目的是"学习和获得科学知识"，因此他们也并没有遇到任何麻烦。

再次分开旅行之后，他们于1753年11月到达斯德哥尔摩。尽管得到了西班牙驻瑞典大使普恩特弗尔特侯爵（Marquis of Puentefuerte）鼎力相助，他们技术情报收集的结果还是令人失望，远不如两年前乌略亚取得的成果。他们只寄回两份报告：一份关于用锻铁制成的新型大炮，另一份关于炮艇。鉴于这一结果，乌尔塔多决定写信给战争事务部秘书处炮兵司令胡安·德尔·雷伊，请他劝说恩塞纳达放弃此次任务。尽管如此，他们在瑞典待了六个多月，而后继续前行，于1754年8月抵达圣彼得堡。不久后，他们收到了恩塞纳达同意中止任务的答复，接着命令他们在返回之前去往萨克森（Saxony），与同样正执行间谍任务的马涅斯和埃斯特切里亚会合，那俩人已在萨克森选侯国弗赖贝格（Freiberg）矿业学院学习了一年多的采矿课程。

拉特雷和乌尔塔多于1754年9月起身前往弗赖贝格，两人一到便分道扬镳。拉特雷很快回到西班牙，并在战争事务部秘书处任职。乌尔塔多则试图进入弗赖贝格矿业学院学习。但在1754年年底，他受命返回西班牙。在余下的职业生涯中，两人都未执行任何与技术谍报相关任务。

马涅斯和埃斯特切里亚之旅

本次任务的表现与前两人的截然不同。1751年3月，马涅斯和埃斯特切里亚到达旅程的第一站——巴黎，并在那里停留了半年多。他们参观了那里兵工厂的大炮铸造车间，之前乌略亚也来过这里，但他只是走马观花地看了一眼。他们这次则进行了全面观察，并基于此绘制出两幅大尺寸的钻孔机设计图以及主要部件的比例图，同时还有一份详尽的说明报告。此外，他们还提交了在法国进行废铁重熔的方法的资料以及雷奥米尔

（Reaumur）将铁转化为钢的论文副本，认为该论文对了解废铁重熔有一定帮助。[14]

10月初，他们前往阿尔萨斯参观斯特拉斯堡（Strasbourg）铜炮铸造厂。该厂是法国最现代化的铸造厂，彼时距离让·马里茨（Jean Maritz）为实施新的实心铸造法而更新工厂的设施一举还不到十年，间谍们在此次参观中受益匪浅。首先，他们绘制蓝图，并建立镗床与钻床模型，由于这些镗床与钻床是卧式的，由液压驱动，因此比以前的机床更为高效和精确。他们还提交了两份鼓风炉图纸，凸显了它们与目前西班牙设计相比的主要优势。但最有趣的是，他们在此次参观后，撰写了第一份由西班牙技术人员撰写的关于空心铸造和实心铸造的特性和各自优势的比较研究报告，并声称后者显然更胜一筹。

1752年初，他们粗略游历了瑞士各州。在伯尔尼（Bern），他们有幸见到了该市大炮制造厂厂长萨穆埃尔·马里茨（Samuel Maritz），他是实心铸造法发明者的长子，也是在法国炮兵中实施实心铸造法的让·马里茨的兄弟。[15] 接着在1752年4月，马涅斯和埃斯特切里亚抵达皮埃蒙特（Piedmont）的首府都灵（Turin）。他们在那里停留将近半年，但没有收集到任何有价值的情报，只得到一些关于意大利北部炼钢业的资料，不过也正是在那里，他们第一次听说了弗赖贝格矿业学院的采矿和冶金课程。他们认为这些课程既有趣又有价值，因此请求恩塞纳达允许他们参加这些课程，声称这些知识能提高他们执行任务的效率，同时还可以应用于西班牙和美洲的矿场。恩塞纳达被说服，批准了这一行动方案，并提醒他们在弗赖贝格停留之后，仍须按原计划造访一些主要的中欧矿场。

马涅斯和埃斯特切里亚在经过维也纳（Vienna）和德累斯顿（Dresden）后，于1753年8月抵达弗赖贝格，他们毫不费力地获得了进入弗赖贝格矿业学院的必要入学许可。他们在那里待了近两年，但没有寄多少信，因为他们曾提醒恩塞纳达，萨克森当局经常会打开外国人的邮件，寄信会影响他们任务的保密性。后来，恩塞纳达被解职，但他们并没有受到影响，因为接替恩塞纳达担任战争事务部秘书长的塞瓦斯蒂安·德·埃斯拉瓦（Sebastián de Eslava）授权他们继续留在弗赖贝格，直到他们完成学业。1755年3月，随着毕业的到来，马涅斯和埃斯特切里亚请求埃斯拉瓦允许他们继续执行任务，参观德国和瑞典的主要矿场和铸造厂。部长不仅批准了这一请求，[16]还与国务委员会作出安排，为他们提供介绍信。离开弗赖贝格之前，他们告知埃斯拉瓦，他们成功获得了两项被列为国家机密的工业工序：萨克森选侯国钴提炼和瓷器制造的相关信息。

自那以后，有关马涅斯和埃斯特切里亚的消息就很少了，他们在德国的路线也无从考据。1755年11月，他们经过主要采矿中心克劳斯塔尔（Clausthal）后到达了戈斯拉尔（Goslar），在那里他们见到了在西班牙阿尔马登（Almadén）矿场工作的两位技术人员的妻子。直到1756年10月，埃斯拉瓦才收到他们抵达斯德哥尔摩的消息。在瑞典停留将近6个月的时间里，他们在西班牙驻瑞典大使的帮助下，尽情地参观了这里主要的矿场和金属加工设施。在旅程中，他们听说英国的采矿技术比欧洲大陆先进得多，已经开始用煤为铸造厂提供燃料。鉴于此，他们毫不犹豫地请求延长行程，并前往荷兰等待答复。他们的请求再次获得批准，并于1757年7月前往英国，在那里待了9个多月，但没有留下任何他们所获情报的证据。

即使他们在英格兰的停留即将结束，他们显然也并未考虑返回西班牙。因为不久后，他们便作为中立观察员加入了参与七年战争①的军队，以便"熟练掌握大炮的实际使用情况"。多亏西班牙驻法国大使海梅·马森斯（Jaime Masones）的斡旋，他们才能获得如此难得的特许权。马森斯不久前被任命为炮兵总司令，从那时起，开始担任他们的指导。1758年，埃斯特

---

① 七年战争是一场1756—1763年、波及范围相当之广的战争。英国、法国、普鲁士、奥地利、葡萄牙、西班牙、汉诺威、俄国和瑞典都是参战方，而战争从新西兰的科罗曼德尔蔓延到加拿大，从圭亚那蔓延到瓜德鲁普，从马德拉斯蔓延到马尼拉。

切里亚在陆军元帅道恩（Daun）率领的奥地利军队作战中担任观察员，马涅斯则隶属于下莱茵（Bas-Rhin）法国部队。虽然两人都有继续参与下次战役的想法，但马森斯认为他们不应冒不必要的风险，于是他们在征得西班牙战争事务部秘书处同意后，先回到巴黎来拓宽学习领域，在马森斯的亲自监督下，在法国炮兵学院进行培训学习，最后才返回西班牙。

马涅斯和埃斯特切里亚在巴黎的第二次停留持续了一年多，但没有任何文件记载他们所获取的技术成果。1760年初，马森斯认为他们的培训已经完成，是时候结束他们的旅程了。于是，他建议新任战争事务部秘书长里卡多·沃尔（Ricardo Wall）根据他们的技术特长给他们安排工作，3月，他们奉命返回西班牙。由于马涅斯正参观列日（Liège）的一家大炮铸造厂，他们的返程推迟到6月。返程花了很长一段时间，因为马涅斯和埃斯特切里亚利用返程时间参观了几个法国海军铸造厂，回到西班牙后又参观了比斯卡亚（Vizcaya）的一些锻造厂以及卡瓦达（Cavada）和列加内斯（Liérganes）的火炮铸造厂。直到1760年8月，他们才抵达马德里，这距离他们离开马德里已经过去了近10年，因此这场工业谍报之旅也是18世纪以来为期最长的一次间谍行动。

遗憾的是，这段旅程的实际成果无论是广度还是与其接受特殊技术培训方面都并不相符。他们回国后，受到沃尔部长的欢迎，被晋升为中校，并被留任战争事务部秘书处的技术顾问。1761年7月，沃尔部长给他们分配了一项任务，让他们在拉卡瓦达火炮厂引进实心铸造技术，但经过一年多的实验，经他们指导制造的大炮并未通过耐久性测试。由于此次任务的失败，两人都被降为上尉，再也无缘与技术谍报相关的工作了。

本章小结

可以看出，最初的这些工业谍报活动的结果迥异。这主要是因为，承

| 第一章　西班牙工业谍报活动的开端 |

担这些任务的人的能力水平千差万别。胡安之旅堪称典范，无疑是这些谍报活动中最为成功的。短时间内（略超过一年），他就获得了西班牙海军工业完全实现现代化所需的技术和人力资源。而对乌略亚之旅进行评估的难度要大一些。他的确提供了大量关于欧洲海军的情报，其中大部分是描述性的，小部分是关于工业技艺具体事项的宝贵数据。但尽管如此，总的来说，他的任务成果参差不齐，只有卡塔赫纳干船坞的相关信息还有点用处，其余信息并没有任何实际应用价值。恩里基的旅程的确乏善可陈，从把他选为间谍开始就是一个错误，对此乌略亚难辞其咎。

这四名炮兵军官的两组旅行结果大不相同。原则上讲，两组工业间谍都计划周密，目标明确，正因如此，其结果的差异才更加凸显。拉特雷和乌尔塔多的旅程无疑是失败的，因为他们未能成功获得关于穆尔和斯塔克的新金属合金的情报，而这正是他们的主要目标。之后，他们失去目标，浪费时间收集和提交意义不大的数据。马涅斯和埃斯特切里亚的情况则完全不同。他们主要完成了两件事：向西班牙提交了第一份关于实心铸造工序的严格对比资料，以及成为弗赖贝格矿业学院的第一批西班牙学员。但1755年之后，他们获取的技术成果明显减少，尽管如此，他们还以各种借口，把返回西班牙的时间推迟了五年。最糟糕的是，回国后，他们无法实践在欧洲旅行十年花费巨大代价获得的技术知识。

18世纪，西班牙工业谍报行动并没有立即作为技术转移手段继续进行。恩塞纳达政治失势和资助这种昂贵国外任务的西班牙皇家汇款机构[①]分崩离析是造成这种情况的原因。只有在卡洛斯三世（Carlos Ⅲ）政权的最后十年，西班牙才再次组织了新的、规模与恩塞纳达侯爵时期相当的工业谍报行动。

[①] 西班牙皇家汇款机构（Real Giro）是由时任西班牙皇家财政部部长的恩塞纳达侯爵等人于18世纪末发起而建立的金融机构，旨在实现不依赖国际银行网络的情况下的国内外资金转移，使所有交易都由皇家财政部负责。皇家汇款机构在罗马、巴黎和阿姆斯特丹均设立了分支机构，这些机构也提供情报和间谍服务。

第二章
贝当古与采矿技术的知识迁移

本章探讨了阿古斯丁·德·贝当古-莫利纳（Agnstín de Betancourt y Molina，以下采用通称名"阿古斯丁·德·贝当古"或"贝当古"）所做众多工作中的一方面，即他在采矿领域的研究工作。选择这个主题是因为大家对这位西班牙工程师在蒸汽机、机械理论和公共工程等领域的成就耳熟能详，而对他在采矿领域的研究却知之甚少。[1]

贝当古的《阿尔马登皇家矿区手记》（*Memorias de las Reales Minas de Almadén*，1783年出版）三部曲奠定了他在采矿领域的地位，使他成为该领域的杰出专家。[2]随着该主题图书陆续出版，该手记三部曲也因此声名鹊起，并被公认为西班牙启蒙运动的杰作，[3]由此可见贝当古有着相当精湛的写作技巧和卓越的技术天赋。然而，事实上，这些早期在采矿领域取得的辉煌成就，只是贝当古职业生涯中一次无心之举，并不是他内心真正关切的。不过，在对贝当古工程活动进行长期研究之后，我们发现，他在阿尔马登的经历绝非偶然，这一经历对他之后的工作有着终身的影响并体现在各个层面，为他在西班牙、法国、英国和后来在俄国创造一系列杰作提供了灵感。这也是本章的研究重点。

本章主要分为三节。第一节,我们将重温贝当古在阿尔马登的故事,在已有的细节之上探索新的内容。第二节,我们将根据该故事的已知信息,分析贝当古1785年在巴黎撰写的煤矿石洗选作品,这一作品鲜为人知。第三节,我们将研究该工程师生命最后前段在该领域做的一系列开创性工作,如以俄罗斯帝国的交通手段为总研发方向,将阿尔马登的经验应用于公共工程之中的工作。

阿尔马登

在马德里圣伊西德罗皇家研究院(Reales Estudios de San Isidro)和圣费尔南多三艺皇家学院①(Real Academia de las Tres Nobles Artes de San Fernando)这两所学术机构学习三年(1779—1781)后,贝当古受托执行了一项专业任务,即对阿尔马登皇家汞矿山进行考察,该任务是他接手的第一项专业任务。虽然这一方面的研究早已主线明晰,但仍有一些细节尚不明确,比如是什么原因促使政府首脑弗洛里达布兰卡伯爵(Count of Floridablanca)任命贝当古执行该任务。

事实上,大多数研究者都忽视了以下事实,即弗洛里达布兰卡伯爵在1783年委托了不止一人,而是三人考察阿尔马登矿山。按时间顺序,他们分别是托马斯·佩雷斯·埃斯塔拉(Tomás Pérez Estala,3月)、[4]阿古斯丁·德·贝当古(6—7月)和福斯托·德·卢亚尔(Fausto de Elhuyar,10月)。此外,正是在佩雷斯·埃斯塔拉考察之后,为了验证他的结论报告,才任命了另外两名专员前往核实。为了了解该决定的缘由,本节将简要回顾阿尔马登矿山的历史及其面临的问题。

---

① 今"皇家圣费尔南多美术学院"(Real Academia de Bellas Artes de San Fernando)。

阿尔马登汞矿床位于马德里以南 300 千米的拉曼恰地区（La Mancha），是西班牙王室最大的自然资产之一，也是朱砂（汞矿石）的大型储藏地。几个世纪以来，这些矿井越挖越深，以便开采出更多的汞。自古以来就有人使用汞，阿尔马登矿山自那时起便得到开采。但从 16 世纪开始，随着发现新大陆以及该地巨大的金银储量，加之汞是这些贵金属生产中不可或缺的原料，汞的生产激增。阿尔马登矿山，鉴于其巨大的经济潜力，于 1645 年从私有回收为国有。[5] 这一变化催生了一系列改革，一方面是为了加强生产，另一方面是为了改善开采的技术条件。在 18 世纪，为了实现这两个目标，人们尝试了多项措施。新矿藏的发现使一些新矿山得到开采，而原有矿山中的资源则完全枯竭。然而，随着开采活动不断推进，矿山也越挖越深。到 18 世纪末，卡斯蒂略（Castillo）的矿井创下深度 628 米的纪录，大大加剧了采掘、通风和排水等本来就很棘手的问题。但与此同时，排水技艺在 16 世纪后并没有得到较大发展，西班牙矿场直至 18 世纪末仍然使用传统的靠手动吊桶舀水的皮囊，容量只有大约 50 升。不过在 18 世纪 50—70 年代，该领域有了初步的创新，如引入了手动铁制和木制吸力泵、带齿轮的泵、带摆锤的泵，以及马力绞车。然而，所有这些措施只是部分解决了矿场排水这一全球性难题。到 18 世纪 80 年代初，排水技艺遇到了瓶颈，开采阿尔马登矿山变得既危险又难以盈利。因此，托马斯·佩雷斯·埃斯塔拉的首要任务是考察排水系统并提出改进建议。埃斯塔拉是谁？又为什么会被任命？下文将简要介绍。

埃斯塔拉和贝当古是同一时代的技术人员，1754 年出生于一个平凡的阿拉贡①家庭。他从 10 岁起就开始干活谋生，先是当学徒，然后在巴伦西亚（Valencia）、萨拉戈萨（Zaragoza）和巴塞罗那的不同机械作坊当工匠。后受到法国机械工艺进步的吸引，埃斯塔拉前往法国，并在 1776 年至

---

① 阿拉贡是一个历史悠久的地区，位于今天的西班牙东北部。在中世纪，阿拉贡曾是一个强大的王国，并在 15 世纪与卡斯蒂利亚王国联合，形成了现代西班牙王国的基础。

1780年游历法国，接受各种各样的培训。1778年，巴塞罗那皇家贸易委员会①（Real Junta de Comercio de Barcelona）给他提供了一年500比索的补助金，以支持他接受培训。[6]贸易委员会的支持使他能够进入法国大型工业生产中心，其中包括弗雷讷（Fresnes）的煤矿。[7]在那里他看到蒸汽机排水的实际操作。这趟旅途结束之后，负责监督学员工作的西班牙驻勒阿弗尔（Le Havre）领事推荐埃斯塔拉到伦敦接受进一步的培训。然而，这一提议不过是一纸空文，埃斯塔拉·佩雷斯被迫虚度两年光阴，最后因为没有生活来源离开了。为了帮助他摆脱这种境地，领事不得不与国务卿交涉，后者于1783年春天委托埃斯塔拉调查阿尔马登矿山的排水系统。

然而，埃斯塔拉的调查结论让国务卿感到怀疑。因为这个阿拉贡人对阿尔马登矿山的老式排水装置极为不满，建议采用他在法国学习到的一种创新方式来取代马力绞车。然而，他所指的"弗雷讷蒸汽机"，实际上是纽科门蒸汽机的老款，该矿山自1732年开始就使用该款蒸汽机，因此早已过时了。但是，它有一个很大的优势，那就是它只需要两个工人来操作，而马力绞车技艺需要二十人和两匹马。不过，西班牙当局认为埃斯塔拉的这一主张过于超前，因为其采矿业很少使用蒸汽机。因此，弗洛里达布兰卡伯爵在进行投资之前，想要听听贝当古和卢亚尔的意见，这两人计划于1783年考察阿尔马登矿山。但原计划于10月造访的卢亚尔最终未能前往。[8]仅凭贝当古的意见进行投资是否可靠？本章认为这也许是可靠的，因为他在1783年7月至11月起草的三部关于阿尔马登矿山的手记后来大获成功。每一本都涉及不同的主题：第一部专门讨论积水的提取问题，第二部讨论矿石的选取和运输，第三部则探讨了汞的生产工序。至于这些主张背后的心迹，贝当古不厌其烦地表示，他在做这项工作时，"既没有改革者的精神，

---

① 全称为"巴塞罗那皇家特别贸易委员会"（Real Junta Particular de Comercio de Barcelona），是在西班牙皇家综合贸易委员会（Real Junta General de Comercio）的基础上建立的专门针对地方工业和贸易的委员会之一，1758年建立。

也没有规划者的魄力，因为我没有前者的使命，也不具后者的天赋，我只不过把我的所见所得如实地记录下来罢了"。[9]

然而就其创作形式来看，贝当古的作品风格简洁、表达清晰、字迹工整，尤其是还有精美的图画，可称得上一部真正的杰作。从内容上看，它像一枚坚实的印记，展示了一位技术人员的敬业和坚守，他不仅能够深入研究问题，还能在最初的任务框架内提出真实有效的解决方案。

这三部手记的结构相似：作者首先列出一个小术语表，然后概述全书的主要内容，并对所使用的技术参数做出详细说明，必要时还会批评所观察到的问题，提出改进和恢复的措施。至于排水系统，他更倾向于使用水泵，而不是皮囊，因为后者的效率不高，所以他建议最好不要使用该设备。如果无法避免，贝当古也提出了一些提高排水效率的改进措施。第二部手记则介绍了矿山内运输朱砂的装置，并提出了改进措施，建议用锥形滚筒代替圆柱滚筒，或在现有的手动提升机上应用他发明的制动器。此外，他还对纯汞的生产工艺进行了详细的研究，包括对炉膛建造、装卸以及水银提炼、包装的介绍。此外，贝当古写道，他所记录的都是他在各种熔炉的实验中亲眼看到的，而不像威廉·鲍尔斯（William Bowles）和伯纳德·德·朱西厄（Bernard de Jussieux）等外国作者，在描述阿尔马登矿山时有时会歪曲现实。[10] 与前两部手记不同的是，高调的爱国情怀打破了报告的中性基调，但这并不是第三部手记的唯一特点，它也是最实质性的，还是唯一一份最终让我们能将问题本质解开的手记。到此不禁让人思考，这个从未专门学过采矿的年轻人，是如何在短短几个月里成为一名矿业专家的？从这三部手记可以看出，他的研究方法合乎逻辑、循序渐进，研究内容基于文献研究和个人观察所得。第三部手记就多次提到专门研究了采矿领域的英语、德语和法语作品，还援引了阿尔马登的具体案例。[11] 贝当古引用这些案例的方式表明，他所具备的综合性和批判性阅读本身就是一种学习方式。这种方式是在学校，或者在学习"启人心智"的科学知识和语言的机构中学到。此外，贝当古还使用了大量的插图，表明除古典绘画外，他还掌握了技术绘图、水准测量和大地测量学的基础知识，以便进行具体的矿山大地测量。因此，我们可以推测，第一组的知识是贝当古在圣费尔南多三艺皇家学院的经典绘画课程中获得的，第二组的知识可能是圣伊西德罗皇家研究院几何课程的一部分。至于机器和它们的组成，贝当古在加那利群岛（Canary Islands）的初步经验[12]已经提供了一个很好的入门，而马德里的培训应该加强这方面的训练。

从这一角度来看，调查阿尔马登矿山似乎是贝当古完美通过的一场测试。一方面，检验了他所受教育的认知潜能，这些教育除了提供了科学和艺术的背景知识之外，还提供了一种广泛适用的进步方法。另一方面，证明了他在技艺上的才能和执行公务的能力。他本人非常清楚调查阿尔马登矿山这项任务的性质，他执行公务的能力赋予了《阿尔马登皇家矿区手记》的创新性，但他建议继续采用传统技艺。但也有人提出反对，认为在某些情况下，一项成功的创新可以取代行之有效的传统技艺。[13]例如，在阿尔马登矿山，对某些不利因素进行及时改进，有助于维持整体系统的平衡，并以尽可能低的成本持续下去。鉴于后来阿尔马登矿山引进蒸汽泵时困难重重，这种对小细节的关注也是有意义的。[14]贝当古选择沿用传统技术方法究竟是经过深思熟虑还是仅凭直觉，这还有待考量。但不能忽视的是，他当时缺乏必要的经验，且似乎没有受到旅行中任何开明思想的影响。他的建议在当时起着很大作用，但不久后就失效了：两年后，阿尔马登矿山排水系统陷入瘫痪，汞矿监管员决定重新采用埃斯塔拉的提议，为阿尔马登矿山配备用于地下抽水的蒸汽机。为此，埃斯塔拉于1786年被派往英国。[15]不过，贝当古早在自己的提议失效前，就离开了西班牙，因为调查阿尔马登矿山对他而言，仅是一个能让他去到更远地方的跳板。他的才华被认为是值得投资的资源，而根据开明的波旁王朝政策，这项投资意味着他可以出国深造。

巴黎矿业学校：错失的机会？

1784年3月，贝当古作为西印度群岛事务秘书处（Secretaria de Indias）的一名研究员前往巴黎学习建筑和地下几何学。[16]之后政府提出每年将给他提供12000个雷阿尔①，用以在未来聘请他在美洲开采矿藏。基于这些研究方向，我们可以思考贝当古为何选择法国，而不是德意志（神圣罗马帝国）、波希米亚②或英格兰来作为深造地，因为在18世纪后期，人们通常都会去这些地方学习采矿知识。是贝当古的法语知识让他选择前往巴黎学习，还是彼时在巴黎新成立的皇家矿业学校吸引住了他？

据法国皇家政务委员会1783年3月的决定，这所巴黎矿业学校的目标是培养"睿智的、接受全面教育的矿山管理人员"。[17]为此，学校配备了两名教授来教化学、矿物学、金属实验分析、物理学、矿体几何学、水力学等学科，并向学生传授掘进坑道和通风最安全、经济的方法，更好维持矿井的健康安全环境，最后还会介绍开采和建造炼矿炉所需的设备。这些学习将持续三年。

为解决阿尔马登矿山所面临的问题，在这个教育项目的激励下，西班牙矿业管理局计划派遣一名受训人员到巴黎进行学习观摩。贝当古当时正好有一些采矿经验，是一个非常合适的人选。他于1784年初得到政府资助，这一事实侧面反映出西班牙外交部门的消息灵通。很有可能巴黎皇家矿业学校刚招收第一批学生，外交部门就通知了西班牙有关当局。截至

---

① 雷阿尔是西班牙和拉丁美洲地区某些国家用的辅币名，有银质的也有镍质的，币值也因时代变迁与地区不同而各异。

② 波希米亚是中欧历史上的地区和王国，在今天的捷克西部，1939—1945年属于波希米亚和摩拉维亚保护国。在公元1世纪至5世纪，斯拉夫人的一支捷克人在此定居。在公元15世纪后变成奥地利哈布斯堡王朝的领地。第一次世界大战后，奥匈帝国解散，波希米亚成为东欧新国家捷克斯洛伐克的一个行省。1993年，成为捷克共和国一重要组成部分。截至

1783年底，共有5～8人被录取。但是，这些学生只学习6个月就毕业了，远不及该校之前规划的三年时间。下一批学生于1785年入学，一年后，又有10名学生毕业。贝当古于1784年4月抵达巴黎，由于第一批学生已经毕业，第二批学生还未入学，他其实可以从容地了解该矿业学校的情况。这个假设是合理的，因为没有任何信息表明贝当古曾上过这所学校。相反，有资料显示，贝当古一抵达巴黎，就与法国著名工程师兼桥梁建筑师佩罗奈特（Perronet）指导的国立桥路学校（École Nationale des Ponts et Chaussées）取得了联系，这在某种程度上偏离了他的初衷。在该机构接受培训后，贝当古开始构设自己的项目，为西班牙引进新的技术专家——水利工程师。这个项目获得皇家批准后，西班牙政府又授予他一笔新的拨款，让他在巴黎管理一个特殊的"水利团队"，这群受训者将在桥路学校学习机械和水力学，并为西班牙水利工程师的未来培训收集必要的设备。贝当古的职业生涯从此走上了一条不同的道路。

巴黎-奥维耶多的轴线

贝当古职业生涯的不同路体现在题为《煤炭洗选，及其所含产品的提取方法手记》(*Memoria sobre la Purificación del carbón, y modo de aprovechar as Materias que contien*，以下简称《煤炭洗选手记》)的工作报告。贝当古应阿兰达（Aranda）大使的要求于1785年11月完善了该报告，经由阿斯图里亚斯（Asturias）国家之友经济协会（Societá Económica de Amígos del País）献给卡洛斯三世。这段历史的发掘多亏了安东尼奥·博内·科雷亚（Antonio Bonet Correa），[18]不仅清楚描述了贝当古对矿石处理所做的原创性贡献，还可见这些贡献使贝当古得以进入法国首都博学的博物学家和矿物学家圈子。[19]在此情况下，我们首先要弄清楚，是什么让阿斯图里亚斯首府奥维耶多（Oviedo）的国家之友经济协会对煤矿石洗选问题产生了兴趣。

笔者回顾阿斯图里亚斯国家之友经济协会的早期历史后，发现自己提出的问题是本末倒置的：实际上，正是对煤矿石洗选的强烈兴趣，才会导致该想法的创建与付诸实施。煤矿石洗选这个问题当时是西班牙开明精英阶层关注的核心问题之一。事实上，卡洛斯三世发起的工业现代化能否成功，取决于能源资源能否更合理地开发。那时，西班牙和欧洲其他地方都发现使用传统木炭有一定弊端，于是开始积极寻找替代资源。1773 年，一项研究专门调查了阿斯图里亚斯煤在国家铸造厂中的用途。不久后，卡斯蒂利亚议会[①]（Council of Castile）要求地方当局推进该地区的煤矿勘探。这种热情并非毫无根据，接着，1780 年，国王颁布了一项法律，授权成立专门从事煤炭开采的公司，并创建了阿斯图里亚斯五年前倡议的国家之友经济协会。

具体来说，该协会的成立归功于两个人的坚持不懈：作家兼经济学家佩德罗·罗德里格斯·德·坎波马内斯（Pedro Rodriguez de Campomanes，1723—1802）和托雷诺子爵华金·何塞·凯波·德·拉诺 – 巴尔德斯（Joaquin José Queipo de Llano y Valdés，Viscount Torreno，1727—1805）。前者后晋升为卡洛斯三世的财政大臣，是卡斯蒂利亚议会 1777 年的法令的发起人，该法令正式宣布开展矿物勘探。后者既是一位开明的勋爵，也是充满激情的矿物学家，以个人身份参与矿物勘探。他认为成立国家之友经济协会非常有助于揭示煤矿石开采方面的问题。1784 年，该协会推选西班牙驻巴黎大使阿兰达伯爵为名誉会员。1785 年 11 月 28 日，伯爵向他在奥地利的同事寄去一个盒子，里面有"西班牙最著名作者发表的最佳报告和著作"，其中包括贝当古的《煤炭洗选手记》。

虽然没有文件记录促使贝当古进行煤炭洗选研究的原因，但我们可以

---

① 卡斯蒂利亚议会是中世纪和近代时期西班牙王国的一个强大行政和法律机构。它由卡斯蒂利亚国王费尔南多四世于 14 世纪建立，最初负责为君主提供有关卡斯蒂利亚行政事务的建议。然而，随着时间的推移，议会的权力不断扩大，成了全国范围内所有法律事务的最高上诉法院。直到 19 世纪，卡斯蒂利亚议会仍具有重大的权力和影响力，直到被西班牙政府作为一系列行政改革的一部分废除。

推测，作为西班牙矿业管理局的一名受训人员，他肯定对普遍困扰欧洲国家采矿工程师的煤矿石洗选问题感兴趣。[20]并且，在大使馆的监督下工作，他也有取悦大使的想法。[21]在这两种因素的作用下，这位年轻人只能接受邀请，思考阿兰达大使在阿斯图里亚斯的客户感兴趣的问题。虽然这段插曲没有注明年代，但阿兰达大使与贝当古的交谈可能发生在皇家花园（le Jardin du Roi），当时巴泰勒米·福哈斯·德·圣冯德（Barthélemy Faujas de Saint-fond）正在进行从石炭中提取焦油的公开演示。

贝当古的《煤炭洗选手记》证实了这一猜想。原稿为16页手写文本，包含贝当古绘制的三个图版，主要分为三部分。第一部分简要介绍了欧洲不同国家和地区，特别是德意志①、瑞典②和英格兰发现石炭工业特性的方法。贝当古强调了他们每个人在煤干馏工序中的开创性贡献，还提到了法国的矿业工程师，特别是雅尔（Jars）[22]和让萨纳（Gensanne）[23]。他们通过著名的冶金之旅，将欧洲同事的创新技术引入了法国。贝当古提到的最后一位旅行者是法国人巴泰勒米·福哈斯·德·圣冯德。报告的第二部分对他在1785年4月15日皇家花园的演示活动进行了分析。贝当古还比较了大不列颠的干馏装置及德意志拿骚（Nassau）和萨尔布吕肯（Saarbrücken）的干馏装置的技术水平，并得出结论，第一款设备更简单、更便宜，该设备由伊兰达（Yrlanda）工厂厂主瓦多纳尔先生（Milord D'Wadonnal）发明，法国博物学家圣冯德可以通过一些"无意识的工匠"（artisanos inadvertidos）观察到这一设备的使用情况。报告中讨论的装置旨在回收煤燃烧过程中释放的焦化物，尤其是焦油和挥发碱。接着，该报告还估测了它们在医药和艺术领域的用途。贝当古对福哈斯·德·圣冯德进行了非常严厉的评判，因为其蒸馏炉的设计灵感来自"瓦多纳尔先生"的发明。尽管圣冯德的第一次尝试成功了，但这些炼炉存在一个难以验证的

---

① 通过化学家约翰·约阿希姆·贝歇尔（Johann Joachim Becher）。——原书注
② 通过科学家伊曼纽·斯威登堡（Emanuel Swedenborg）。——原书注

复杂问题。因此，即使圣冯德复刻了伊兰达的炼炉技艺，还是会发现它们也远不像英国人举办大型工艺活动中所采用的那样经济、简单。[24]最后，贝当古，这位西班牙工程师提出了一种精心修改的密闭型炼炉模型。

　　与《阿尔马登皇家矿区手记》相比，贝当古的《煤炭洗选手记》更具学术性。其描写技术的部分显示了对所研究系统的充分了解，还很好地展现了作者的创造性思维。不仅如此，手记中还插入了一些有关历史的叙述，内容丰富翔实，这令人惊讶。出于对这一点的好奇，我们重新审视贝当古对福哈斯·德·圣冯德的引注。审视后得出的结论是自相矛盾的：贝当古在1785年起草的对煤炭干馏历史的介绍作为手记的前两部分，看似非常丰富，实际在某些方面，似乎是福哈斯于1790年出版的讲述焦油干馏的专著中历史部分的简化版。这两个不同著作中的一些片段甚至完全相同，只是所用的语言不同罢了。比如，贝当古的《煤炭洗选手记》中描述约翰·J.贝歇尔（Johann J. Becher）的第二段就是福哈斯专著对应部分的西班牙语版。两人的文献甚至都把贝歇尔图书的出版年份写成是1783年而不是1782年。[25]然而，很难想象彼时贝当古在煤炭洗选方面的技能可以与矿物学界公认的专家福哈斯相媲美。于是相反的说法似乎更可信，手记中照搬法国专著错误的出版日期更加证实了这一点。手记中的某些特点表明，贝当古是在口头陈述中做的笔记，其引用的矿物学家的名字是按照法语拼读的惯例而不是既定的拼写方式来转录的，例如贝歇尔（Becher）被拼成"Beccher"，斯威登堡（Swedenborg）被拼成"Suedenbourg"。此外，"伊兰达的瓦多纳尔先生"（Milord d'Wadonnal of Yrlanda）其实应当是"爱尔兰①的邓多纳尔勋爵"（Lord Dundonald of Ireland）。[26]当一个人试图在事后回忆或查阅一份草草编写的工作文件时，往往容易产生此类混淆。前两个人是矿物化学领域杰出科学家，第三个人以他在蒸馏领域的发明以及焦油和挥发碱的工

---

① 爱尔兰在此处依然有误，事实应当是苏格兰。——原书注

业应用而闻名,并在英国获得了专利。福哈斯提到了这三位专家和他们的工作,特别强调了"邓多纳尔"的工作,他在书中还收录了他的法文版小册子。而贝当古似乎忽略了这种小册子的内容,这就证实了我们关于他在对自己的文本介绍中所提供信息来源的假设。因此,从这个角度来看,他这部手记的第三部分值得深入研究。

贝当古改造了福哈斯的装置,旨在弥补他在皇家花园技术演示中观察到的缺陷。他试图改进矿石燃烧工序,促进蒸汽的排出,并优化焦化产物的冷凝和分离工序,使煤的质量在炉周有规律地减少。为了做到这一点,必须调整必要的空气比例,并确保其在炉内的最佳循环来获得更均匀的热量。为此,贝当古使燃烧空间呈圆柱形,而不是抛物线形,并将栅栏网格的尺寸减小三分之二,以防止其金属栅栏条在煤的重压下断裂。为了方便蒸气的排出,他给炉子加上独特的包膜炉体,壁炉可以在顶端随意闭合和开启。最后,贝当古用一个更原始的系统替换了福哈斯精密的蒸馏装置(配有三个腔室和许多很难调整的管子),该系统有一个方形管子构成的螺旋状结构,蒸汽在其中冷凝。冷凝物在一个装满水的大容器中不断下沉,其中的焦油、石油和挥发碱根据其各自的比重分离,最后收集在不同的槽斗中。

这种精益求精的精神后来成为贝当古创作活动的典型特征,可以概括为"通过简化来实现优化"。这种方法并非偶然,而是基于鲜活的例子。根据已知事实,我们必须认识到他最初学习到的特定技术文化的潜移默化的影响,该文化从西班牙本土发展起来,虽仍然以手工技术体系为主,但也包括让阿尔马登矿山使用的更现代的技术。在这一具体工作中,上述经验体现在两个地方:先行的阿尔马登矿山和可能的应用地点阿斯图里亚斯。这两种情况的背景都是西班牙特有的,因此与德国、英国或法国的背景截然不同。在这种情况下,由于缺乏技能、材料和适当的设备,即使是最有希望的项目也是要冒风险的。因此为了做到简化,必须考虑到当地的条件,保证预期结果免受不可预知的能力不足的影响,使执行工序适用于现有手段，确保其发挥作用，从而在广义上进行优化。从这个角度来看，阿尔马登矿山的经验是重要的，虽然这个部分没有被引用。

只要看看贝当古在1783年描述的处理汞的熔炉，就可以发现圆柱形的内室末端为球体，并与外壳形成一个整体，或者是作为顶部的壁炉用于提取多余的蒸汽。[27]当然，对于不同的矿山，这种比较有其局限，因此重要的是界定贝当古当时掌握的参考知识领域。在这方面，在我们这个时代，阿尔马登与巴黎的认知距离比与苏格兰的卡尔罗斯（Culross，即邓多纳尔勋爵的工业驻地）或与拿骚－萨尔布吕肯的距离更短。然而，阿尔马登的案例不仅是一个参考，也是一种预期，是贝当古在欧洲获得矿山开采知识的跳板。两年后，随着经验的不断积累，再加上广博的知识，贝当古调动了他在巴黎的人脉，为西班牙引入人才。

与此同时，与《阿尔马登皇家矿区手记》三部曲不同，这份为阿斯图里亚斯撰写的手记很快就被遗忘了。即使是直接参与这项工作的福哈斯，也没有在1790年出版的书中提到这部手记。有两种假设可以解释这种遗漏：一是这位法国矿物学家忽略了该手记的存在，二是他认为它根本不值得一提。然而，与第二个相比，第一种假设似乎更不可能，因为对批评的敏感、对年轻外国人居高临下的态度，或学者研究的独立性等人之常情可以引发第二种态度，即便不考虑福哈斯对贝当古所设计装置应用失败的看法。

这个项目新颖独特，且适应了西班牙的实际情况，但由于阿斯图里亚斯人没有用正确的方式制造这个装置而失败。毕竟从项目策划到执行还有很多步骤要完成。实际落地必须考虑到许多当地因素，而这些因素的影响往往只在建设的过程中才会慢慢显现出来。贝当古既没有去阿斯图里亚斯进行实地考察，也没有实际参与过煤矿石洗选设备的建设过程，当地的实业家都无法做到这一点，他又怎么能保证他的设计在阿斯图里亚斯一定能建设成功呢？最终建设失败绝不是因为他们缺乏克服建设困难的决心。相反，阿斯图里亚斯国家之友经济协会最初非常热情地接纳这个项目。1786年初，贝当古当选为荣誉会员，他的计划立马得到实施。同年夏天，在奥维耶多（Oviedo）的英国旅行家约瑟夫·汤森（Joseph Townsend）目睹了该项目建设：

> 这是一座新近在城市附近安装的炼油厂，该炼油厂是根据阿兰达伯爵从巴黎发送的图纸建设的，我认为该图纸与邓多纳尔勋爵设计的图纸相似。[28]

然而，对熔炉使用的满意很快就变成了失望，因为尽管建造成本相当高昂，该熔炉还是因为火焰温度过高破裂了。设施损失使国家之友经济协会放弃了第二次试验，该项目也因此被终止。可见，实地设备建设的实际情况，比工程师在设计上的创新在设备建设方面起着更大的制约作用。我们必须承认在技术史中还有很多类似的例子。但我们也必须认识到，贝当古在最初设计时确实考虑不周，同时还缺乏实际建造经验。另外，他是否真的想要完成设施建设也是有待商榷的。他与国家之友经济协会联系，更多是出于想要当选荣誉会员。他知道这个项目最终失败了吗？不过他看起来好像并不知道，毕竟他只需要把手记提交给大使就万事大吉了。

视角的改变：皇家机械陈列室

奇怪的是，贝当古在采矿领域的两项著作，《阿尔马登皇家矿区手记》三部曲和《煤炭洗选手记》都没有出现在皇家机械陈列室的两个目录中[1]，毕竟这两个目录引领了接下来十年里工程师们创作和研究的方向。[29]然而，这两个目录的不同部分载有若干与采矿有关的条目。根据费尔南德斯·佩雷斯（Fernández Pérez）和冈萨雷斯·塔斯孔（Gonsález Tascon）的

---

[1] 一个是贝当古的1792年创作，另一个是佩尼亚尔韦尔1794年制作。——原书注

说法，在采矿和冶金方面，有一种矿物提炼和分离器的模型，在匈牙利被使用，该模型可能是由胡安·洛佩兹·佩尼亚尔韦尔（Juan López Peñalver）设计的。这是一种取自佩里耶（Périer）工厂的熔炼炉，该熔炉炼铜不需要风箱。还有其他用于加热子弹的熔炉。此外，第334至340号平面图还对应着法国蒙塞尼（Montcenis）小镇的冶炼厂和铸造厂，这些在工厂里给锻件鼓风的大型风箱由5台蒸汽机驱动。[30]此外，这两位学者还引用了与矿山相关的其他种类的物品（模型和平面图），特别是各种排水泵，如萨克森和匈牙利矿山使用的水柱机①和贝当古在阿尔马登矿山观察到的"在方形截面木板框架上制造，带有圆柱形活塞的抽吸泵"（此处终于有了一种关联），但没有提到其中用于排水的蒸汽机。最后，至少在第二个目录提到了马德里瓷器工厂使用的"瓷器磨床"。[31]所有这些都使我们得出一个结论，即与此同时，贝当古对采矿的兴趣发生了改变：从具体现场的工业实践中的点状创造发明转向综合性工作。

　　皇家机械陈列室真实记录了当时的技艺，虽说如此，但从另一个角度来看，也反映了作者的特定技术文化偏好。正是从这一双重角度，我们需要审视采矿业在馆藏组织中的地位。[32]这两个目录的发起人的采矿经验影响了他们的选择，且主要面向公共工程的藏品均有其自己的逻辑，这也就解释了为什么没有多设一章明确地描写采矿，不然阿尔马登和阿斯图里亚斯的手记就会被收录其中。反倒是，陈列室中矿业领域的各种设备与建筑艺术的不同方面融为一体，让人看到了将其应用于公共工程的尝试，尽管是弱相关。但主要问题似乎在于，这两个版本的目录只是对各种机器和机制进行分类的一种早期尝试，并且这种分类法依旧遵循功能原则。然而，即使在这一早期阶段，根据物体在制造或使用中的目的来定位物体，即使只是对机器进行分类，也被简化到最低限度，以强调它们的典型用途。接

---

① 这是佩尼亚尔韦尔的另一项贡献，他是采矿工程师，毕业于欧洲著名的矿业学院"Bergakademie Schemnitz"。——原书注

下来的步骤，即对所有非典型的事物进行彻底的抽象化，这个观点在1808年于巴黎出版的《论机器构造》（*Essai sur la composition des machines*）一书中有所体现。[33]而这种抽象化处理似乎解释了为什么机械陈列室没有明确提到阿尔马登矿山。

然而，这并没有妨碍贝当古将他的采矿经验应用到另一项具体工作中，直到现在，人们对这项工作也知之甚少。这是一座用水轮驱动的、用于分解燧石的磨床，专为位于煤溪谷（Coalbrookdale）附近塞文（Seven）河畔的瓷器工厂设计。这座工厂因各种学院会收藏其水彩画和素描而为人所知，[34]该工厂是贝当古于1796年与英国工业革命的主要参与者威廉·雷诺兹（William Reynolds）合作设计的。[35]

这两种趋势是贝当古职业生涯第二阶段的特征，即推进综合性工作和实践应用。该特征并解释了他对采矿态度的演变，这种态度使他在俄国逗留的时期获得强大的新动力。

创新领域的扩展：俄国

贝当古在俄国度过了生命最后的15年（1808—1824），在此期间，他的技术创新领域不断扩展。1819—1822年，他担任交通与通信部首席执行官，负责监管工程队。而在1809—1822年，他还担任工程师学校①的校长，负责培养合格的公共工程专家[36]。作为高级专家、勘探工作的发起者和大型工程的组织者，他这次介入到采矿领域，将其优先用于公共工程，如工程地质和建筑材料方面的工作。这些活动是围绕着科研和培训两个轴线组织的。因此，交通与通信部的工程师学校是俄国首批在其课程中纳入一套不同于采矿相关的学科的技术高校之一，学科包括矿物学、工程地质

---

① 该学校后更名为圣彼得堡国立交通大学。

学和工程勘探等。[37]科学研究则首先面向水硬性黏合剂的问题，这一问题从18世纪末开始就受到了欧洲工程师的重点关注。

乍一看，贝当古的这一举措与他在阿尔马登矿山的经历没什么明显关系。然而，汞和黏合剂的加工生产都包括两个技术阶段，并使用同类型的设备和装置。唯一不同之处在于矿床的性质。阿尔马登矿山的矿产都深埋地下，比如朱砂矿，而圣彼得堡附近是露天矿山，用于开采石灰石。这两种矿物的处理有着相同的步骤，即矿石研磨、产品烧制以及焙烧活动的本身，其顺序可以颠倒。这两种情况都需要使用磨床和熔炉。不过从结构来看，处理朱砂矿和石灰石的设备存在一定的差异，但不是根本性的，这些差异仅体现在各自工艺流程的细节上。

在大规模建造水利工程的欧洲国家，尤其是英国、法国、西班牙和俄国，黏合剂的问题是普遍存在的。为引领俄国交通运输方式的总体方向，贝当古一到俄国便必须面对这个难题，其规模之大是始料未及的。首先可以高价从欧洲进口黏合剂，但这无疑会给国家预算带来沉重的负担。其次可以通过在当地生产黏合剂，但无疑是一项战略性任务，决定着俄罗斯帝国庞大的水利工程和运输网络的发展，并最终深远持久地改善了被战争削弱的经济。

为解决这个问题，贝当古想尽了办法，不得不考虑各个想要出售其项目的勘探者的提议。[38]其中法国机械学家波伊德巴德（Poidebard）的提议比较严谨。[39]然而，这个项目像许多其他项目一样，都提出了使用人工制造黏结剂的方案。该方案无论是从质量，还是从制造技术的要求来看，都需要高昂的费用，且无法进行大规模生产。为解决这一问题，首先需要找到合适的矿床，然后不断充实要用到的矿石处理技术，再培训能够应用这些技术并在以后开发该领域的专门人才。贝当古做出的诸多努力都是围绕这些步骤展开的。

在1821—1822年，贝当古的尝试迎来了重大突破。法国理工专家（polytechnician）安托万·罗古（Antoine Raucourt）那时刚被皇家服务部门聘用，受贝当古委托，管理涅尔瓦桥（Nevka Bridge）的建设，并在交通与通信部的工程师学校教授建筑课程。由于涅尔瓦河水流湍急、水位很深，桥的主体，特别是那些低于吃水线的部分必须由坚固的材料建造。因此，水硬性黏合剂成了核心问题。从这个角度来看，罗古是完成这项任务的合适人选，他师从维卡（Vicat），后者因1819—1820年在土伦（Toulon）的黏合剂使用经验而闻名的，在法国工业领域享有盛誉。有了涅尔瓦桥的修建经验，法国倾向于停止使用价格高昂的意大利火山灰，因为普罗旺斯当地风化石灰可以简单而低成本地转化为水硬性石灰。[40]在了解到这些成功的经历之后，贝当古请这位工程师在涅尔瓦地区研究俄国石灰。这一次研究组织的规模超出了人们的想象。据兹纳科 - 阿沃尔斯基（Znacko-Âvorskij）称，本次研究对2000种天然和人造石灰样本进行了1500多次个案研究（其中一些是重复的）。

基于这些研究，罗古于1822年在圣彼得堡出版其著作《论制造优质混凝土技术》，并献给了贝当古。献词中写道：

> 尊敬的（贝当古）阁下，您希望在俄国进行与我在法国进行的类似混凝土实验，以应用工程师维卡先生的工艺，可见您热衷于寻找实用的事物，让俄国能够享受到现代最重要的发明之一带来的好处。多亏阁下提供的指导与帮助，以及我两位同事拉梅和克拉佩龙先生诚挚的友谊，我得以在短时间在俄国进行大量石灰实验，对此深表感激。[41]

有人可能会说，罗古给贝当古写献词是因为他位高权重。然而，这种说法对于1828年在巴黎出版的、带有强烈倾向性的第二版来说就不那么恰当了，书中写道"本书为表达作者对阿古斯丁·德·贝当古 - 莫利纳阁下的感激之情"。[42]由于罗古是一个情绪化、易怒的人，他与以前大多数同事都闹僵了，他几乎吝啬于对同事表达感激之情，由此可以理解为什么他仍在第二版的序言中对贝当古表示感谢，却没有提到在这个项目中与他有着密切合作的另外三个人：拉梅（Lamé）、克拉佩龙（Clapeyron）和巴赞（Bazaine）。巴赞全名为皮埃尔－多米尼克·巴赞（Pierre-Dominique Bazaine），工程师学校的教授，同时也是法国的一名理工专家。基于经验的实验便是在巴赞领导的交通与通信部第一区的车间里进行的，其成果被纳入建筑课程的教学大纲[43]。25 年后，一家水泥厂在圣彼得堡附近建成，成了俄国第一家水泥制造工厂，这些经验仍被用于其中的管理。[44] 罗古的论文在俄国和法国很有名，平版印刷作品也非常成功，使他于 1827 年当选为圣彼得堡科学院通讯院士。

贝当古发起的这些研究直接推动了涅尔瓦地区的石灰的特性的发现，并节省了向英国购买罗马水泥的大笔资金。1824 年，克拉佩龙进行了下一阶段的开发。他是一名在俄罗斯帝国工作的法国理工专家兼采矿工程师。他在与罗古合作研究中积累了丰富的经验，由此对黏合剂产生了兴趣。他发现了马特韦杰·沃尔科夫（Matvej Volkov）的水硬性石灰的特质，使俄罗斯不再需要进口黏合剂。

所有这些活动都对土木工程师的培训产生了相当大的影响。交通与通信部的工程师学校在这一领域发挥了先锋作用。首先，作为一名建筑学教授，罗古将水硬性石灰纳入了教学大纲之中。后来，他在混凝土方面的成果，为俄罗斯该主题教科书的撰写提供了借鉴，例如后来接替罗古担任建筑教授的本土工程师沃尔科夫提出了石灰水泥混合规则。[45] 可见，贝当古在黏合剂方面的研究得到了发展、深化并正式进入了教学。

最后，本节将探讨贝当古的一项倡议，以便得出结论。该倡议在某种程度上是假设性的，因为到目前为止，还没有找到任何文件来支撑这一倡议。不过，从"阿尔马登—阿斯图里亚斯—俄国"这一轴线出发，我们得以解开圣彼得堡建筑史上的一个谜团，即圣以撒大教堂圆顶的汞鎏金是如何完成的。这座大教堂的建造者是法国建筑师奥古斯特·德·蒙费朗（Auguste de Montferrand）。他师从贝当古，自1818年工程开始到贝当古辞世，一直帮其解决技术问题，并从中学习到很多的建筑技术，包括如何运输、提升和安置脚手架和缆绳的复杂机械装置，这些技术在建造教堂时得到了充分运用。贝当古于1824年去世，而给教堂圆顶鎏金是在1835年至1843年进行的，这时间差可证明贝当古和汞鎏金并无任何联系。因此，这项技术的起源仍然无从知晓。但是如果我们知道，在俄国，汞鎏金或热鎏金在建筑领域不是一种常见的工艺，就会更好地理解这个问题。圣以撒大教堂的案例可以突出显现这项技术的开拓性和创新性，且鎏金表面积很大，使该案例与其他有所不同。但值得注意的是，即使在今天，人们仍倾向于认为这是一种能产生非常坚固和持久的鎏金的方法，由于操作方便，只能用于小尺寸的物体，并仅支持火烧处理。[46]

根据我们的假设，贝当古在研究阿尔马登汞矿山问题时是了解这一工艺的，这也是他发明的除了绞车、脚手架和铁轨之外，他留给蒙费朗技术遗产的一部分。支持这一假设的论据之一是，鎏金是由苏格兰工程师和制造商查尔斯·贝尔德（Charles Baird）负责的，他是贝当古的密友和长期合作伙伴，拥有圣彼得堡最重要的机械工厂。同时，作为贝当古这位西班牙人的同辈，他是完成贝当古所有项目（包括圣以撒大教堂）所需的金属制品和设备的主要制造商。如果我们假定除了蒙费朗外，贝当古还会把汞鎏金这一工艺告知别人，那无疑是查尔斯·贝尔德。遗憾的是，有关这一工艺的不同资料中有用信息非常稀少，几乎不会超过以下引文：

> 在技术创新中，必须提到大教堂圆顶的热鎏金，因为直到今天，在没有经过任何修复的情况下，它们仍然保持着最初的光泽。[47]

主穹顶、钟楼穹顶和十字架的鎏金是从1835年到1843年用热鎏金的工艺进行的：其中一种将金与水银混合的液体覆盖在黄铜薄片上，在火盆上加热；另一种是通过蒸发水银来实现的。鎏金的工序进行了三次。每张薄片上都盖有管控鎏金质量的大师的印章。[48]

本章小结

贝当古在考察阿尔马登汞矿山期间获得的经验是他成为职业工程师的关键。在某些方面，这段经历对他技术生涯的影响甚至可以与他后来与皇家机械陈列室相关的工作相媲美。尽管考察结果不了了之，但阿尔马登矿山的经历仍可以视为是启蒙运动时期工程师工作的最初范例。无论我们目前对贝当古这段经历的评价如何，有一点是明确的：即使采矿并不是他的主要研究领域，他也从未明确放弃这个领域。他只是以一种完全不同的方式重新创造了它，并将它应用到他全身心参与的其他领域。

正如我们所看到的，贝当古在阿尔马登矿山的经历为他积极主动成为工程师、教师或团队组织者提供了隐性或显性的动力。从巴黎到奥维耶多，从煤溪谷到圣彼得堡，贝当古以多种方式实践了他在阿尔马登矿山获取的经验。本章分析了他在采矿技术领域所获经验直接相关的主要成就。这些成就可以概括为三个方面：熔炉、工厂加工、煅烧。除此之外，贝当古还试图改进水泵，这项工作最终使他发现了双动式作用原理，[49]这使他能够参透詹姆斯·瓦特（James Watt）著名发明的秘密，并阐述与蒸汽弹性相关的定律（所谓的"普罗尼－贝当古"定律，是热力学史的一部分，详见本书第三章）。[50]最后，在贝当古的一生中，特别是在俄国，他非常关注工业卫生条件问题，他在观察并试图改善阿尔马登矿工的工作条件时，就对这个问题产生了浓厚的兴趣。

得益于贝当古的探索活动，所有这些应用和发展都已成为其祖国西班牙和第二故乡俄国的固有遗产。圣以撒的鎏金圆顶在阳光下闪闪发光，美轮美奂，时刻彰显着贝当古的贡献。

第三章
追溯桑庞斯，探究西班牙机械工程学的基石

在本章正式开始之前，我们应该要清楚，在提到西班牙机械工程学时，我们指的是"工业工程"。1850年，西班牙将工业工程确立为一门学科。政府希望促进工业的发展，于是建立了一个新的工程专业，为这一计划的实施提供坚实基础。由此衍生出了两个新学位，一个是机械工程学位，另一个是化学工程学位。"工业工程师"是对修学了这两门学科的毕业生的统称。1851年，西班牙巴塞罗那、塞维利亚（Sevilla）、贝尔加拉（Vergara）和马德里等四个城市开始设置了这个新学科。最初，只有马德里的学校有权授予工业工程学位。

卢萨指出，有两条途径催生了工业工程学科："官方"途径和"社会"途径（Lusa & Roca, 2005：13-14）。官方途径包括中心州府推动的倡议，如皇家工艺美术学院（Real Conservatorio de Artes）在马德里的设立（1824年）。"社会"途径由地方提出的倡议组成，如加泰罗尼亚的巴塞罗那皇家

贸易委员会（Barca et al., 2009）推动的一系列学校和教席的建立。1851年，巴塞罗那工业学校开始将贸易委员会的技术和科技学校合并在一起。

在本章中，我们将分析其中一所由弗兰塞斯克·桑庞斯-罗加（Francesc Santponç i Roca）创立的机械工程学院的起源。

在巴塞罗那，工程学起源于一项与工业发展和新科学传播有关的地方倡议。加泰罗尼亚经历了西班牙王位继承战争（1700—1714），其间加泰罗尼亚人对波旁军队进行了顽强的抵抗。战后，双方停火，加泰罗尼亚地方政府法规被废除，开始实施西班牙国家法。尽管政治上遇到挫折，但加泰罗尼亚经济仍保持增长势头，棉纺织等新兴产业不断出现。高产的农业、繁荣的贸易和工业是西班牙建设第一个工业化地区的基础。

从医学到机械学

弗兰塞斯克·桑庞斯-罗加（1756—1821，以下简称"桑庞斯"）在塞尔韦拉[1]（Cervera）和巴塞罗那学习医学，并于1779年完成研究生学业。[1] 接下来的一年，他"自费"到西班牙境外游学，学习"数学、实验物理、医学和其他自然科学"（Santponç, 1793）。他说他去"外国"游学，毫无疑问是在法国，肯定会在巴黎逗留，并可能也在其他城市逗留过。他辉煌的职业生涯为他赢得了很高的声誉，1780年他被选为巴塞罗那应用医学学会的会员。他专攻临床医学（儿科学），也研究天然泉水，分析水的成分及其是否适合人类饮用。他成为巴黎皇家医学协会的通讯会员，并向该协会提交了几项医学研究成果，其中一项在1787年为他赢得了该协会的年度奖。弗兰塞斯克·萨尔瓦-坎皮略（Francesc Salvà i Campillo, 1751—1828，以下简称"萨尔瓦"）是该协会的另一名活跃成员，也获得过奖项并得到了业内的认可。

---

[1] 加泰罗尼亚小镇名。

关于桑庞斯医生声望的相关资料唾手可得。英国医生约瑟夫·汤森（Joseph Townsend，1739—1816）于1786—1787年旅居西班牙，他认为桑庞斯和他的同事萨尔瓦是巴塞罗那70位医生中最杰出的和最务实的（Townsend，1988：426-427）。1793年，天文学家皮埃尔·梅尚（Pierre Méchain）在巴塞罗那与萨尔瓦一起参观一个排水装置时遭遇了严重事故。他胸部右侧塌陷，肋骨断裂，锁骨多处骨折。多亏了桑庞斯的治疗才逐渐康复（Alder，2003）。

桑庞斯对机械研究很感兴趣。1783年，他与萨尔瓦合作建造了一种新的火麻和亚麻打包机。他们与木工大师佩雷·加梅尔（Pere Gamell）等工匠一起工作。萨尔瓦和桑庞斯证明了像他们这样的医生对机械工作的兴趣也是有用的，因为他们可以改善操作这些机器的工人的工作条件。

1786年，桑庞斯、萨尔瓦和加梅尔入选巴塞罗那皇家科学与艺术学院（Real Academia de Ciencias y Artes de Barcelona）院士。桑庞斯和萨尔瓦因其对实验物理学和机械学的贡献而当选。至于加梅尔，一个木工大师被选中成为科学与艺术学院的院士似乎很奇怪。由于对应用科学和艺术与手工艺的发展感兴趣，该院任命了各种工匠或有手工艺背景的院士，并授予他们"艺术院士"的头衔。其中一些院士，特别是机械师和仪器制造商，与其他学者一起为科学与艺术学院建造和维护科学设备和仪器（Puig-Pla，1999）。

桑庞斯参与了理论和应用机械学方面的交流活动，如水力（水泵、运河、桥梁、港口）或畜力和风力的应用。他对气压计等科学仪器很感兴趣。他研究了如何改进便携式气压计，特别是由艺术院士何塞·瓦尔斯（José Valls）在萨尔瓦的指导下制作的气压计。1801年，他发表了一份"关于水蒸气作为动力及其新应用的报告"。

企业家雅辛特·拉蒙（Jacint Ramon）经营着自己的棉布印花厂，并试图将业务扩展到纺织领域。于是他想到使用新的"英国机器"，即阿克莱特水力纺纱机（Arkwright waterframe）。虽然这些机器早在1789年在加泰罗尼亚就已为人所知，但直到 1793 年才得以被安装使用（Sánchez，2000）。1800 年左右，许多加泰罗尼亚公司已经在使用整套的阿克莱特系统。1802 年禁止进口棉纱的政策刺激了西班牙棉纱的生产。

拉蒙访问英国，看到了这些由强大的水轮和詹姆斯·瓦特改进的蒸汽机驱动的机器。然而，回到巴塞罗那后，他自主建造蒸汽机的尝试以失败告终。因此，在 1804 年，他决定请时任巴塞罗那科学与艺术学院静力学与流体静力学系主任的桑庞斯帮助他进行新的试验。

需要指明的是，学术界和整个社会之间的交流是活跃的。巴塞罗那皇家贸易委员会的资金来自巴塞罗那港口的贸易税。自 1769 年以来，这个委员会一直在组织学校和大学教师进行培训。在 19 世纪初，巴塞罗那就成立了很多学院，如航海学院、艺术和手工艺学院，以及一个化学学院也正在计划中。1804 年，效仿马德里机械陈列室的做法，巴塞罗那也成立了一个机械陈列室。

桑庞斯动力学的研究

几年前，豪梅·阿古斯蒂（Jaume Agustí）找到并编辑了桑庞斯关于蒸汽机的最重要的报告，基于此编纂出了"关于一种新型消防泵的说明"（Santponç，1805—1806）。这些说明包括桑庞斯自 1804 年以来进行的研究进展，其分析为我们提供了一个向西班牙转移技术的优秀案例。首先，桑庞斯研究了当时的工艺水平。他的主要参考似乎来源于加斯帕尔·里奇·德·普罗尼（Gaspard Riche de Prony）的《新结构水力学》（*Nouvelle Architecture Hydraulique*），其中详细介绍了蒸汽机，包括其最新版本，即贝当古在 1789 年访问英国后设计的双动式蒸汽机（Jones，2009；Payen，1969）。众所周知，詹姆斯·瓦特对他的蒸汽机进行了重大改进，他称之为"双动机"。然而，瓦特提出的技术解决方案仍然是一个秘密。当时贝当古参观了他位于伦敦苏活区（SOHO）的博尔顿＆瓦特工厂，但瓦特没有向他展示双动机。在参观阿尔比恩磨坊（Albion Mills）时，一台双动式发动机正在工作，他便想出了这台机器是如何设计出来的。回到巴黎后，贝当古发表了他的技术解决方案，并被他的同事佩里耶（Périer）兄弟采纳。贝当古设计的双动式蒸汽机被他的法国同事普罗尼编入了书中。

然而，桑庞斯一开始建造的就是一台传统蒸汽机，据他所说其动力相当于"十七又五分之三匹马"。阿古斯蒂说，我们不应该单纯从字面上解释这个数字。根据桑庞斯的图纸，阿古斯蒂估计其实际功率小于2马力，因为"十七又五分之三匹马"指的是大气活塞产生的压力。

阿古斯蒂认为这台机器是纽科门型的，但它很可能是一台简易化的瓦特发动机（Roca-Rosell，2005）。尽管没有明确提到这一点，而且很难从如此简短的描述中得出任何结论，但应当注意的是，桑庞斯将纽科门发动机称为"旧"机器，如果他就决定设计这样一台过时的机器，也着实怪异。在谈到纽科门蒸汽机及其后续发展时，桑庞斯说："这些机器或多或少经过了改进，也使用了许多年，但它们靠非常复杂的构造和齿轮来运转。"（Santponç，1805—1806:144）

桑庞斯提到瓦特（原文为"Wats"）解决了这些机器的问题。但是，桑庞斯与他的合作者在1804年建造的发动机并没有让他本人或企业家拉蒙感到满意。拉蒙认为机器的运转太"猛烈"，操作太复杂，零件太脆弱。桑庞斯提议进行"改进"或"简化"，[2]但这需要一定数额的资金来资助这些试验。拉蒙同意了，他的行为被桑庞斯在其书《消息》（Noticia）中诠释为"伟大的爱国主义"。在拉蒙雇用的工匠的协助下，桑庞斯建造了一台小型发动机，工厂将按照这个模式建造安装新的更大的发动机。桑庞斯还在书中提到了他的所有合作伙伴：建筑师伊格纳西·马奇（Ignasi March）、锁匠弗兰塞斯克·科洛米纳（Francesc Coromina）、木匠安东尼·普哈德斯（Antoni Pujades）以及锅炉匠霍安·保·佩拉德霍迪（Joan Pau Peradejordi）。

值得一提的是，伊格纳西·马奇是一位杰出的建筑师，曾以非军事学员的身份[①]在巴塞罗那军事学院学习数学（Arranz，1991：290-291）。

桑庞斯在书中描述了他和工匠们进行的一系列实验。他表示，合作伙伴提出的修改方案在他看来是不可行的。但他同意继续进行实验，并从错误中吸取教训。尽管遇到了失败，但工匠们提出的一些建议推动了发动机的简化，许多阀门被桑庞斯称为"寄存器"（register）的东西所取代。桑庞斯认为，这一创新具有以下优点：使用了较小的锅炉，减少蒸汽的"剧烈"循环，降低了燃料消耗，汽缸使用更顺畅，并且不需要配重来保持惯性轮的运动。桑庞斯认为，他的"寄存器发动机"是一项创新，将在蒸汽机的发展中发挥关键作用。但我们应当注意，桑庞斯实际上是稍微修改了贝当古版本的双动式系统。

在改进蒸汽机设计的试验后，桑庞斯和他的合作者还为该发动机在工厂中的应用准备了另一系列试验。第一个测试是将他的模型直接连接到一台"英式"纺纱机，即阿克莱特纺纱机上。该发动机能够以每分钟16冲程的速度工作，使纺纱机能够有规律地均匀转动，其结果与使用马匹的功效相当，纺出了一种高质量的纱。由于试验是在工厂的纺纱车间进行的，所以操作比较容易，并且持续了三个星期。拉蒙提议进行另一项试验，即用蒸汽机来提升水。这个实验有两个步骤。首先，发动机与两个泵相连，使发动机的汽缸在双重运动中移动一个泵。其次，他们利用水的高度制造人工落差，以驱动水轮。这个轮子连接到几台机器上。这样，水就可以循环使用，而且很少浪费。这两个实验都取得了成功。

桑庞斯说，这些测试吸引了大量围观者。他提到加泰罗尼亚后勤团团长写信给经济部部长，后者于1805年8月23日要求桑庞斯提供一份关于新发动机的报告，该报告将由皇家印刷厂印刷出版。尽管桑庞斯家庭的档

---

① 彼时，西班牙军事学院开始招收一定数量的非军事学员。

案中还保存着这份报告的手稿,但这份报告从未发表过。[3]

在模型成功制作出来之后,拉蒙要求桑庞斯建造一个全尺寸的"寄存器"发动机。桑庞斯在其研究中认为这种全尺寸的发动机是一种全新的机器。然而,我们相信,桑庞斯实际上所说的意思是,他们"组装"了"寄存器",即他们修改了第一台发动机,并在模型中测试了发动机的设备。这一新的制作阶段需要进行更多的测试。桑庞斯介绍了为优化其燃料消耗而设计的不同锅炉的备选方案。拉蒙提议测试拉姆福德壁炉,但结果并不令人满意;马奇建造了一个新的锅炉,取得了良好的效果。

桑庞斯还描述了许多机器构造的细节,如锅炉、汽缸、活塞、冷凝器和空气泵的形状,还有他自己设计的附加机械装置。最后,他还解释了机器的运转原理。

桑庞斯对"寄存器"的发明倍感自豪。这个装置可以使蒸汽从活塞的一端到另一端交替运动。当时瓦特的技术解决方案尚未为人所知,普罗尼复刻了贝当古的设计,由佩里耶兄弟实施制造。我们认为桑庞斯和他的合作伙伴一起制作了一个更简单的版本。"寄存器"由一个有三根管子的双阀门组成。阀门通过活塞进行操作,交替开启。

桑庞斯在书中并没有提到他是如何制造出那些部件的,比如汽缸,这是一项很重要的冶金制造。1983年,阿古斯蒂认为汽缸是在巴塞罗那皇家火炮铸造厂制造的(Segovia,2008)。

多亏了阿古斯蒂的研究,我们得到了一幅较完善的发动机图纸,其轮子直径为356厘米,活塞长114厘米,内径35.6厘米(仅有最后一个数字是桑庞斯给出的)。经计算,该蒸汽机的功率超过了7马力。

"寄存器发动机"在拉蒙的工厂投入使用,利用水能转动水车,为几台纺纱机提供动力。人们一直认为这种特殊的机器使用方法是不常见的,但可别忘了,在当时使用蒸汽机制造一个水流落差的现象却是非常普遍的。事实上,水力机械已经表现出非常好的性能,而蒸汽机还需要发展一段时间才能达到与之相当的水平（Hills，1989）。

加泰罗尼亚煤短缺中断了发动机的运转。两年后，半岛战争[①]爆发（1808年），蒸汽机正式停止运转。工厂一直关闭到战争结束（1814年）。但在重新开放时，拉蒙没有恢复对蒸汽机的使用。

卡斯泰莱男爵（Baron de Castellet）曾在巴塞罗那皇家贸易委员会任职一段时间，在他的收藏品中有一份桑庞斯在1815年10月写给第一国务大臣佩德罗·塞瓦略斯（Pedro Ceballos）的信件手稿。[4]这封信是对发表在西班牙政府期刊《公报》（Gaceta）上的一份对俄国使用蒸汽机的报道的回应，该报道介绍了在俄国什利谢利堡（Shlisselburg）使用蒸汽机的情况。在信中，桑庞斯讲述了他为拉蒙的公司制造发动机时的经历，他表示，在这一过程中，需要完成一些较难的"组合和计算"。由于机器的公开试用成功，桑庞斯被要求撰写一份报告，但这份报告在战前并没有发表。根据桑庞斯的说法，手稿可能是被法国军队没收了，他说"俄国制造的蒸汽机也许是脱胎于我们的设计"。但桑庞斯错了，蒸汽机当时在俄国已经很普遍（Gouzévitch，2007）。桑庞斯告诉佩德罗，拉蒙工厂的蒸汽机仍然处于闲置状态。事实上，半岛战争之后，木材变得越来越昂贵，且没有煤可供使用。他解释说，在战前，英国船只运载煤作为压舱物，但现在都没有英国船只进入巴塞罗那港了。

这标志着首次在巴塞罗那工厂安装蒸汽机的试验的结束。埃尔格拉（Helguera）和托雷洪（Torrejón）研究了西班牙第一批蒸汽机的安装情况（Helguera & Torrejón，2001）。研究表明此前有过一些安装双动式蒸汽机的尝试，但都失败了。直到1833年，加泰罗尼亚的工业界才开始采用蒸汽动力。

[①] 半岛战争（Peninsular War），也称伊比利亚战争，是发生在1808年至1814年的一场战争，由拿破仑领导的法国军队与由英国、西班牙和葡萄牙联合组成的反法同盟进行。该战争主要发生在伊比利亚半岛，反法同盟最终成功击败了法国军队。这场战争对欧洲政治和军事历史产生了深远的影响，被认为是拿破仑时代最重要的战争之一。

教授力学

桑庞斯参与蒸汽机的研究是出于他对力学的兴趣。在 1786 年至 1808 年被选入巴塞罗那皇家科学与艺术学院院士期间，他发表了十篇涵盖多种主题的报告，机械应用的主题中包含一篇关于水磨的研究，另一篇关于蒸汽机的研究；此外还有运河运输的研究，以及一篇关于理论力学的报告（Puig-Pla，2006：284）。

他对机械学科的兴趣还体现在向工匠和工厂主教授力学知识上。1804 年，科学与艺术学院的数学教授弗兰塞斯克·贝尔（Francesc Bell）因为生病，不得不找人代课（Barca，1993）。同年 3 月 21 日，桑庞斯写信给科学与艺术学院院长，表示自己可以担任数学教师，继续教授贝尔所计划的纯数学和应用数学，并提出愿意在过程中补充静力学和流体力学定律，因为"国家实用工艺的发展非常需要这些定律"。3 月 22 日，桑庞斯被任命为数学教授。[5]然而，他很快就离开了这个岗位，因为科学与艺术学院要求他来设立一个力学教授席位。在桑庞斯家庭档案保存的一份手稿中，有一份日期为 1804 年 8 月的独立的力学教学计划，即除了教授数学之外，该计划还向"工艺师、技术监督[6]和工厂主"教授力学知识，与高等数学课程分开，以强调新课程的应用方向。设立这个新职位的目标之一是为企业家提供足够的知识，以防止"在不成熟的机械项目中浪费经费"。这一计划的实施需要一名教师、一名机械师，还有一间有模型、项目和机器图纸的机械陈列室。至于课程内容，他坚持认为这门课必须是基础的，介绍固体力学和流体力学的原理，并解释蒸汽机原理。桑庞斯说，他将一本由阿贝·绍里（Abbé Sauri）编写的力学教科书翻译成西班牙语，由于字数多，印刷费用非常昂贵。1805 年，桑庞斯提出了一个设立力学教授席位的新建议，这次是向巴塞罗那皇家贸易委员会提出的。该提案包含了一些变化，例如

1804年由贸易委员会创建的机械陈列室现在也被包括在提案中。

这个提议可能促使皇家综合贸易委员会（Real Junta General de Comercio，即西班牙经济部）在1806年3月批准根据巴塞罗那皇家贸易委员会的倡议设立一个新的力学教席。鉴于提案和最终的批准时间在1804—1806年，我们显然可以看出桑庞斯在拉蒙的工厂对双动式蒸汽机的使用经历对该席位的设立产生了影响。而同样明显的是，桑庞斯在这段教学经历之前就对开设这门技术教育课程很感兴趣。该课程终于在1808年1月2日正式开课。在1808年1月13日的科学与艺术学院会议记录中，桑庞斯介绍了绍里版本的教科书和另一本马丁（Martín）的关于几何的基础教科书。

在桑庞斯家庭档案中有一个笔记本，里面有参加该课程的学生名单。1808年记录了111个名字。1808年5月，课程因半岛战争中断，1814年后，每年的学生人数超过40人。学生中有工匠，但也有专业人员和企业家。他们都有兴趣了解新的机械技术，即蒸汽机。

桑庞斯在1813年的一封信中提到了该课程最初的教学大纲。[7]桑庞斯以医生身份加入西班牙军队，与拿破仑军队作战。1813年，他在加的斯，即西班牙议会成立的地方，向新政府当局提出了在西班牙所有省份设立力学教授席位的建议。他认为设立该席位是必要的："可以通过开凿运河和其他实用项目，迅速促进农业和工艺的发展。"（Santponç，1813）

有趣的是，他按照贝当古和自己同事的想法，优先考虑修建运河。在西班牙修建运河确实是一个巨大的挑战，事实上，考虑到该国的低降雨量和伊比利亚半岛复杂的地形，这几乎是一个不可能完成的目标。贝当古和第一批土木工程师致力于规划运河网络，以改善西班牙内陆的交通。然而，这个项目彻底失败了。

在他1813年的信中，桑庞斯讲述了他在巴塞罗那当力学老师的经历。力学教学大纲最初由两门课程组成。在第一门课程（他在1808年1月至5月教授的唯一课程）中，他教授了"固体力学"课，包括对固体物理性质的描述、运动定律、弹性和"软"碰撞；环境的阻力、摩擦力、重心、"活力"、离心力、简单机械和复合机械等等。桑庞斯表示，学习应该与模型研究和绘图结合起来。第二年应该专门学习"流体和液体的力学"课，包括研究它们的重力、压力、均衡和水流、浮力定律、大气的性质以及对空气和蒸汽膨胀的研究。正如桑庞斯所说，"所有这些都与水力学、流体静力学和气体力学有关"。这一年的学习还应该包括水泵、运河建设、水准测量和通过技术制图进行建设规划。

桑庞斯坚信，每门力学课程"都将使国家进步两百年"。技术教育可以培养出优秀的政府官员和城市市长；企业家会正确地教育他们的儿子（桑庞斯认为这比在大学学习哲学更有用）来更有效地管理工厂和组织农业生产。可惜，西班牙议会是如何抉择这一提议的，我们不得而知，但直到1850年议会才在这一领域采取行动。

1814年，桑庞斯得以在巴塞罗那继续教授他的力学课程。直到他于1821年去世前他一直负责管理这所学校。1816年，他以巴黎综合理工学院（École Polytechnique）的一个体系为基础，提出了他所谓的"技术图示法"的力学的教学方法，适用于具有不同知识水平的学生。

巴塞罗那皇家贸易委员会的机械陈列室

力学学院的建立与巴塞罗那皇家贸易委员会的机械陈列室有着密切的联系（Barca et al., 2009）。贸易委员会总部设在巴塞罗那凉廊（贸易交易大楼）。19世纪初，锁匠盖亚塔·法拉特（Gaietà Faralt，生于巴塞罗那，约1758—1828）负责凉廊车间（Iglésies, 1969: 55）。应当指出的是，锁匠的工作是负责处理铁制品；锁匠既是焊工或铁匠，也是设计师、雕刻家和金匠（Agustí, 1983: 117）。1779年，法拉特从贸易委员会那里获得了一笔补助金，使他能够在马德里完善他的技艺。1786年12月，他申请加入巴塞罗那皇家科学与艺术学院,并于1787年初成为一名艺术院士。[8]

由于贸易委员会对新的制造业机器感兴趣,于是1804年又向法拉特提供了一笔去马德里旅行的补助。这次旅行的目的是参观位于丽池公园(Parque del Buen Retiro)的皇家机械陈列室,并复刻贝当古和他的团队所做的设计。根据在巴黎待了几年的阿古斯丁·贝当古的提议,西班牙王室于1791年在马德里成立了皇家机械陈列室,并于1802年成立了道路与运河工程学院(Escuela de Ingenieros de Caminos y Canales)(Rumeu de Armas, 1980; Gouzévitch, 2009)。皇家机械陈列室开创了在学生、工程师和工匠中传播新技术的先河。

法拉特完成任务后,贸易委员会在凉廊创建了一个机械陈列室。每星期一、四、六上午向公众开放两小时。法拉特在那里为工匠和有兴趣的人提供教学。他讲授了机器图纸或模型的细节,并回答相关问题。[9]委员会在1805年4月1日《巴塞罗那日报》(Diario de Barcelona)[10]刊登的广告如下:

> 工艺师可以完全免费地获得与我们的行业密切相关的几种机器的知识,从而将它们用于自己的进步和一般制造。按照贸易委员会的要求,这些模型或设计的最佳案例……已经被安装在凉廊的一个大厅里,以后还会增加其他的作品。尽管这批机器已经很了不起,但委员会打算百尺竿头更进一步……。该城市的皇家科学与艺术学院院士"D.卡耶塔诺·法拉特"(D.Cayetano Faralt)将为工匠和爱好者解释这些机器及其用途,如果他们愿意的话甚至可以做笔记。

我们能够大致了解巴塞罗那机械陈列室的藏品内容,因为在半岛战争之后,贸易委员会通过卡斯泰莱男爵、洛伦斯·克拉罗斯(Llorenç Clarós)和霍安·阿列乌（Joan Aleu）组成的理事会，要求提供机械陈列室的藏品清单和法拉特负责的工具清单。[11] 1814年7月21日至8月2日，法拉特详细列出了这一清单，包括许多机器，它们的用途各不相同，如有给滑轮穿孔的，有在管道的楔子上切割小孔的，有同时卷绕多个锭子的，有切割和弯曲梳理后的纤维的末端的，有依次缠绕和纺纱的，有裁剪毛绒棉纤维的，有装卸船舶的，还有吊装和随意引导的，等等。还有其他模型：可以雕花又可以车削的车床；用来钉木桩的锤子；不是靠畜力，而是靠人力运作的碾磨机；瑞典炉子，吸烟炉；可以转换成梯子的凳子。还有一个小操作台，用来切削齿轮上的轮齿，另一个大操作台用来制造齿轮轮齿或"排布（？）"齿轮，从各个方向切割齿轮。此外，还收集了一些类似机器的图纸，它们都有很好的框架和玻璃保护。[12] 另外，还有其他机器用于棉花去籽、用于制作丝绸和棉捆线、用于旋转滚筒或棉线缠绕的铁条、用于冲压餐具和其他金属部件、用于沿着通航的运河和河流割草，还有用于从湖泊取水的。在图纸清单中也有一个水闸、两个"通过两条心形曲线均匀运动"的水泵，可以在任何类型的板上刻字的刻版机，以及双效"塞子（？）"。[13]

机械陈列室这种为工匠提供培训的做法在巴塞罗那属实少见（Puig-Pla，2006：64-67）。该陈列室是向公众开放的机械展厅的先驱之一。在此之前，还有马德里机械陈列室（Gouzévitch，2009）和巴黎的法国国立工艺美术学院（Conservatoire des Arts et Métiers）两个先例。巴塞罗那皇家贸易委员会还通过陈列室进一步发挥了技术传播中心的作用，因为其任务就是推动这种技术转移（Thomson，2003）。

《农业和工艺回顾》

半岛战争后，商业委员会的三个学院——力学、化学和农业推出了一份新的期刊《农业和工艺回顾》（*Memorias de Agricultura y Artes*），该杂志于1815年至1821年出版，可被视为加泰罗尼亚第一本此类杂志（Puig-Pla，2002—2003）。桑庞斯负责力学部分。在那里，他发表了关于新技艺和机器或机械的论文。他写了西班牙的技术发明和欧洲的技术发展，旨在促进技术知识的转移。法国的影响是显而易见的：许多文章是通过选择、翻译、总结、评论或改编原文为法语的文章来编写的，这些文章大多来自《工艺与制造年鉴》（*Annales des arts et manufactures*）（Puig-Pla，2009）。

桑庞斯自己也撰写了几篇论文。在此提及他写的关于"蒸汽机的起源和进展"的历史，以普罗尼的《新结构水力学》为基础（Santponç，1816），分为两部分，分别于1816年8月和9月发表。桑庞斯描述了他在拉蒙工厂的实验。他提到巴黎民族工业促进会（Paris Société d'encouragement pour l'industrie nationale）为改进蒸汽机所作的努力，并提到了该协会在1807年颁发的6000法郎奖金。桑庞斯还回顾了一些英国在蒸汽机领域的经验。他表示，自己对这个问题的认知和信念是源于西班牙日益增加的对工业蒸汽动力的需求。

1821年，当桑庞斯去世时，力学学院由于找不到继任者而濒临关闭。1821年，委员会组织编写了一份理论及实践力学教学大纲。这一大纲供数学和物理教授［分别是奥诺弗雷·J. 诺维拉斯（Onofre J. Novellas）和佩雷·维耶塔（Pere Vieta）］和机械陈列室的主任（盖耶塔·法拉特）共同使用，直到法拉特于1828年去世。这种由三个领域组成的教学体系之所以失败，是因为工匠不愿"按原理结构"学习机械课程。他们只对照搬照抄和那些他们认为对自己有用的机器感兴趣。法拉特去世后，委员会进入了一段反思期，并开始寻找新的候选人。最后，在1833年，在工程师伊拉里翁·博尔德赫（Hilarión Bordeje）的领导下设立了新的教授席位，博尔德赫是一位在巴黎和伦敦受训过的工程师。这个以实践为主导的课程一直持续到1851年（Puig-Pla & Sánchez Miana，2009）。从理论力学教学的角度来看，直到1847年洛雷·普雷萨斯（Lloren Presas）被任命为巴塞罗那大学的理论力学教授，理论力学教学一直处于停顿状态。普雷萨斯和博尔德赫负责在1851年创建的巴塞罗那新工业学校教授力学。普雷萨斯教授"纯力学和应用力学分析"，博尔德赫教授"力学与工业技术"（Puig-Pla，1996）。

力学学院与西班牙工业工程教育

巴塞罗那皇家贸易委员会的力学学院在1821年桑庞斯去世后经历了一场严重的危机。委员会对桑庞斯采取的理论教学方法的持续性表示怀疑，因为学校的大多数学生都喜欢实践训练。然而，在1821年，委员会启动了其他可以研究理论的机构，如物理学院和数学学院。最后，力学学院重开，被命名为"机器学院"，当时主要是在工程师博尔德赫的监督下进行实践培训，博尔德赫曾在伦敦接受过布鲁内尔（Brunel）等著名工程师的培训。这种新的方法使机器学院在工程领域的地位更加稳定。

本章小结

桑庞斯创建的力学学院、法拉特创建的机械陈列室，以及随后博尔德赫指导的机器学院应被视作西班牙工业工程的先驱，于1850—1851年开设的一类新的学位课程（Lusa，1996）使工业工程成为大学的一门学科，从而跻身西班牙工程的高级课程。尽管在这一过程中，委员会和学校教师对学位教育兴趣不大；他们只希望培训公民，将他们培训成工匠、科学家或技术人员等，以助力他们从事工业工作。

第四章
19世纪的海外专利制度

关于19世纪西班牙仅存的两个美洲殖民地的技术史，专业文献对此一直少有关注。从18世纪下半叶开始，西班牙帝国缺少科学研究和发明活动，在技术上依赖工业化国家，这似乎是导致人们对其殖民地技术史缺乏兴趣的主要原因。同样，殖民地随处可见的制糖业可能会影响历史学家的研究，让他们将与西班牙加勒比地区殖民地的种植园经济相关的问题都全部概括为与制糖业相关。[1]这种看法与过去二十年来众多已经发表的关于技术和殖民主义之间历史关系的研究发现是有差异的。本项最新研究成果阐明了技术交流网络如何在19世纪实现全球化，从而将殖民地也纳入其中。[2]

与英语和法语世界中海量记录技术和殖民主义的文献相比，尽管西班牙加勒比殖民地区的技术史非常重要，却很少受到人们的关注。关于19世纪古巴种植园经济中技术变革的文献数量不多，而且其中大部分文献关注的是技术进步和奴隶劳动之间的关系。[3]然而，最近的研究揭示了殖民地的克里奥尔人①如何促进古巴制糖业的现代化进程。其他学者如艾伦·戴伊（Alan Dye）、乔纳森·库里-马查多（Jonathan Curry-Machado）、雷纳尔多·富内斯（Reinaldo Funes）、斯图尔特·麦库克（Stuart McCook）、佩德罗·普鲁纳（Pedro Pruna）和戴尔·托米奇（Dale Tomich）的近期研究则揭示了现代机械和组织创新是如何在19世纪的古巴传播的。[4]这些新兴的研究项目还探究了古巴的殖民政府为促进科学进步采取的措施，如成立研究外国技术发展的各种委员会、建立研究实验室和先进植物园以及组建大量科学和技术协会等。此外，一些研究还强调了英美技术人员和工程师在这一现代化进程中所起到的作用。正如库里-马查多的研究表明，这些外国技术专家在古巴制糖业的技术变革过程中充当"次帝国"代理人。[5]这里用"次帝国"②一词描述19世纪古巴，旨在阐述在1898年获得政治独立之前，从宗主国获得经济和技术解放的内部进程。

本章是对此领域的新兴研究项目作的一个综述，该研究体系宏大，包括三条研究路线，即西班牙专利史、古巴商业史和技术全球化现代史。具体而言，本章通过分析西班牙专利机构在殖民地的运作，研究古巴创新体系的本质。[6]第一节考察了19世纪古巴的技术和制度演变，用以概述负责促进技术创新的西班牙殖民机构在海外领地与宗主国截然不同的运作方式。与西班牙本土的同类机构相比，古巴机构，如发展委员会（Junta de Fomento）、皇家商会（Real Consulado）或国家之友爱国协会（Sociedad Patriótica de Amigos del País），在促进技术转移方面表现得更为积极。这些机构在古巴

---

① 克里奥尔人（Criollo）是在拉丁美洲地区、西印度群岛以及美国南部出生的早期法国、西班牙和葡萄牙移民的后代。这个词从16世纪开始用来区分出生在新大陆殖民地的欧洲人后裔和欧洲出生的居民。在某些拉美地区，克里奥尔人特指当地出生的纯种西班牙后代。
② 次帝国主义（Sub-Imperialism）是一个用来解释国家状况的术语，即对其区域内其他地区的主权施加重大权力，同时将其自身主权置于更高帝国体系之下。次帝国主义代表一种体制、政策、意识形态——它既是帝国主义秩序的参与者、衍生物，又是帝国主义秩序的挑战者、牺牲品。

作为独立管理的"次帝国"机构运作。这些机构也被当地制糖业的克里奥尔精英控制掌握，通过扩大技术投资和出口贸易满足他们的利益需求。第二节通过聚焦19世纪西班牙最重要的殖民地古巴，总结了西班牙海外专利制度的特点。通过对西班牙专利机构的海外实际管理进行分析，本节揭示19世纪专利制度在整个北大西洋经济体和殖民地世界的扩展过程。[7]这一过程导致技术市场逐步全球化和国际专利机构激增，这些都促进了向古巴转移技术信息的过程。最后，第三节解读了19世纪后期古巴制糖业的外国专利活动和技术转移，强调甘蔗种植园主（制糖厂所有者）作为外国专利技术在古巴传播的代理人的作用。19世纪，种植园主充当技术转移的主要代理人，与外国发明家和机械制造商达成协议，建立合作伙伴关系。因此，古巴专利制度作为一个"次帝国"机构，通过"次帝国"代理人与世界经济连接在一起。这些代理人将古巴制糖业与国际信息知识交流网络联系起来。

在过去十年里，经济史学家为我们提供了19世纪西班牙专利制度运作的大量信息。[8]这些研究表明，在这一时期，西班牙的工业发展高度依赖欧洲的技术。然而，海外领地的专利活动动态仍被研究者忽视。1898年之前，宗主国西班牙和殖民地古巴使用相同的专利法律制度，但它们的实际管理运行却大相径庭。西班牙专利制度在古巴逐渐走向自治，这种趋势与古巴负责促进经济发展的其他机构类似。19世纪古巴的这些独立机构的运作导致古巴在1898年政治独立前建立起了一个自主的"殖民地创新体系"。古巴的创新体系由"次帝国"机构构成，这些机构帮助古巴经济融入全球技术交流网络，[9]促进西班牙控制之外的技术转移。在这种情况下，专利网络是向殖民地传播技术知识和信息的一个重要载体。

蔗糖、技术和机构

从18世纪末到19世纪上半叶，古巴因其专业化的蔗糖生产，积极参与国际技术交流，从而打入国际市场。古巴填补了1791年法国殖民地圣多明各（Saint Domingue）奴隶叛乱后留下的空白[10]，成为主要蔗糖生产地。与此同时，工业革命和随后的全球化导致国际社会对糖需求不断增加，甜菜等新的制糖原料相继出现，爪哇、中国台湾和菲律宾等新兴蔗糖生产地区纷纷涌现，这些都迫使古巴糖厂不得不逐步降低成本。

西班牙、英国、法国和美国的海关政策也决定了蔗糖出口的未来。[11]然而，如果要阐明古巴如何转变为世界上最大的蔗糖生产国，就有必要厘清古巴的各种管理机构在采取促进措施（即技术政策）方面发挥的重要作用，正是这些措施才使得古巴的单一甘蔗种植经济向专业化方向发展。这些机构在殖民地与在宗主国的运行方式大不相同。我们的假设是，与宗主国相比，殖民地的这些"次帝国"机构运行在国际技术交流层面的表现更活跃、更投入，与近来全球化的国际市场联系更紧密。

古巴克里奥尔人实现经济和技术独立的过程可以从三个方面进行阐释。首先，西班牙不是英国那样的蔗糖消费大国，因此作为宗主国的西班牙不是古巴蔗糖的销售市场。[12]其次，西班牙不是殖民地食品类商品的主要再出口国。最后，由于缺乏蔗糖精制厂和科技专长，西班牙无法提供制糖业所需的技术。因此，精英种植园主必须找到自己的方式进入全球化市场，并将先进技术引进古巴。

古巴的种植园主如何成功使西班牙商业规则有利于己方？古巴是一个农业殖民地，专门从事甘蔗种植，同时也种植少数其他附加商品，如咖啡和烟草等。由于将大部分土地、人力和资本资源投入蔗糖生产，因此古巴高度依赖对外贸易出售其蔗糖产品，同时购买葡萄酒、面粉、干牛肉等商品满足其食品需求。由于缺乏合格的加工业，古巴不得不进口成品。古巴经济的增长日益依赖外部因素。古巴的精英们设法通过颁布关税制度和通过和中立国贸易来应对这一局面。[13]面对这些情况，古巴政府接连颁发了中立国交易许可证，并在这些许可证废止后决定独立行事。[14]由此，古巴无视西班牙的命令，按照自己的意志来允许美国商人入境。[15]而这种行为仅仅是将走私物品合法化的手段之一。1762年英国对哈瓦那（Havana）的进攻被视为一个重大转折点。西班牙的政策从1765年重新转向自由化，试图加快宗主国和殖民地之间的商业往来。[16]然而，西班牙军队在战时无力打击走私、维持海上贸易，因此古巴对外开放了海上贸易：鉴于正常贸易难以维持，民怨沸腾，西班牙于1818年2月18日通过皇家法令，允许古巴与外国进行自由贸易[17]。

下一个转折，也是与商业有关的第二个问题是关税。一般而言，高额关税给西班牙带来了大量财政收入。鉴于古巴的财政制度建立在间接税的基础之上，关税是宗主国从甘蔗种植园主那里获取财政收入的唯一途径。而古巴开放自由贸易后，种植园主不仅被免除了几种间接税，[18]而且还被免除了特殊的直接税——什一税（diezmos），[19]这是其他第一产业（如养牛业）享受不到的优惠待遇。此外，他们还获得了进口农业用具的关税豁免以及机械关税减免。种植园主有着不成文的权力禁止转让他们种植园或制糖厂的债务，这种情况至少持续到1843年。[20]尽管西班牙对古巴实施的关税政策相当复杂，[21]但很明显，精英阶层和殖民当局之间存在默契，这也体现在对税款核定额度的修改上。例如，西班牙博物学家和政治家拉蒙·德·拉·萨格拉（Ramón de La Sagra）[22]解释了一个由种植园主、商人和殖民政府成员组成的委员会每年在哈瓦那开会是如何审查关税的[23]。而在这种情况下，我们能确切看出，分别于1822年2月4日和1825年3月25日通过的皇家法令，成为古巴改变税款核定额度以及摆脱西班牙制定规则限制的最有效工具。

然而接下来，种植园主不仅成功地左右了西班牙的贸易规则，还促进了技术转移。整个18世纪末和19世纪上半叶，西班牙的主要殖民机构，如市政厅、皇家财政部（Real Hacienda）或皇家商会（1832年更名为发展委员会），共同致力于促进农业发展，进口各种有利于制糖业的现代设备和创新技术。里克拉伯爵（Count of Ricla）和一个被勒里维伦（Le Riverend）[24]称为"第一批改革者"的团体，包括总督路易斯·德·拉斯·卡萨斯（Luis de las Casas）和种植园主兼政治家弗朗西斯科·阿兰戈-帕雷尼奥（Francisco Arango y Parreño）在内，都支持古巴农业的发展，尤其是蔗糖产业。[25]古巴的机构，特别是发展委员会[26]和一些经济协会[27]，显然更重视种植园主的利益而非宗主国的关切，它们作为西班牙行政部门的自治机构运行。哈瓦那的经济协会则创建了各种鼓励技术转让的实体，例如公共图书馆[28]（1793 年）、植物园（1817 年）[在此促进下建立了一所植物学校（1824 年）和第一个教席，以及化学实验室（1819 年）][29]、中央防疫委员会（the Junta Central de la Vacuna）和机械学院（1845 年）。协会还出版了严谨的学术报告[30]和一些报刊，如《哈瓦那报》（*Papel Periódico de La Habana*）和《古巴双月刊杂志》（*Revista Bimestre Cubana*，1831 年），种植园主们在这些报刊上发表他们的意见并传播技术进步成果。如果我们研究这些机构中甘蔗种植园主的姓氏，我们发现他们中的大多数都出现在多家机构中，如佩德罗索（Pedroso）、迪亚戈（Diago）、奥法里尔（O'Farrill）、佩尼亚尔韦尔、埃雷拉（Herrera）、贝当古、德·埃斯科韦多（de Escovedo）或维拉-乌鲁蒂亚（Villa-Urrutia）。一些机构的建立得益于积极的种植园主的运作，如皇家农商协会（Real Consulado de Agricultura y Comercio）是应弗朗西斯科·阿兰戈-帕雷尼奥的要求成立的。

通过所有这些"次帝国"机构，古巴先于宗主国西班牙获得了西印度群岛其他国家——英国、法国、比利时和美国的先进技术。因此，发展委员会资助了几次考察，让古巴精英实地考察欧洲和加勒比海其他殖民地的所有技艺，[31]以便将其应用于古巴。由于专利技术来源于国外，而非西班牙，因此一些最先进的技术先是在古巴注册和引进的，然后才引进西班牙。古巴的铁路建设就是最好的例证。[32]1830 年哈瓦那的国家之友经济协会、城市议会和皇家商会设计了古巴铁路。[33]1837 年，古巴第一条铁路开通，运营哈瓦那至贝胡卡尔（Bejucal）线路。[34] 它同时也是拉丁美洲地区的第一条铁路，比宗主国西班牙的第一条铁路还要早十年。通信领域的情况也很类似。1877年10月第一次电话测试在哈瓦那完成，而不是在宗主国西班牙。[35] 发明家托马斯·爱迪生（Thomas Edison）和巴斯克商人何塞·弗朗西斯科·纳瓦罗（José Francisco Navarro）的合作就更鲜为人知了。他们于1881年在纽约建立"爱迪生西班牙殖民地灯具公司"（Edison Spanish Colonial Light Company），后来改名为"哈瓦那电力照明公司"（The Havana Electric Light Company）[36]。该公司继续在哈瓦那建立，其目的是"拥有、制造、销售、经营和批准"在古巴获得专利的技术。[37]

19世纪西班牙宗主国与殖民地专利制度

专利制度是西班牙机构在海外与西班牙本土运作方式截然不同的另一个重要例证。在"旧制度"① 期间，西班牙王室力求和其他欧洲大国一样，通过广泛利用发明、引进和制造垄断的王室特许权来促进创新。第一例这类特许权是1478年在马德里连同政府职位或货币奖励一起授予技术的创新者，直到19世纪初，在竞争日益激烈的重商氛围中，这仍然是唯一一个鼓励发明和创新活动的制度。[38] 这些特许权也被授予本国人或外国人，以保护乃至今日的现代时期西班牙领地的新技术。因此，16世纪和18世纪期间，很多特许权获得者，尤其是与采矿业相关的人，通过西印度群岛事务委员会（Consejo de Indias）获得地处美洲的领地的授权。[39] 然而，与英国和法国的情况相反，西班牙从未通过一项关于特许权的一般法案，直到19世纪初，随意授予特许权的情况才有所改变。

---

① 旧制度（Ancien Régime）被广泛用来指代中世纪和法国大革命之间的欧洲历史时期，这一时期的许多欧洲国家都存在类似的社会、政治和经济结构。其特点是严格的社会等级制度、绝对君主制和封建特权。

18世纪末"旧制度"的最终危机和西班牙美洲殖民地的独立运动（一系列自由革命进程至少持续到1833年）导致了帝国的终结。和其他知识产权一样，发明从传统皇家特许权到现代的工业产权法规的过渡相当迅速。1811年、1820年和1826年颁布的一系列专利法令[41]开创了西班牙发明活动监管的新时代，并很快扩展到古巴、波多黎各和菲律宾这几个余留的海外领地。事实上，第一部现代西班牙专利法起源于古巴。这部颁布于1820年的法令是在古巴哈瓦那的机械师、发明家费尔南多·阿利托拉（Fernando Arritola）的强烈要求下颁布的。这是第一个完全由西班牙人自己制定的法律，因为此前1811年的法令是由约瑟夫·波拿巴①政府通过的。阿利托拉向西班牙议会提交了"新型改进蒸馏器"申请，在那里进行了辩论。古巴最高当局、哈瓦那将军和总督都支持他的请求。1820年新的自由主义议会接受了阿利托拉的请求，并颁布了新的专利法，1826年费尔南多七世（Fernando Ⅶ）的新政府对该法案进行了少量修订。[42]

1833年7月30日的《皇家宪章》正式将1826年3月27日颁布的关于发明和引进专利的法令的效力延伸到上述三个海外领地（即古巴、波多黎各和菲律宾）。实际上，1820年之后，古巴和菲律宾已经被授予了一些现代专利。尽管如此，关于这一法律延伸，仍有必要具体说明一些要点，特别是与古巴有关的问题：

第2条：因为种植园主和机构都非常关注外国的进步，接受并采用机器、仪器、工艺和科学方法，因此，鉴于国情特殊，目前无需采取促进农业，特别是制糖业的发展的措施；故而在古

---

① 约瑟夫·波拿巴（Joseph Napoleon Bonaparte，1768—1844）法兰西第一帝国皇帝拿破仑·波拿巴的长兄，生于科西嘉。1796年参加意大利战役，后任法兰西第一共和国外交官。1806年被拿破仑立为那不勒斯国王，1808年任西班牙国王（称何塞一世），1813年离位。拿破仑在滑铁卢战败后，他流亡美国（1815—1832）。

巴，特许权仅限于发明者和改进者，而引进则超出了总督、秘书官……的自由裁量权。在听取了议会、商业和发展委员会以及经济协会的意见后，确定……不享有（该类）特许权的工业或农业部门和地区。

1833年《皇家宪章》的其余部分实际上照搬了1826年的法令，从而确立了在古巴和其他殖民地岛屿保护发明和新技术的基本规则。专利授予西班牙人或外国人；就发明而言，为完全未知的机制或工艺授权；期限为5年、10年或15年（引进期限为5年）；专利授予后一年内有强制的使用条款；需要支付昂贵的授权费；[45]以及遵循对外公示、转让记录、到期声明、产权侵权和司法处罚的常规要求。[46]

这些19世纪的法律引入了由不同的"子系统"组成的专利体系。在实践中，每个不同的子系统都有自己的专利和商标办事处。在马德里成立的皇家工艺美术学院在西班牙本土形成垄断，而在古巴、波多黎各和菲律宾负责专利保护的是"诸发展委员会"。海外"诸发展委员会"收取的专利费中，有一半必须送交皇家工艺美术学院。事实上，这使西班牙所有地区的专利保护费用翻了两番，因为专利申请者必须获得四种不同的专利权。出于这个原因，在马德里为西班牙本土授予的大部分专利从未在古巴、波多黎各或菲律宾生效，因为将专利权从本土扩展到海外的成本很高，除少数制糖技术外，其余的极其少见。[47]另外，古巴还有数以百计的专利申请和授权，这些申请和授权是在古巴境内直接管理的，其技术信息没有传到马德里。古巴的机构只是时不时发送一份专利清单，以控制费用支付。所有这一切都表明，古巴的自主专利管理在某种程度上有助于本土克里奥尔精英控制专利机构，由当地统治者和"次帝国"代理机构以不同于西班牙本土的方式运营。同样，有证据表明，1833年的颁布《皇家宪章》直到1849年才在西班牙公布。[48]

1880年颁布的关于工业知识产权的《皇家法令》将1878年的专利法扩展到"海外省份"。[49]殖民地仍然采取和以前一样的专利权自治管理方式。然而从那时开始，专利费只需要一次缴清，而且从西班牙向海外领土的扩展是免费的，反之亦然，尽管代理费用持续推高运行成本。1880年5月14日的《皇家法令》维持了古巴专利制度的自主管理，原因是"如果西班牙管理古巴专利，将造成重大延误""第6条规定：只在海外省份使用的发明专利仍将由各地总督授予，其方式与目前的规定相同，而海外专利可以通过简便的免费申请轻松扩展到西班牙本土"。[50]1897年，在美西战争①前夕，另一项命令又无限期地延长了将这些申请从海外寄往西班牙本土的时间（4个月），因为各部委之间的邮件持续出现延误。[51]

如表4.1所示，1820年至1898年，国内居民申请并在马德里注册的专利中，只有不到4%来自古巴。比例因年代而异，需要注意的是19世纪30年代，当时几乎27%的国内专利是由古巴居民注册的，这可能是受到1833年颁布的《皇家宪章》的影响。然而，1840年之后，几乎看不到古巴注册专利的数据。直到19世纪80年代，1878年通过的新法律扩展到古巴，允许海外申请人将其专利权自由扩展到西班牙本土，如表4.1所示，古巴海外申请人数在其独立前迅速增加了近5%。

尽管我们对专利制度作出了解释，但对专利制度仍有待深入了解。哈瓦那的专利历史记录有力地证明，19世纪西班牙帝国同时有两种专利制度并行，即马德里的宗主国本土专利制度和古巴特有的"殖民地创新体系"框架内的专利制度。例如，我们可以发现的是1830年至1880年，大约有4000项专利直接在哈瓦那注册，几乎占到同期整个西班牙帝国授予的所有专利的40%。[52]19世纪哈瓦那的注册专利数量之多，足以让独立前的古巴在西班牙所有创新领域中位居榜首。通过进一步的深入研究，我们将会

---

① 美西战争发生于1898年4—8月，是一场美国与一些殖民地独立势力共同对抗西班牙帝国的战争。

表 4.1　西班牙居民在马德里西班牙专利商标局（OEPM）申请的专利数量（1820—1898 年）

年份	古巴	波多黎各	菲律宾	西班牙领土（合计）	古巴占西班牙领土之比（%）
1820—1829	2	1	2	89	2.2
1830—1839	40	3	0	148	27.0
1840—1849	15	18	1	451	3.3
1850—1859	5	22	0	902	0.6
1860—1869	2	1	0	1021	0.2
1870—1879	7	1	0	1022	0.7
1880—1889	174	7	3	3645	4.8
1890—1898	254	8	9	5420	4.7
总计	499	61	15	12698	3.9

资料来源：1820—1826 年的数据来源于西班牙国家历史档案馆和《马德里公报》。1826 年至 1898 年数据来源于西班牙专利商标局的专利原件。

更好地理解这两个子系统中的专利活动。例如，以前授予专利的技术审查与马德里的审查相比的难易程度；[53] 其他"次帝国"机构（发展委员会，经济协会）是如何打破宗主国的限制，利用这一制度促进技术变革和制糖业扩张的；或者英国人、法国人，以及大量的英裔美国技术人员和克里奥尔精英如何利用专利保护制度的。然而，通过综述我们可以确定，虽然加泰罗尼亚地区是"西班牙的工厂"，但正如经济史学家霍尔迪·纳达尔所断言的那样，[54] 古巴貌似一直是西班牙的实验室和技术车间。但正如西班牙近代史上许多实验室、科学家和技术人员常常被放逐海外一样，古巴最终也被西班牙"放逐"而独立。

跨越帝国：古巴制糖业的涉外专利活动

19 世纪，古巴种植园经济经历了一次重大转变。从 19 世纪中叶开始，古巴的甘蔗种植转变为现代热带产业。比如，截至 1870 年，古巴出产的蔗糖占世界市场总量的30%。[55]在世界蔗糖市场竞争日益激烈的背景下，古巴种植园主设法将他们以前的小规模奴隶种植园改造成大型农工综合体。正如莫雷诺·弗拉吉纳斯（Moreno Fraginals）所断言的那样，这是一次"从制造业向大工业的飞跃"，是一场"蔗糖产业革命"。[56]古巴的生产水平和生产能力都成倍增长。蔗糖生产的现代化和工业化进程不能完全归因于蔗糖业疆域的扩张、肥沃的土壤和理想的气候条件，也不能用1886年古巴废除奴隶制之前强制奴隶劳动来解释。19世纪中叶引进活动引发的技术变革和组织创新在这些重大变革中同样发挥了关键作用。在这些年里，古巴糖厂处于世界上技术最先进的水平。[57]古巴发展为一个先进工业地区，那里的甘蔗种植园主、糖业工匠大师和知名商人都了解最新的创新技术，积极参与国际贸易和知识交流。古巴现代蔗糖精制技艺和工业区铁路的引入都遵循了明确的模式。这些技术不是通过宗主国西班牙引进的，相反，帝国之间和殖民地之间的技术交流更为重要。因此，在发展制糖工业的过程中，古巴极度依赖大西洋彼岸、作为西班牙的竞争对手的诸帝国的技术。

在整个19世纪，具有相对重要性的技术转让机制有很多不同形式，涵盖了从相对非正式的方法，如该世纪中叶的熟练工程师移民，到该世纪最后几十年实施的更为正式的技术制度，如专利权。同样，在这一时期，技术革新的性质也发生了变化，从蒸汽动力手工磨坊的扩散发展到大规模资本密集型钢铁机械的装配。19世纪末全球化经济中技术关系发生了变化，还出现了与第二次工业革命相关的科学创新浪潮，这些都对古巴引进制糖机械产生了重要影响。19世纪80年代，通过专利进行的技术转让变得更加引人注目。在19世纪末的古巴，在公司资本主义日益增长的背景下，给具有经济价值的发明申请海外专利的做法非常普遍。而在此之前，专家移民和技术文献的流通是主要的转移机制。然而，正如专利记录显示，向古巴制糖业和附属产业转让专利技术的历史与制糖业本身的历史一样悠久。从19世纪20年代起，一些最具经济价值的技术，或者用伊恩·因克斯特（Ian Inkster）的话来说的"精英"发明，[58]都是通过西班牙专利制度从发达经济体转让到古巴的。这些转让要么通过位于西班牙半岛的宗主国办事处，要么主要通过古巴专利登记处进行。如上文所述，古巴专利登记处设在哈瓦那，实际上独立于宗主国运作。有趣的是，这个古巴专利"子机构"授予专利的技术信息会定期发表在《哈瓦那公报》（*La Gaceta de La Habana*）上。

古巴种植园早期尝试引进专利技术的一个例子是德罗纳真空熬煮锅的引进。这一蔗糖精制系统最早于1841年在文塞斯劳·德·维拉鲁蒂亚（Wenceslao de Villaurrutia）的拉梅拉（La Mella）制糖厂建成。发明者本人，著名的法国化学家查尔斯·德罗纳（Charles Derosne），提供了所有的机器，并监督了维拉鲁蒂亚新系统的组装过程。[59]1843年5月，工厂全程使用新设备完成了首批作物加工。根据维拉鲁蒂亚关于德罗纳的新"熬糖机械"1843年加工作物的性能报告，新的真空熬煮锅蒸馏系统极大节省劳动力，减少木炭消耗。[60]然而，新系统的最初投资远高于购置低端技术真空锅炉的费用。新系统减少了对奴隶劳动的依赖，但需要熟练劳动力来操作。德罗纳和他的合作者凯尔曾于1844年发表相关技术论文，尔后由古巴著名化学家何塞·路易斯·卡萨塞卡（José Luis Casaseca）翻译成西班牙语。论文中，德罗纳和凯尔承认新设备需要熟练的制糖师操作，但他们也强调，新的机械系统简化了非熟练奴隶劳动的工作。[61]德罗纳亲自培训维拉鲁蒂亚的技术人员学习使用这项新技术。

德罗纳和他的商业伙伴，法国锅炉制造商让·弗朗索瓦·凯尔（Jean François Cail），已经在法国和英国获得了该发明的专利权，从而通过销售真空熬煮锅大赚了一笔。1836年，两人成立了"德罗纳－凯尔"（Derosne et Cail）公司。从19世纪中叶开始，该公司成为世界上最重要的制糖机械制造商之一。[62]新真空熬煮锅在古巴成功引进后，德罗纳和凯尔试图在古巴专利"子系统"中保护其设备的知识产权。1842年6月，他们向哈瓦那发展委员会申请了为期15年的"皇家发明特许权"。他们在古巴的代理人是华金·德·阿里塔（Joaquín de Arrieta），一个甘蔗种植园主，在这项专利的申请过程中担任中间人。阿里塔不仅充当他们的代理人，同时也是他们的商业伙伴，1843年，他给自己的工厂"古巴之花"（Flor de Cuba）引进了德罗纳的设备。然而他的专利申请被哈瓦那发展和农业委员会以两个理由正式驳回。首先，有人认为，根据西班牙法律，古巴已经引进了这项新技术。其次，古巴的一些机构，如发展委员会和国家之友经济协会已经投入了大量资金将德罗纳的发明引入古巴的糖厂。[63]

虽然德罗纳的专利申请被驳回，但这一事件使人们了解到19世纪中叶西班牙加勒比种植园经济中外国制糖机械制造商的专利活动和跨国经营。在那段时间，古巴糖厂和总部设在纽约、巴黎、利物浦和格拉斯哥的工程公司开始建立密切的联系。蒸汽工程和制造公司，如英国的福塞特＆普雷斯敦（Fawcett & Preston）、北美的新奇铁厂（Novelty Iron Works）和法国的德罗纳-凯尔公司是古巴制糖机械的重要供应厂商。[64] 古巴尽管在政治上仍然从属于衰落的宗主国，但在技术上却与工业最先进的大西洋诸帝国建立了联系。伴随全球化加速，工业化程度最高的国家开始主导加勒比地区的现代工业技术贸易。古巴种植园主通过他们的"次帝国"机构被纳入国际技术流通网络中。在这个网络中，专利活动、技术报刊和专家移民一起成为知识传播的主要手段。随着有经济价值的发明申请，海外专利在殖民地逐渐成为惯例，西方蔗糖精制设备制造商开始积极保护其在古巴的技术创新并将其商业化。

在19世纪的最后20年，越来越多的复杂制糖技术，从工业化学工艺流程到资本密集型机械化工厂，都通过专有系统得以传播。从19世纪中叶开始，美国和英国公司开始出口西班牙加勒比地区主要糖厂使用的绝大部分机器。只有法国公司能够与英美机械制造公司竞争。总部位于格拉斯哥的邓肯·斯图尔特公司（Duncan Stewart & Co.）和法国法乎-里尔公司（Compagnie de Fives Lilles）、凯尔股份有限公司（Société Anonyme des Anciens Établisements Cail）和布里索诺兄弟公司（Frères Brissoneau et Compagnie）等公司都广泛利用了西班牙专利制度。一旦他们的专利得到保障，这些公司就可以着手生产和出口，或者最终在古巴将专利权商业化。这种模式证实了伊恩·因克斯特的说法，即"从19世纪中期开始，保护专利权通常是积极变革推动者进行技术转让的前奏。"[65]

19世纪80年代至90年代是古巴糖业技术大变革的几十年。由于来自甜菜制糖生产商的日益激烈竞争和甘蔗种植园向新地区的扩张，该行业陷入了危机，古巴制糖工厂开始了合并和现代化进程。尽管糖厂总数大幅减少，古巴仍拥有世界上最大规模的糖厂。企业规模的变化与第二次工业革命相关的技术和组织创新的引入息息相关。[66]对甘蔗利用相关的现代技术专利的激励措施增加了。欧洲和美国的机械生产商和工程公司最大的市场之一就是古巴甘蔗种植园。因此，殖民地对专利技术的控制和管理变得至关重要。在这种情况下，积极的专利转让代理人，包括专利专业人员以及商人，不但将竞争对手国家的技术信息带到西班牙，还协助发明家在殖民地将专利技术商业化。

随着制糖技术专利申请激增，专利代理人和其他中介机构向古巴转让发明的数量成倍增加。外国机器和发动机制造商需要谙熟西班牙法规和行政程序的代理人。代理人指导和协助外国专利权人在古巴注册、宣传他们的发明，并使之商业化。1870年左右，代理人在机械制图方面的协助已经变得至关重要。将专利权扩展到殖民地是有利可图的。例如，美国19世纪最大的专利代理机构莫斯公司（Moss and Company）于1890年开始在纽约出版期刊《美洲科学与工业》（*La América Científica e Industrial*）。这份技术期刊的重点内容是古巴经济和制糖技术的进步，还刊登将专利权扩展到西班牙语国家的服务广告。

知名律师胡里奥·比斯卡龙多（Julio Vizcarrondo）是一名经常为邓

肯·斯图尔特、法孚－里尔等外国制造商工作的代理人。[67]比斯卡龙多是波多黎各人，常驻在马德里，是一位重要的政治家、参议员，还是废奴运动的领导人之一。他于1875年开始作为代理人执业，并创立了知识产权代理机构埃尔扎布鲁（Elzaburu）。该机构现在仍然是西班牙国际专利和商标申请的最大机构之一。[68]制糖机械制造商邓肯·斯图尔特公司的专利活动是比斯卡龙多在"殖民地专利"中充当代理人的一个很好的例子。这家总部设在格拉斯哥的机械制造公司在西班牙海外殖民地上的几项专利申请中都使用了比斯卡龙多代理机构的服务。例如，1887年4月，比斯卡龙多在马德里登记了"糖厂改造"引进专利的申请。[69]在专利申请过程中，该代理机构为邓肯·斯图尔特公司提供支持，翻译技术备忘录，并安排了必要的机械制图服务。一年后，该机构还将协助邓肯·斯图尔特依据1880年扩展到古巴的1878年西班牙专利法，正式证明这项新发明已经在古巴投入实践。新工厂建立在"索莱达"（Soledad）制糖业园区。该工业园区是美国波士顿的E.阿特金斯公司（E. Atkins and Company）的大型现代化核心地产，也是美国公司在古巴的首批主要直接投资项目之一。[70]

本章小结

19世纪，组成西班牙殖民地创新体系的机构经历了一个逐步独立的过程。虽然仍受到与衰落的宗主国西班牙政治和法律关系的制约，这些致力于促进殖民地工业现代化的海外机构已经开始由克里奥尔精英控制。一项研究19世纪古巴技术流通的在研项目初步成果表明，殖民地的精英人士实质上把持了这些机构，其目标是促进创新技术向古巴转移。发展委员会和经济协会等古巴机构由制糖厂厂主控制和管理，他们设法将古巴种植园经济引入全球技术交流网络。这种情况并非必然，鉴于宗主国西班牙无法提供必要的技术创新，这是克里奥尔精英们有意作出的决定。与英属西印度群岛、巴西、夏威夷或爪哇等其他殖民地或后殖民地蔗糖生产国一样，古巴不得不向其他国家寻求技术。这时出现了一个明显的对比，但并不令人惊讶。虽然在上述殖民地或以前被殖民的国家，英国、法国等宗主国都提供了重要技术部分以及引进技术所需的资本和专家；但在西属加勒比地区殖民地，宗主国西班牙的作用却显得无关紧要。帝国间的联系通过建立"殖民地创新体系"和自主管理的"次帝国"机构，为"西班牙创新体系"扫清障碍，以发展本土技术创新能力。

当我们审视古巴"子系统"中的专利活动以及专利管理机构本身的机构组织模式时，这种情况更加清晰地凸显出来。尽管我们仍缺少对19世纪西班牙专利制度海外运作的全面了解，但本章初步阐释了西班牙殖民地的专利活动和管理。根据对19世纪殖民地工业专利法的研究以及哈瓦那和马德里的原始专利历史记录，我们可得出的结论是，古巴人自行管理着古巴的专利机构。此外，马德里和哈瓦那专利局保护古巴发明的专利申请数量众多，这表明该殖民地至少在1830年至1880年是西班牙最具创新性的"省份"。1878年颁布的专利法于1880年扩展到海外领土，带来了重大的实质性变化。然而，直到1898年，古巴的专利活动数量仍然高出西班牙其他"省份"。在19世纪的最后20年中，由于古巴和波多黎各种植园经济体的商业前景日益光明，来自经济发达国家的外国制造公司通过宗主国专利局或直接在古巴专利"子机构"系统保护其在西班牙体系中的发明。古巴的外国和本地公司制专利活动证明了，将帝国视为受约束实体的观点是站不住脚的。19世纪西班牙殖民地的技术转移和专利动态只能解释为一个更大的体系内的相互作用的结果，在这个体系中，与西班牙竞争的诸帝国以"影子宗主国"的形式存在。

第五章
西班牙工程行业

本章旨在对西班牙从文艺复兴时期到20世纪中叶工程行业的全局发展作一个概述。在这方面,"皇家工程师"(军事或其他领域)和工匠精英之间的二元对立基本上成为16和17世纪的主要特征。这一时期盛行"工程师世家"的概念。在18世纪,除了采矿工程师(当时还没有这样的称谓)和少数享有特殊优待的杰出工匠除外,"皇家工程师"在大多数情况下是军人。从1710年至1800年的专科学校培训都发展缓慢。19世纪,新的行业技术分支得以发展,并被非军事领域的工程师吸收。这些新的行业技术分支大多是为了完成新兴资本主义国家的日常运作中的行政工作而专门设计的。然而,工程行业有两个分支呈现自由开明的特征,特别是致力于服务新兴工业或农业。然而,这两个分支的发展道路却截然不同,非军事技术行业分支主要为政府提供公务员。与之相对是建筑师分支,被视为自由职业,不过会在一系列的特许权下工作,即使他们与土木工程师有很多冲突。

西班牙的基本行业培训计划始于19世纪下半叶。到了20世纪中叶,新技术种类的爆炸性增长,使相对封闭的既定学位体系新增了很多专业,从而确定了工程行业新分支的出现。由于行政特许权根深蒂固，从事专业活动所需的法律授权与实际能力之间的平衡始终是一个根本的问题。

"皇家工程师"与杰出工匠：文艺复兴及同时期其他复兴

文艺复兴时期，工程师是指来自各个领域的专业人士。最顶层的是"皇家工程师"。[1]他们负责完成军事任务（制图、建造城堡和塔楼等）和民用任务（建造水坝、运河、桥梁等），这些主要由皇室负责。严格来说，他们并不构成一个行政机构，也不一定是军人，但尽管如此，他们经常作为一支队伍被分配到炮兵部队。最终，他们在通过一个强制性审查后被录用，其中有几个因素发挥了根本性作用：第一，对新的绘图技艺知识的掌握和使用能力，这使他们能够承担设计任务而非单纯执行任务；第二，对数学的精通，其中甚至包括一些物理学的基础知识，特别是欧几里得几何学；第三，经验，通常是在另一位工程师的影响下获得，这通常需要经过严峻的考验。这样的工程师有佩德罗·路易斯·德·埃斯克里瓦（Pedro Luis de Escrivá，这倒是真正的军人）、蒂布尔奇奥·斯潘诺奇（Tiburcio Spanocchi）和克里斯托瓦尔·德·罗哈斯（Cristóbal de Rojas）等。除了执行军事任务工程师外，还有一些"皇家工程师"，如杰出的钟表匠和自动机械师胡安内洛·图里亚诺（Juanelo Turriano）和机械工程师佩德罗·胡安·德·拉斯塔诺萨（Pedro Juan de Lastanosa）。埃斯克里瓦和拉斯塔诺萨是西班牙人，曾在意大利工作过一段时间；斯潘诺奇和图里亚诺是在西班牙工作的意大利人。当然，还有来自荷兰等地的工程师。事实上，他们都为西班牙皇室效力。

工匠精英则处于等级的"较低端"，他们有时自称"工程师"，从而突出他们的行业知识和技能。他们通常为教会、议会或大领主工作。例如，他们可能是泥瓦匠、雕塑家、木匠或铁匠，比如皮埃尔·韦德尔（Pierre

Vedel)、海梅·法内加斯（Jaime Fanegas）和吉勒姆·德·特鲁克萨隆（Guillem de Truxaron）等。对于西班牙文艺复兴时期的工程师，我们用不同描述加以区分[2]，如军人（当时国防和炮兵活动还没有截然分开）、艺术家（当时艺术和技术活动之间的区别不像几个世纪后那么明显）、理论家[通常具有人文和数学背景，尽管有些人更倾向于数学，有些人对宇宙结构学有浓厚的兴趣，也有些人对"自然哲学"（即自然和物理科学）有强烈的爱好]，以及那些有更多实践背景的人，通常来自工匠群体。

这些新兴技艺和自然科学在当时的大学并没有一席之地。为了改变这种情况，1582年腓力二世（Felipe Ⅱ）在宫廷里成立了皇家数学学院（Real Academia Matemática）。[3]他还试图在全国各城市建立类似的学院，形成一个体系，但没有成功。此外，还有一个典型的例子就是西班牙在文艺复兴时期创立的"贸易院"（Casa de la Contratacion，1503年）。它是欧洲成立的第一个主管科学和技术的政府机构，其职能涉及航海技术的正规教学和发展，以实现大西洋航行，以及最终目标全球航行。除此之外，与行会提供的培训传统不同，该机构审查、颁发相关的专业舵手执照，获得执照才能在跨西印度航线（Carrera de Indias）中担任舵手。然而，马德里的皇家学院仅进行教学，从未审查和颁发各类学术或行业证书。不同于当时的大学，为了促进技术知识的传播，[4]皇家数学学院和贸易院的教学都使用卡斯蒂利亚语，而不是拉丁语。尽管这个时期被认为是一个衰退的时期，但这种情况在17世纪的大部分时间里基本上没有发生根本性的变化。

启蒙运动及其遗产

启蒙运动的飞跃发展带来了重大的变化，工程行业在军事领域和后来在纯民用层面上都出现了明确的制度化转变。在这一时期的初期，西班牙陆军和海军是引进新技艺和新科学的生力军。[5]"女王陛下的工程师"（即军事工程师）则被新组建出来，即从炮兵中脱离。这导致两支部队相互不信任，还因为职责重叠引起冲突。最重要的是工程师们组建出军事集团，这意味着他们将不再听命于军事指挥官。另外，航海和造船新技艺的发展对于跨大西洋帝国至关重要，需要海军做出特殊的努力，为自身打造相关能力。[6]

像他们的文艺复兴时期的前辈一样，新的工程师在现代国家的建设中也是必不可少的技术专家，他们主要从事领土防御和工事加固。他们也是许多开发活动的重要合作伙伴，尤其是在公共工程和制造业管理方面，炮兵部队的工程师经常参与这些工作。军事工程师的行业活动集中在三个主要领域：制图、军事和民用建筑，也集中在与基础设施有关的主要工程。[7]同时，炮兵在军工厂系统中的铸造厂、武器库和炸药厂发挥重要作用。简言之，西班牙工程行业的制度化始于18世纪的军事领域，这对于理解18世纪西班牙语世界的科技发展至关重要。

前身为布鲁塞尔西班牙军事学院①的巴塞罗那皇家军事数学学院（Real y Militar Academia de Matemáticas de Barcelona，1716年成立）于1720年开门招生，由梅德拉诺的学生豪尔赫·普洛斯佩罗·德·韦邦（Jorge Próspero de Verbang）负责管理。同期，皇家海军卫队学院（Real Academia de Guardias Marinas）于1717年在加的斯成立。由于军队中的工兵和炮兵兵种已截然分开，卡洛斯三世在塞戈维亚（Segovia）建立了皇家炮兵学校（1764年）。此外，在民用领域，费尔南多六世于1752年创立了圣费尔南多三艺皇家学院，该学院将建筑教学制度化，并维持了严格的"古典至上主义管理"，这在卡洛斯三世和卡洛斯四世（Carlos Ⅳ）在位期间尤

---

① 正式名称为"布鲁塞尔军事学院"（西班牙语：Academia Militar de Brusealas），欧洲较早成立的军事学院，1675年成立，由塞巴斯蒂安·费尔南德斯·德·梅德拉诺（Sebastián Fernández de Medrano，1646—1705）管理。——原书注

为突出。

18世纪技术领域的发展带来了若干影响,其中包括加快行业的差异化和细分,即创建新的技术职业,这总会引起职业界限的冲突。这也是职业社会学研究的一个永恒的主题,任何学科任何时期都不例外。例如,军事工程师分别与炮兵部队的工程师以及与国王费尔南多六世创办的皇家美术学院的建筑师都发生过冲突,该学院奉行维特鲁维建筑三原则"坚固、实用、美观",专注公共工程、桥梁和水坝工程领域。海军技术人员与海军工程部队（Ingenieros de la Marina,成立于1770年）和宇宙工程部队（Ingenieros Cosmógrafos,1796年成立的小型军事部队,在马德里天文台工作）的关系不太融洽;到18世纪末,与道路和运河监察局（Inspección de Caminos y Canales,成立于1799年）也发生了一些问题,而该局高级技术人员从1803年起正式被称为工程师。

与此同时,国家之友经济协会和各类贸易委员会将主要精力放在促进农业、工业和贸易上,特别面向农民和工匠,尽管在某些个案中,如在给阿拉贡协会（Sociedad Aragonesa）提供帮助上,他们最终提供了和大学相同的传授知识的课程,包括大规模的书籍出版。[8] 18世纪,西班牙还在本土和殖民地建立了致力于发展"帝国命脉"的机构:阿尔马登的矿业学院（成立于1777年）,以及美洲的新西班牙皇家矿业学院（Real Seminario de Minería de la Nueva España,又称"墨西哥皇家矿业学院",成立于1786年）,后者于1792年开始科学研究和技术活动。[9] 18世纪和19世纪之交（1799年）,法国化学家路易·普鲁斯特（Luis Proust）领导成立了马德里皇家矿物学研究所（Real Estudio de Mineralogía de Madrid）,该研究所前身包括三个机构,其中一个是位于塞戈维亚的皇家炮兵部队（Real Cuerpo de Artillería）化学实验室。[10]

从根本上来说,新的培训模式基本上提供了正规教育,而不是传统教育。如今,教育是教师们在教室里讲授正规课程并设置正规考试发展而来的。也就是说，工程师们不仅仅是在现场跟着行会之类的行业专家学习。这在英国行会仍是如此。总之，在启蒙运动期间，"不同于之前的职业培训和工作同时进行的机构——技术学校——诞生了"。[11] 这些技术学校发展成为与大学不同的机构。有人说"对新教育的推动是卡洛斯三世在位期间取得的最大成就"。[12]

然而，由于拿破仑的入侵和费尔南多七世的"荒诞"统治，启蒙运动的遗产突然间消失殆尽。西班牙政策缺乏连续性和持久性，缺少坚实的制度根基，浪费好不容易获得的潜力，这些问题比想象的更为严重。这很大程度上是因为相关的工程师和科学家都是开明或自由主义者，有些甚至是亲法者，继而遭受到新上台的专制政权的迫害。然而，在法国军队进入伊比利亚半岛之前，就有迹象表明西班牙的启蒙运动遗产正在衰落，这可能与其财政和内部政治问题有关。从1806年开始，大约是拿破仑军队入侵西班牙前两年，即便是道路与运河工程学院（Escuela de Caminos y Canales），都近乎被它的创始人阿古斯丁·德·贝当古和何塞·玛丽亚·德·兰兹（José María de Lanz）疏于管理。

19 世纪概述[13]

撇开短暂的"自由主义三年"①（1821—1823）不谈，在1833年至1840年第一次卡洛斯战争[14]以及南美洲和中美洲西班牙殖民地独立所带来的压力下，自由主义者不得不在1833年费尔南多七世去世后建立一个新的体系来指导和发展科学技术。在19世纪的最初几十年里，军事工程部队

---

① "自由主义三年"期（西班牙语：Trienio Liberal）即1820年至1823年间的三年，是西班牙三年的自由主义政府时期。在这段时间里，西班牙政府实行了一系列改革，试图实现民主和自由，取消对言论和出版自由的限制，废除封建制度，取消贵族特权等等。然而，在国内外的反动势力的压力下，这些改革在1823年被废除，西班牙回到了专制统治的旧制度下。

可能在"穿越荒漠的艰难时期"表现最好。即使有所衰弱，但它仍在专制主义者对启蒙运动科学和技术传承的"灭绝行动"中幸存了下来。

由于保守的卡洛马德计划（Plan of Calomarde，颁布于1824年），西班牙的大学直到1845年的皮达尔计划（Plan Pidal）才实现现代化。同时，在"不祥十年"期间①（1823—1833），在财政部部长路易斯·洛佩斯·巴列斯特罗斯（Luís López Ballesteros）的领导下，有两所大学值得我们的关注。其中一所是皇家工艺美术学院（成立于1824年），它是在胡安·洛佩斯·佩尼亚尔韦尔的领导下成立的，佩尼亚尔韦尔是著名的"水利团队"成员。该团队成立于巴黎，成员多来自桥路学校，负责人是阿古斯丁·德·贝当古。另一所是阿尔马登矿业学院。该学院受到福斯托·德·卢亚尔于1825年推动的立法保护，这是该学院的主要优势。卢亚尔是在墨西哥独立后从事该工作的，他在那里负责管理皇家矿业公司和前文提及的皇家矿业学院。

阿尔马登矿业学院是一所专门的采矿实践职业学校。该学院学生在被录取前必须在马德里的几所学校学习数学、物理、化学、矿物学和技术制图等各门课程。1828年入学的学生包括拉斐尔·阿马尔·德·拉·托雷（Rafael Amar de la Torre）、拉蒙·佩利科－帕尼亚瓜（Ramón Pellico y Paniagua）、卡西亚诺·德尔·普拉多（Casiano del Prado）和费利佩·包萨（Felipe Bauzá）等名人。费利佩·纳兰霍－加尔扎（Felipe Naranjo y Garza）次年入学。弗朗西斯科·德·卢桑（Francisco de Luxán）1831年被录取，后来成为一名著名的高级炮兵军官和采矿工程师。他也担任过发

---

① "不祥十年"（西班牙语：Década Ominosa）即1823年至1833年间的十年。在这段时间里，西班牙的专制统治恢复，国家进入了一段黑暗的时期，受到了政治、经济和社会方面的巨大压力。在这段时间里，国王费尔南多七世重建了专制制度，废除了自由宪法，关闭了许多学校和报纸，并镇压了自由派。此外，这个时期还面临着经济萎缩、财政危机、农民起义、加泰罗尼亚分离主义等问题。总之，"不祥十年"是西班牙历史上一个非常不稳定、动荡的时期，对西班牙社会和政治产生了深远的影响。

展部部长的职务,并大力支持技术研究的发展。此外,尽管在 1825 年颁布的《皇家法令》考虑到了创建矿业工程师队伍,但直到 1833 年,就在卢亚尔去世后,费尔南多七世去世前不久采矿团队才真正建立起来。无论如何,皇家工艺美术学院、阿尔马登矿业学院和矿业总局(马德里)实验室与一般的大学之间没有任何关系。

费尔南多七世去世后的第一个十年中(1834—1843),摄政王后玛丽亚·克里斯蒂娜(Maria Christina)和摄政王埃斯帕特罗(Espartero)接连倒台等重大事件,给西班牙带来了深远影响,导致了"政治领域的反封建资产阶级革命和主导生产关系的改变"[15]以及需要更多的精力和时间的意识形态变革。很快,正在建设中的自由主义国家感到有必要果断地加强发展采矿部门,并且推进整个矿业领域的发展。为此,矿业学院 1835 年从阿尔马登迁至马德里,而道路与运河工程学院于 1834 年重启招生。从国家作为具有重大经济意义的自然资源的管理者的角度来看,第一项行动至关重要。遗憾的是,国家行政部门并没有将自己视为"大工业"的参与者,而基本上只是将自己的作用限制在制定描述性任务(资源的定位等)和不同矿物开采的行政管理范围内。尔后的事实证明,在一个地形非常复杂的国家建立通信的过程中,道路与运河工程学院的必要性可谓举足轻重。该学院的主要任务是建设基础设施,维护领土完整,保证本国市场建设,维持与其他国家的交通运输。除了受地形原因影响,西班牙铁路的轨距比其他欧洲国家宽,因此导致西班牙与其他欧洲国家交通运输效率低下。

历经风风雨雨,林业学院(Escuela de Selvicultura)于 1847 年创建并受到规范,于 1848 年初招生开学。这所学院是为林业工程师团体(Cuerpo de Ingenieros de Montes,1854 年)设立的专业学校,该校的毕业生重建了林业工程师队伍。他们根据西班牙国情调整了林学课程(由中欧国家发展起来的森林文化和保护科学)。林业工程师队伍将部分精力用于将新学科应用于森林资源的保护和合理开发,从而维护或改善生态系统,同时处理土壤侵蚀问题。这个团队的独特使命是为保护和管理自然环境，特别是生态脆弱空间进行不懈的努力，这些空间经常受到"乱砍滥伐"的威胁，这是那些投机商人和政治家所做的勾当，这些投机者曾发起倒行逆施的运动，试图颠覆地契法（主要是1836年的"门迪萨瓦尔"法和1855年"马多斯"法）。

卢卡斯·马亚达（Lucas Mallada）的以下引文正体现这样的观点。他是一位著名的"再生主义[①]者"（即"再生主义"政治改革运动的支持者）同时也是一位杰出的采矿工程师：

（投机者和政治家）以赚钱的贪念蒙蔽了政府，诱使其以不计代价的手段营利，以在原始森林上获得耕地的贪念蒙蔽了国家，不管这些土地是否适合农业种植；他们欣然怂恿贪婪的投机者，只要出售木材就可以收回购置土地的成本。仅仅为了出售木材和引火柴，在几年内400多万公顷树林被毁，其中大部分林地永远不能用于森林种植，所有的土地都完全不能用于任何有益的农业耕作。[16]

在"民主六年"（Sexenio Democrático，1868—1874）期间，国民议会试图解散林业工程师团体。几年后，这些工程师被打上了"19世纪修士"的烙印，他们保护森林遗产的观点被认为是"神秘主义"。由于土木工程师兼发展部部长何塞·德·埃切加雷（José de Echegaray）的强烈反对，解散进程被中止。然而，自由主义者推动的大规模砍伐树木和破坏庄园的行为导致了大片森林的消失以及土壤侵蚀的加剧。

19世纪中叶，西班牙于1850年制定了一项雄心勃勃的工业技术人员

---

① 再生主义（西班牙语：kegeneracionismo）是19世纪末20世纪初西班牙一场思想政治运动，它试图对西班牙国家衰落的原因进行客观和科学的研究，并提出补救措施。

培训计划，重点涉及工业工程师的培养。[17] 关键是，这项计划没有为此设置一个新的行业，也不打算让其纳入公务员体系。它所描述的"新工程师"，是为私营公司工作或作为个体专家和顾问的专业自由职业者，而该国不发达的生产系统还没有为此做好准备。这项计划旨在促进一个新兴产业的发展，但由于国家行政部门出现了一些严重的错误和矛盾，其最初的发展困难重重。此外，在某些"倒退"的环境中，这些新兴行业的从业者会因为他们"代表的现代性"被同一行业拒绝。企业家们只盘算着费用，墨守成规，不愿接受他们提出的新事物和新观点。

这些工业工程师克服了无数困难，终于证明他们是必需的人才。这在19世纪80年代左右西班牙开始第二次工业革命的时候尤为明显。西班牙需要具有"科学产业"（电力、化学和内燃机）知识的人员。用何塞·奥尔特加-加塞特（José Ortega y Gasset）在他撰写的《关于技艺的思考》（Meditación de la Técnica，1933年出版）一书中的术语来说，这些被认为是"不可预测的技艺"。由于不属于行政部门，这个行业分散于马德里、巴塞罗那、塞维利亚和巴伦西亚等不同地方发展。马德里和巴塞罗那之间有过一些重要竞争，其中很大一部分可以解释为政治中心或地理位置中心与工业或经济发展现状的矛盾。

"温和的十年"（Década Moderada，1844—1854）随着维卡尔瓦罗起义（又叫"西班牙1854年起义"）结束后，"进步的两年"① 开始了。这是一场资产阶级革命，在全国铁路建设发展期间，大量"温和派"政客借机腐败的事实证实了这一点。按照进步主义者的观点，必须先促进自然资源的"合理"开发和有效利用，以及加强基础设施、农业、工业和贸易，才能改善人民的生活条件。在这短短的两年时间里，西班牙颁布了三项重要法律，

---

① "进步的两年"（西班牙语：Bienio Progresista）是指1854年至1856年西班牙的政治阶段。在这个阶段，进步党取代了温和党的权力。后者代表自由主义者的右翼，自1843年以来一直主导着政治舞台。

分别是银行管理法、铁路法，以及废除封建地契法（"帕斯夸尔·马多斯"法）。此外，与大学没有关系的专科学校加强了技术研究。

与前面的发展过程不同，工业院校将按照弗朗西斯科·德·卢桑1855年设计的新"总体计划"进行改革。该计划后来被1857年的《公共教育法》（*Ley de Instrucción Pública*，又称"莫亚诺"法）废除。根据卢桑的计划，工业院校被分为以下三类：

- 初级工业学校，这里让"诚实勤奋、热爱技术的工匠学徒以稳妥地练习流程并获得成果"（颁发能力证书）。
- 职业工业学校，位于巴塞罗那、马德里、塞维利亚、巴伦西亚、贝尔加拉；授予工业工程师候选人（Aspirante a Ingeniero Industrial）资格。
- 中央工业学校，附属于马德里的皇家工业学院（Real Instituto Industrial），该学院是唯一可以获得工业工程师这一顶级资质的地方。

最后提到的学位代表了：[18]

工业工程行业的最高学位。在这个行业中，科学将呈现所有资源，阐述多样性和崇高的理念，通过神秘的自然现象和永恒的自然规律来应对必要或非必要的迫切需求。在这个高等教育机构中，理论和实践将得到充分发展和体现。

这是西班牙技术教育领域发展起来的独特方法。该体系从"训练工人开始，到向科学工作者提供将其技能提升到最高水平的技艺结束"。换句话说，只持续一学年的课程是不够的。即使在三十年后，皇家工艺美术学院附属工艺美术学校（建于1871年）建校法令的序言也没有质疑这一点。然而，本章对1850年的计划和1855年的计划有不同意见：

> 对于这些工匠来说，这些计划从制定之日就是无用的（即毫不完善），因为这些糟糕的计划规定每个层次的工匠都应该被组织起来培训，这样他们可以从一个层次进入下一个层次学习，直到工程师和他们的老师都从初级工业学校一直升入高等院校。

当然，人们也许会说，初级层次授课的理论性太强，因此工人和工匠很难听懂，但这个层次对于那些想获得最高工程学位的人来说又实在太基础了。奥古斯丁·蒙雷亚尔（Agustín Monreal）是塞维利亚工业学校的首任校长，自1853年起成为皇家工业学院的教授。他在1861年表示，如果西班牙没有采用这种别国实施的分层教学体系，而是建立自己明确独立的工程教育，情况就会好得多。工程专业必须同时具有扎实的理论和实践知识，而不仅仅是培养"有知识的工匠"。

1855年又成立了两个技术机构，电报局（Cuerpo de Telégrafos）和阿兰胡埃斯（Aranjuez）的中央农业学校（Escuela Central de Agricultura）。后者教授农业工程，其正式开学的时间被推迟到1856年。这是"进步的两年"期间技术职业制度化的两个里程碑。有了电报局，一个新的国家集团成立了。就阿兰胡埃斯的中央农业学校而言，它旨在为西班牙占主导地位的生产部门注入活力（即负责通过传播新农学来提高农业生产率），并打造完全为政府服务的农学工程师形象。几年后的1874年，继矿业、土木和林业工程公司，第四家国家工程集团——农业工程集团成立了。

再次提请注意，所有这些机构和技术教育改革都和大学没有关系。由于发展部部长克劳迪奥·莫亚诺（Claudio Moyano）的努力，西班牙1857年颁布了关于大学的法律。该法律明确了"专科院校"（现在被承认为高等教育机构）和由同一法律创建的"数学、物理和自然科学"大学院系之间的关系。为了保证专科院校招生，该法律还规定了工程学校可以行使预科教学的职能。然而，人们对该法律反应不一，工程部队和土木工程学院持坚决反对的态度。

在19世纪50年代创建的几所高等工业学校中，只有巴塞罗那的学校延续至今。1867年，曼努埃尔·德·奥罗维奥（Manuel de Orovio）部长下令关闭了位于马德里的皇家工业学院。关停学校的官方说法是为了在困难时期为财政部节省资金，因为当时报名的学生很少。为了维持运作，巴塞罗那的学校每年从省和市议会获得三分之二的资金，而国家则提供其余的三分之一。

在讨论关闭皇家工业学院时，奥罗维奥部长声称："我认为没有必要保护（工业学院），因为缺乏需求，学生们无法找到工作。"前发展部部长弗朗西斯科·德·卢桑回应说：

> 如果由于生源不足，我们将不得不取缔（工业学院的）培训中心，那么就有必要取消（马德里）中央大学（Universidad Central）的自然科学、微积分和化学等学科的教授职位，因为在一些年里，这些学科没有招到学生。在矿业学校，好几年学生都很少，有些军事学校也是如此，因此也应该关闭。

奥罗维奥非常保守，而卢桑是进步派，支持皇家工业学院。他们之间存在明显的意识形态差距，而发展部设在阿托查大街的前圣三一修道院内，在同一栋楼共用一些空间，这些可能是促成皇家工业学院关闭的两个决定性因素。我们发现，在一个建设中的真正中央集权国家中，这一点非常奇怪。比如，其他工程专业学校都分布在马德里及其周围地区。在同一次讨论中，预算委员会代表亚历杭德罗·奥利维安（Alejandro Oliván）指出，教育系统中普遍存在两个影响工程师的缺陷：

第一个问题是，每所学校都会尽可能地给学生提供从基础阅读和写作到最新研究的全部课程教学。先生们，我赞成在学生达到真正的专业水平之后学习综合课程，我认为西班牙没有选择这种制度。另一个错误是，专科学校教授了大量高深的数学课和物理概念，即大量的理论教学；但教学的方式并非要培养学生的实践能力，也无法让学生结束学业后能够有效地工作。我见过不少学生，他们天资聪颖学识过人，却在首次负责的工作中错误不断，有时还浪费了投入的资金。

因此，第一个问题说明尽管有各种声明和行动（见我们下一节中的一些评论），人们始终认为在西班牙建立真正的综合性理工学院是不切实际的。第二个问题在一定程度上提出了一个棘手的问题：应该教授什么样的数学（或物理、化学、植物学）？工程师需要学习多少知识？何时、何地、由谁来教授这些知识？与瓜迪亚纳河河水时涨时落一样，这些问题时不时就会浮到水面。关于第二个问题，著名的英国工程师、英国土木工程师学会第一任主席托马斯·特尔福德（Thomas Telford，1757—1834）给出了答复，他说法国理工学院的学生"懂的数学太多，以至于无法成为优秀的工程师"。[19]

如果说这些思考对应的是19世纪的前期（和中期）的情况，那么19世纪晚期最重要的事件则是德国著名机械工程教授阿洛伊斯·里德勒（Alois Riedler，1850—1936）领导的著名反数学运动。在1893年参观芝加哥展览之后，里德勒要求培训应该多与实验室结合，减少理论教学和对深奥数学的重视。西班牙不少人赞同他的观点。1914年，比森特·马奇姆巴雷纳（Vicente Machimbarrena，1865—1949）重申了这一观点。十年后，他成为土木工程师学会（Instituto de Ingenieros Civiles）的道路、运河和港口工程学院（Escuela de Ingenieros de Caminos, Canales y Puertos）①的院长，

---

① 由前文"道路与运河工程学院"发展而来的学院。

颇具影响力。可以说，到19世纪60年代末，自由主义者已经制定了西班牙与工程相关的基本机构和职业体系，尽管该体系后来发生了变化。

在19世纪后期建立的机构中，我们还需要关注一下地理研究所（Instituto Geográfico，成立于1870年）。该所的行政和财务控制权由总统府移交给了发展部。尽管何塞·德·埃切加雷担任部长一职，该机构的构成遭到了土木工程师的猛烈抨击。原因是建立研究所的法令将军事工程师、炮兵和军队总参谋部放在了突出位置。地理工程师团体（Cuerpo de Ingenieros Geógrafos）直到1900年才正式成立。在此一年前，即1899年，在工业资产阶级的推动下，毕尔巴鄂（Bilbao）的工业工程学校开学了，尽管没有得到巴塞罗那和马德里的支持。1901年，作为时任公共教育和美术部部长的罗曼诺斯伯爵阿尔瓦罗·德·菲格罗亚－托雷斯（Álvaro de Figueroa y Torres）推动的技术教育改革的一部分，马德里开设了一所类似的工程学校——从某种意义上说，它是1867年关闭的皇家工业学院的延续。像往常一样，创建新技术职业的过程得到了其他现有学科的专业人士的支持。土木工程师可以从建筑师和其他工程部门（军事工程师、天文学家、海事工程师、农学家和工业工程师）中吸纳。有些人曾经是植物学家、化学家、医生和药剂师，同时精通两个学科的专家甚至也频繁被吸纳。例如，药剂师洛伦佐·戈麦斯·帕尔多－恩塞纳（Lorenzo Gomez Pardo y Enseñá，1801—1847）也是采矿工程师。米格尔·迈斯特拉·普里托（Miguel Maisterra Prieto，1825—1897）和康斯坦丁·萨伊斯·蒙托亚（Constantino Sáez Montoya，1827—1891）既是药剂师也是工业工程师。

19世纪：支离破碎的景象

除了所谓的工业工程师（其中也部分包括农艺工程师）外，19世纪西班牙的工程行业是针对国家的公务员或军人的。我们重点关注下非军事专业人员：当时为了建设新兴资产阶级国家，有必要建立公务人员团队。从某种意义上说，这些团队大大减少了政治层面的极端可变性和薄弱性，为决策和规划提供了技术框架，并保持既定政策的连续性。至于这些行政人员队伍的作用，需要考虑的问题是，1847年至1868年，发展部任命了40位部长，那么发展部技术任务的战略和连续性的合理标准是什么。换句话说，在19世纪中叶的20年中，平均每6个月就任命了一名新部长！

也可以说，这些高级公务员队伍培养了高度的合作精神，在有争议的领域站稳了脚跟。跟法国一样，在西班牙，我们同样可以称他们为"高贵的阶层"（Noblesse d'État），因为西班牙的国家行政部门在一定程度上自动将这些工程师视为进入严格等级制度的公务员。他们在由集团自身控制的独立学校接受训练，相对完成纯粹的技术任务，他们更有能力执行行政任务。这种观点导致建立了一系列定义明确的专业学校（针对工程、建筑等不同分支），它们独立于大学存在。

19世纪，一直有人不断尝试用这个最高技术水平去规范一个综合教学系统。"自由三年"（Trienio Liberal，1820—1823）时期，创建于1821年的理工专科学校（Escuela Especial Politécnica）就做过这样的尝试。这所学校军民结合，旨在提供一些合办和基础课程，因此该校可以进行炮兵和其他不同工程学科（军事、采矿、土木工程、地理和造船）的资格认证。[20] 很明显，这种教学形式在一定程度上是受到了著名的法国巴黎综合理工学院的启发，这种影响大于与大学的联系（马德里的中央大学也不例外）。然而，为了重建费尔南多七世的专制政权，安古莱姆公爵（Duke of Angoulême）的法国军队[也就是所谓的"十万圣路易之子"（Cien Mil Hijos de San Luis）]入侵西班牙，结束了这段独特的经历，使得事实无从印证。

费尔南多七世在1833年去世后，自由主义者再次掌权，在纯粹的民用领域内，非军事的土木工程师集团（Cuerpo de Ingenieros Civiles）于

1835年成立，包括四个行业领域：土木、采矿、地理和林业。为了使这些领域合理化，科学学院（Colegio Científico）很快于1835年成立，并计划于1836年在阿尔卡拉·德·埃纳雷斯（Alcalá de Henares）开始招生，不幸的是，学院没有等到开学的那一天。第一次卡洛斯战争引发的财政问题和政治危机，以及拉格兰哈起义（Motín de La Granja，1836年）[21]导致的政府更迭，导致科学学院被扼杀在摇篮里。无独有偶，道路、矿山和建筑特别预备学校（Escuela Preparatoria para las Especiales de Caminos，Minas y Arquitectural）于1848年成立。从土木工程而不是采矿或建筑的角度来看，从一开始设计就没有人满意，这所学校1855年便不复存在。它的问题之一是学校没有考虑对学生进行林业工程培训（1848年在马德里的比利亚维西奥萨-德奥东就成立了一所专业林业学校），也没有考虑进行工业工程培训，而工业工程行业在1850年就已经有了研究体系的设计。最后一次尝试将工程师和建筑师的培养工作部分整合在一起的是工程师和建筑师普通预科学校（Escuela General Preparatoria de Ingenieros y Arquitectos，EGPIA，1886—1892），但也只持续了7年。导致这个结果的部分原因是工程师和建筑师普通预科学校在全国范围的排他性，巴塞罗那学校担心会失去工业工程和建筑专业的生源。[22]换句话说，在那个时代，将所有这些教学都集中在马德里是不切实际的。

但是，在那个时候，技术学校之间以及大学之间的协同作用几乎不可能实现，即使在"进步的两年"（1854—1856）期间也是如此。当克劳迪奥·莫亚诺于1857年颁布了极其重要的《公共教育法》，事情在"名义上"发生了变化。该法律是在新的"温和的两年"（Bienio Moderado，1856—1858）中期颁布的，旨在涵盖从小学到大学和专科学校的整个西班牙教育系统。

通过拆分哲学学院（Facultad de Filosofía），建立哲学和文学学院（Filosofía y Letras）以及精密科学、物理科学和自然科学学院（Ciencias

Exactas，Físicas y Naturales），是莫亚诺的《公共教育法》推行的变革之一。然而，这项法律的缺点之一是试图用工程和建筑专业学校的学生来填补新的科学院系。这本是一个促进合作的机会，但在当时被立刻认为是不合理的强制措施，一些专科学校（以道路学校为主）并没有严格遵守规定。尽管工业、农业和林业工程师专业学校在课程的最初几年的确与大学进行了合作，但在研究或高级课程方面没有真正的合作。在这种情况下，关系最密切的可能是巴塞罗那工业工程学校和科学讲习所。这两个机构都不在马德里，它们共用一栋大楼，而且后者的许多教授都是工业工程师。

19 世纪末，学校的课程内容和人才培养方案发生了变化，这导致实验室课程的大幅增加。[23]然而，由于 1957 年颁布的《技术教育改革法案》（*Ley de Reforma de las Enseñanzas Técnicas*），西班牙在接下来的 50 年内都不授予工程学博士学位。在 19 世纪和 20 世纪之交德国也制定了类似规定。从某种意义上可以说，西班牙政府意识到为满足本国具体需要培训专业人员的重要性，而不是为各个私营部门培养受过良好教育的专业人员。

技术专业的加速差异化和细分导致了新行业的产生，这可能会带来新专业与管辖权之间的冲突。[24]无论什么时候、什么领域，尤其工程和建筑领域，这种冲突都是职业社会学研究中的常态。从这个意义上说，从工程师团体的成立开始，特别是在随后 19 世纪末的职业自由化期间，从事专业活动的法律能力与实践能力的问题就极具争议。在这方面，工程师团体（特别是土木工程和矿山工程师团体）享有强大的决策权，因为它们已经成为行政部门的一部分，依靠行政特许权发展壮大。

20 世纪的演变

20 世纪上半叶，西班牙新兴的工程领域细分行业，尤其是电信和航空工程，开始出现。电信行业是在电报局基础之上创建的，作为政府事业的一部分；而航空工程的历史更为复杂，最初由发展部和战争部控制，后来由教育部主管。[25] 1920 年，高级电信学院（Escuela Superior de Telegrafía）开设了新的电信工程师资格课程。该学院的前身是 1912 年在伦敦举办的国际无线电通信大会（International Congress on Radiotelegraphy）后西班牙于 1913 年成立的电信综合学院（Escuela General de Telegrafía）。[26] 在同一时期，出乎意料的是，发展部成立了国家航空学校（Escuela Nacional de Aviación，1913—1917）。这个航空技术工程师学位是新的"硕士"学位，学制一年，对原来的专业没有限制，所有工程师都可以学习。学校的组织管理由一些工业工程师负责，但由于条件非常不稳定，该校不能正常运作。后期，该校转移到战争部，从教的工业工程师被解雇。十年后，高级航空技术学院（Escuela Superior Aerotécnica，1928 年）在四风机场（Cuatro Vientos）启动了一项连续航空工程师培训计划，教师包括军事工程师兼主任埃米利奥·埃雷拉（Emilio Herrera）、埃斯特万·特拉达斯（Esteban Terradas）、佩德罗·普伊赫·亚当（Pedro Puig Adam）、胡利奥·帕拉西奥斯（Julio Palacios）、胡利奥·雷·帕斯特尔（Julio Rey Pastor）和何塞·奥尔蒂斯·埃查圭（José Ortiz Echagüe）。1939 年西班牙内战结束后，军事航空工程师学院（Academia Militar de Ingenieros Aeronáuticos）成立。十年后，该学院军转民改为航空工程专科学校（Escuela Especial de Ingenieros Aeronáuticos，1948 年）。

本章小结

概括来说，20 世纪中叶，西班牙的基本工程专业是军事（1718 年），海运（1770 年），采矿（1777 年），道路、运河和港口（1799 年），林业（1848 年），工业（1850 年），农艺（1855 年），地理学（1900 年），电信（1920 年）和航空（1928 年）。这里提到的日期是上述专业设立的最早日期，虽然在某些情况下发生了许多重大变化。当然，在这个可能过于简单的列表中，还有很多可以添加的内容；这里需要指出一个重要信息，即早在20世纪七八十年代，就已经设立了计算机工程（信息学）的一般资格证书。

有人强调，西班牙工程学校（也包括建筑学校）长期独立于大学之外。相比之下，我们可以说，大约50年前，随着前文提到的《技术教育改革法案》的颁布，西班牙工程学校开始与大学整合，现在二者已经合为一体。该法案对所有工程和建筑学科的结构和更新产生了巨大的影响。它为技术研究提供了教育部统一的法律和行政框架，将专科学校从行政机构中解放出来，设立了极具竞争性和挑战性的工程博士学位。经历诸多变迁之后，在随后的十年内，西班牙工程和建筑专业学校被成功整合到了全球大学的框架之内。

制造篇

第六章
西班牙黄金时代造船技术

在西班牙迈入"黄金时代"① 以前，大型船舶的建造长期以来掌握在船舶木匠的手中，这通常是一门由父亲传给儿子的手艺，他们在专业工匠身边工作，学习并保守工艺秘密。但是，由于新大陆的发现，人们必须改进船只才能完成艰难的跨大西洋航行，这就需要大力发展造船业。当时西班牙以及葡萄牙的造船技艺是欧洲最先进的。从15世纪末天主教双王斐迪南和伊莎贝尔开始，西班牙王室就采取了系统的造船业政策。16世纪晚期，腓力二世坚定地将造船作为一种重要的战略手段加以推广，试图通过用最好的武装船只控制海上航线来维护一个横跨全球的帝国的利益。[1]

塞维利亚是管理西印度群岛（西班牙称其为美洲殖民地）和所有海洋事务的神经中枢；在16世纪中叶的鼎盛时期，这座城市有14万居民，仅

---

① 西班牙黄金时代（西班牙语为"Siglo de Oro"）一般认为是从1492年（哥伦布到达新大陆）到1681年（作家佩德罗·卡尔德隆·德·巴尔卡逝世）这段近两个世纪的时间。其间，西班牙完成"光复运动"，将领土扩展到北非和美洲，成为欧洲的强大国家，经济、社会、文化经历繁荣发展。

次于巴黎和伦敦。但是西班牙卡斯蒂利亚王国造船业的发展在很大程度上是靠坎塔布里亚（Cantabria）北方沿海居民的造船技能和航海技术维持的。在发现美洲后的150年里，尽管王国政府也促进和保护其他地区的海事活动，但大多数到达美洲和太平洋的船只都是在西班牙北方三个省的造船厂建造的，即吉普斯夸（Cuipúzcoa）、比斯开（Vizcaya）和坎塔布里亚。

在卡洛斯一世（Carlos Ⅰ）统治期间，皇家大幅增加巴斯克-坎塔布里亚地区的造船厂和港口的资助，该地区商业繁荣、有色金属工业和船舶索具和设备的生产激增，以至于尽管塞维利亚仍发挥核心作用，国王还是在1534年颁布法令，禁止在安达卢西亚（Andalusian）海岸建造的大型远洋船只驶往西印度群岛。南方建造的船只，如通讯船、桨帆船[①]和其他小型

图6.1 1513年，从城墙门看到的加的斯城全景及船只图
来源：西班牙文化部西曼卡斯总档案馆：文献保护委员会微缩胶片25；文档号：47。

[①] 一种主要依靠划桨作为动力的帆船，历史悠久。

船只可以航行到西印度群岛，但只能作为辅助船只。拿屋帆船（西班牙语"nao"）①和盖伦帆船（西班牙语"galeón"）②必须在北岸建造，不过由于其他地区的抗议，这一规定很少被遵守，而且持续时间很短。加泰罗尼亚和西班牙的美洲殖民地的造船厂也有优秀的造船工匠。

人们说，[2]海上力量随着文明的进程而发展，反之亦然。从腓尼基到迦太基，从希腊到罗马，海上力量一路向西发展，当其他拥有更强大的舰队和更高超的舰船建造技艺的民族崛起时，上述这些古国都一一衰落，拜占庭也是如此。

远洋船舶

毫无疑问，远洋船只的改进是文艺复兴时期开辟伟大航路的最具影响力的因素之一，这与它们的操作性能和船体强度密切相关。

大西洋和地中海是两个截然不同的海域，尤其是在地理、水文和气象特征方面。大西洋沿岸海洋航行的特殊性导致伊比利亚半岛的水手更喜欢风帆船。相比之下，地中海的海员传统上使用以桨为动力的桨帆船和加莱赛战舰（galleass）。③

跨洋航行导致了新型船只的出现。[3]巴塞洛缪·迪亚士④（Bartholomew

---

① 15世纪至16世纪中叶时特指西班牙的一种三桅、使用矩形帆的船，船首尾都有明显的船楼。其名称"nao"在15世纪之前多泛指"船"这一概念。15至16世纪中叶的拿屋帆船和同时期在葡萄牙、威尼斯等地建造的克拉克帆船（carrack）外形十分相似，因而拿屋帆船有时与克拉克帆船概念对等，但依然有证据指向二者的微小区别。
② 一种经由克拉克帆船改良的大型多层甲板帆船。
③ 一种结合了盖伦帆船的帆和火炮以及桨帆船机动性的战舰，在16—17世纪不断发展起来。
④ 巴塞洛缪·迪亚士（1450—1500），出生于葡萄牙的一个王族世家，曾随船到过西非的一些国家，积累了丰富的航海经验。曾经带领船队航行至非洲大陆最南端并发现好望角，为葡萄牙开辟通往印度的新航线奠定了坚实的基础。

Dias）于1488年12月返回里斯本，证明了从大西洋到印度洋之间存在一条海上通道，但很明显的是，之前使用的技术手段不足以进行这样的航行。从15世纪40年代初开始，双桅大三角帆的卡拉维尔船（caravel）①与地理发现联系在一起，正是因为它比几十年前的船只更大，达到了其作为海洋勘探船只的效用极限。彼时，人们一直认为它是理想的船只：船体轻而窄，航行良好，有斜三角帆，便于顺风航行，也可以逆风前进——换句话说，是适合在未知海域航行和探查海岸线的理想船只。但想要航行得更远，就需要其他手段：更大、更坚固的船体，具有更大的载货量，以便运送食物和补给，使船员即便远离任何海岸线也能长时间生存，或者在不确定能否找到饮用水的、不适合居住的地方生存。由于缺乏食物，尤其是饮用水，人们不得不缩短一些航行。根据若昂·德·巴罗斯（João de Barros）的描述，巴塞洛缪·迪亚士带着两艘大三角帆的卡拉维尔船和一艘更大的补给船，这艘补给船后来被称为"拿屋帆船"（nao），这是一艘大的"圆"船，有着"方帆"，与三角帆以及低干舷的帆船有区别。

随着大件商品运输的可能性日益增大，大三角帆卡拉维尔船已经不适用于远洋航线。[4]尽管如此，"caravel"一词可以指很多种船只。例如，在远洋航行中，船只有时在主桅或前桅上悬挂方形帆，称为"carabelas redondas"（意为"圆形船"或"全帆帆船"）。这是安达卢西亚最常见的船只，其吨位可达150～160桶内尔（tonel）②。"carabela redonda"这一名称出现于现代史，原因与拿屋帆船或盖伦帆船等船只被称为"redondos"（圆船）相同：它们的矩形船帆受风力鼓起，会形如半个圆筒。早期远洋航行期间使用的其他术语包括海军帆船或武装帆船（carabelas armodas /

---

① 卡拉维尔船是一种小型的灵活帆船，因15—16世纪西班牙和葡萄牙用于探险航行而闻名，后逐渐被克拉克帆船代替。
② 以一种木桶为衡量标准的容积单位，也有译为"桶"，西班牙在地理大发现时期常用单位，其确切大小与换算在不同时期与地方都有所不同，1桶内尔的容积大致在1000升上下浮动。更多信息见注释部分。

carabelas de armada），以表明他们的军事功能，正如其他可能被称为捕鱼船（carabelas pescaderas）或通讯船（carabelas de aviso）。在这些情况下，它们以功能命名，而没有提及它们的形态特征。"carabelas redonas"的船首和船尾都有船楼，与其不同的大三角帆卡拉维尔船则在船首没有任何结构。在这方面，"carabelas redonas"在形式上更接近当代的拿屋帆船或盖伦帆船，而不是大三角帆卡拉维尔船。然而，总的来说，相比于拿屋船，卡拉维尔帆船的船体比横梁更长，而且它们只有一层甲板，船尾有一间小室。

大三角帆卡拉维尔船船体较小，有诸多限制，因此不可避免被高干舷的船只替代。但是当时的船只没有精确分类，造船厂生产的船只也是混合类型；换句话说，由于没有可以识别不同种类船只的明确特征，这导致同一艘船往往拥有不同的名称。此外，由于缺乏技术文件，再加上计算确切吨位的固有困难，因此很难对早期越洋航行中使用的不同类型的船只进行准确分类。我们习惯上说哥伦布第一次横渡大西洋时使用的是三艘卡拉维尔帆船，但实际上"圣玛丽亚"号（Santa María）是一艘拿屋帆船，只有"平塔"号（Pinta）和"尼娜"号（Niña）是卡拉维尔帆船。

16世纪，要细分各种类型的远洋船只绝非易事。[5]"nao"一词（源自希腊语"naus"，意思是"船"）此前可能适用于有船体的任何一类船只（西班牙语"vaso"或"buque"），无论有没有甲板。后来，这个词用来指一种特定类型的船只，拿屋帆船。

在西班牙的航海史中，来自坎塔布里亚海岸的拿屋帆船是16世纪使用最多的船只。从大航海时代开始，它们就针对远洋航行的要求、军事需要和商业交流的发展等诸多因素做出不断发展。[6]经过演变，从船体深度浅、只有一层甲板的船转变为20世纪后半叶建造的有两层甲板的更大船体的船只。

拿屋帆船可以定义为大型帆船类，用于货运或作战，运载能力在100～600桶内尔之间，有三根船体桅杆和一个船首斜桅，主桅和前桅有矩形帆，后桅有斜三角帆。随着船只深入公海进行探险，平衡的船体和桅杆上的索具越来越重要。因此，拿屋帆船成为主要为公海航行设计的船只，完全由帆推动，干舷高，船头有一个艏楼，船尾有较高的艉楼，其良好的机动性与足够的运载能力相结合，从而有效地运输货物。船首船尾的船楼既用于军事目的，也提供住宿空间。

拿屋帆船是卓越的货船，被设计用于在已知路线上远距离航行，同时也可以携带大口径火炮。彼时，"nao"一词也可以用来泛指大型帆船，与"nao"相比，全装备的卡拉维尔帆船速度更快，机动性更强，这也是为什么它们更受探索和发现之旅青睐。

用于战争和商业用途的盖伦帆船则是真正意义上的伊比利亚船，至少在跨大西洋航行早期的演变和发展中是这样。盖伦帆船诞生于16世纪初，是富有创造力的伊比利亚半岛造船商对更好船舶需求的回应，尤其是对战争和往返美洲西印度群岛西属殖民地航线的需求。像拿屋帆船一样，盖伦帆船是一种大型全帆帆船，但有着一些专门为海战设计的特点。船型更加狭长，相对于横梁来说，船身更长，栏杆更低，前后船楼也更低，使其更易于航行。四桅杆组合放大了这些特点，前部的两个桅杆（前桅和主桅）安装矩形帆，后部的两个桅杆（次桅和平衡后桅）安装斜三角帆。船尾附近增加的平衡后桅，这是盖伦船与拿屋船帆装的主要区别。

"Galeón"（盖伦帆船）一词，曾被错误地认为是从词源上来源于"galley"（桨帆船）。桨帆船和盖伦帆船在外形上有相似之处，因为它们都是部分靠船桨航行的船只；它们更多为功能相似，因为盖伦帆船基本上是为海战而设计的。到了16世纪中叶，人们对盖伦帆船进行了各种改进，比如长者阿尔瓦罗·德·巴赞（Álvaro de Bazán）提出的改进意见。[7]

就设计而言，盖伦帆船的船体长于横梁，比拿屋帆船更明显，但运载能力相似，甲板下面积更大。一般来说，盖伦帆船有主甲板和船桥。[8]

16世纪晚期的大型盖伦帆船的承载能力超过1000桶内尔，主甲板下的下层甲板可以安装火炮，即火炮甲板。帆装和索具的工作区、前甲板和后甲板位于船桥的上方。水手们做饭的金属火炉位于前舱下方。船首的船楼没有拿屋帆船那样靠前，更方便前桅和船首斜桅船帆的操作。军官的主要舱室安排在艉楼的远端；对于300吨及以上的船只，船舱有通道可以通往船尾的平台或走廊。舵手可以住在艉楼上层的一个小舱室里。从15世纪开始，海军火炮的使用日益频繁，各种舰艇的设计必须尽可能有效地容纳火炮。

西班牙西印度群岛珍宝船队（Flota de Indias/Flota de Tesoro）的盖伦帆船是300吨以上的重型武装船只。通俗说来，"nao"一词适用于几乎所有穿越大西洋、主要为商业航行使用的大型帆船。"galeón"通常指特别为战争设计的船只，比通常被称为拿屋船的船型更狭长，装备的武器更多。盖伦帆船不是新设计的船只，也并非与之前的船只完全不同，而是由拿屋帆船或克拉克帆船演变而来。其功能一方面是为海军提供力量控制海域，另一方面则是护卫往返于伊比利亚半岛与西印度群岛殖民地的舰队。[9]

盖伦帆船的正式命名出现在1613年的皇家法令中。该法令将船只分为55～95桶内尔的两桅调度帆船（patache）、150～250桶内尔的战列帆船（navío）、316桶内尔的轻型盖伦帆船（galeoncete）和从381～1105桶内尔（1105桶内尔约为如今的1600吨）不等的盖伦帆船。1618年的法令，即《为国王和私人制造船只的规则》，规定了14类船只的主要尺寸，横梁的长度从9～22个肘尺不等（坎塔布里亚的一肘尺为0.755米）。所有规模的船只都被称为"navíos"（战列帆船），但也有几处提到桅杆和横桁的不同长度和直径。1633年1月24日的法令汇编并更新了1587年、1606年、1608年、1613年和1618年的法令，其中提到了皇家海军的盖伦帆船和战列帆船，但也提到乌尔卡圆身帆船（urca）、卡拉维尔帆船和其他私人所有的船只，如有必要，这些船只可被征用或租赁给王室。

最常见的辅助船是调度帆船、中型纵帆船（zabra）和重型快帆船

（galizabra），它们的形状和功能与全装备的卡拉维尔帆船相似，但体积较小。调度船有两层甲板，前后都有小型船楼，运载能力不超过 100 吨。16 世纪末提到的重型快船尺寸不一，但运载能力通常约为 50 吨。

在通俗的说法中，"galeón"这个词几乎在整个 17 世纪都在使用，并日渐被视为海战大帆船或皇家海军大帆船。"navíos"一词并不是指某一个特定的船只类型；实质上，它是拿屋帆船或类似的小吨位或中等吨位的船只的通称，于 17 世纪开始使用。

16 世纪中，伊比利亚船只的吨位增加了。虽然吨位的计算并不精确，人们就船体测量连续制定规则，试图在载货量和船员承载量之间寻求最优平衡。尽管如此，这并没有阻碍船只整体尺寸的增加，因为造船商可以通过简单地加大船楼来增加船只的体积，当然也必须按合同要求建造。[10]

船只越造越大的趋势越发明显且不理智。一些人认为拿屋船应该体量庞大。葡萄牙人开展过一场争论，讨论航行到印度地区的克拉克帆船（或拿屋帆船）是否必须达到 800 桶尔内，甲板应该建造三层还是四层，考不考虑甲板数量和吨位之间的关系等问题。但是另一些权威人士认为拿屋帆船应该更轻更快，船头和船尾都不应建船楼。若昂·巴普蒂斯塔·拉万纳（João Baptista Lavanha，1555—1624）就持这种观点。拉万纳被腓力二世任命为马德里皇家数学学院的第一任教授，该学院于 1582 年根据胡安·德·埃雷拉（Juan de Herrera）的建议成立。从 1591 年起，拉万纳被任命为葡萄牙皇家天文学家。[11]另一位主张建造小型船只的专家是阿古斯廷·德·奥赫达（Agustín de Ojeda）。德奥赫达是当时最重要的，当然也是造船数量最多的造船者之一，为国王效力长达 56 年。1588 年在西班牙无敌舰队服役后，他开始在巴斯克造船厂造船。在 1589 年至 1598 年间，他建造了 30 艘盖伦帆船和 2 艘重型快帆船。[12]佩德罗·洛佩斯·德·索托（Pedro López de Soto）是另一位反对建前后船楼的知名人物，他在葡萄牙总督唐·胡安·德·席尔瓦（Don Juan de Silva）手下担任里斯本审计长。

1589年至1601年间，洛佩斯根据合同为西班牙国王腓力二世（即葡萄牙菲利佩一世）建造了5艘船，用作海岸警卫船。[13] 在16世纪的大部分时间里，人们普遍认为船只越大越好且越坚固，因此船只的排水量达到800或1000桶内尔。然而，到了16世纪末，人们发现船只体积过大是造成船只损失增多的一个重要因素。大型船只降低了航行性能，增加了操纵难度；当它们在海战中面对更小巧、更敏捷的英国和荷兰战船时，这一缺点就愈加明显。

多层甲板增加了船只重量，继而导致吃水深度增加，但并没有直接扩大其运载能力。大型船只在进入某些港口和穿过某些沙坝时都面临困难，可能导致严重的安全问题和经济损失。对建造大船的争论反映了人们对这两种问题的关注。西班牙的君主们颁布了法令，旨在规范船只建造方法，使船只更加统一。该法令多处引用1613年和1618年法令，并根据西班牙美洲殖民地港口的特点，规定了西印度群岛航线上船只的最大尺寸。

造 船

造船是一门建立在寻求理想比例基础上的技术。一艘船的所有尺寸，包括桅杆、缆绳和锚的尺寸，都是按照与船只的最大宽度或横梁的适当比例设定。因此，横梁的尺寸是船只设计中的关键因素。

前文所述的西班牙大型船只主要是在坎塔布里亚海岸建造的，遵循全欧洲使用的传统方法，在西班牙称为"一二三"原则：即横梁、龙骨和船只长度的对应比例为1∶2∶3。不过，这个原则并非固定不变。随着造船业的发展，人们陆续对这一规范进行了一系列修正，旨在尽可能提高船舶的运载能力。

月相也对造船的周期有一定影响。木工大师喜欢在月亏期间砍伐造船用的木材。他们相信，在月盈期间砍伐的木材会很快变质，因为大多数植物在这个阶段生长迅速，含水量大。而月亏时砍伐的木材含水量较少，为了进一步增加木材的耐久性，他们喜欢在11月和12月的月亏期伐木，因为这两个月中树木生长缓慢。按照类似的逻辑，他们不在夏季砍伐造船的木材，因为夏季高温，木材有发酵和腐烂的风险。冬季伐木还有更多优势：没有树叶遮挡，他们更容易判断树木的质量，而且冬季为农歇期，有更多的人力可用。

西班牙的造船业沿袭了数百年的历史传统。整个造船工序在海滩上开始，先是铺设龙骨，建造由肋骨和木板组成的框架结构，构成船体；防水工序完成后，拖拽船体下水，然后在船上完成剩余的工序。最大的船体需要建造一个木制框架或船台以便在组装肋板时支撑船体，并方便其下水；框架倾斜的角度随着船只的预计吨位而变化——最大的船只为1∶12，最小的船只为1∶10。框架或船台的底部必须足够坚固，以避免由于船体重量而倒塌。如果在河岸边造船，造船厂必须采取更严密的预防措施，用坚固的桩基或砖石结构固定框架，并将框架的下部浸没在水中。[14]

船台的位置既不固定，也非永久。这一时期的造船厂指的是海滩或河岸边的广阔区域。当木制框架以及将木材固定在船体位置的支撑框架建好以后，首先开始铺设的是龙骨。过去的龙骨由一整根又直又粗的木材制成，因为它必须支撑船只的整体结构。龙骨和相邻的部分都必须选用最坚硬的木材。随着船舶尺寸的增加，龙骨由多段木材通过搭接和铆接的铜螺栓或钉子连接而成。人们根据经验决定所需木材的厚度，随着时间的推移，将厚度固定为特定的比例。

龙骨的两端与另外两种同样厚度的木材连接：艏柱、艉柱，用称为枕木的木材加固；其他木材加固底板。在枕木之上，与之相连的是被称为肋骨的巨大弯曲木材，它们构成船体的骨架，并决定船只的形状和容量。有适当自然弧度的冬青栎木是做肋骨的理想木材。然后，用水平木板把船体骨架里里外外紧紧地固定在一起。

| 西班牙技术简史

然后，填缝工人的工作开始了，他们用麻絮和沥青封住船只的所有接缝，以使船体防水。因其容易磨损，他们必须选用高质量的麻絮或丝束。此外，如果填缝剂不合格或木板翘曲——特别是如果木板未经适当固化就使用——船体会渗水。如果是这样，那么除了清洁船体外部和修复其他缺陷，以及更换不合格的木材外，还必须倾船修理，再次重复之前的工序。即使船只建造的质量很理想，它们也必须定期上岸维护——每年一次或两年一次，或者在任何必要的时候。

简而言之，先铺龙骨，然后是艏柱、艉柱，接着是肋骨；铺板和舷板完成后，骨架最终形成。[15] 整个过程所需时长取决于天气。在西班牙的北部海岸，冬天大部分时间都在下雨，所以夏季因时间长，阳光明媚，是造船的理想季节。一旦船体被认为足够完整，可以漂浮，下水的准备工作就开始了：随着约束木材的移除，船体滑向水面；如果有必要的话，还可以

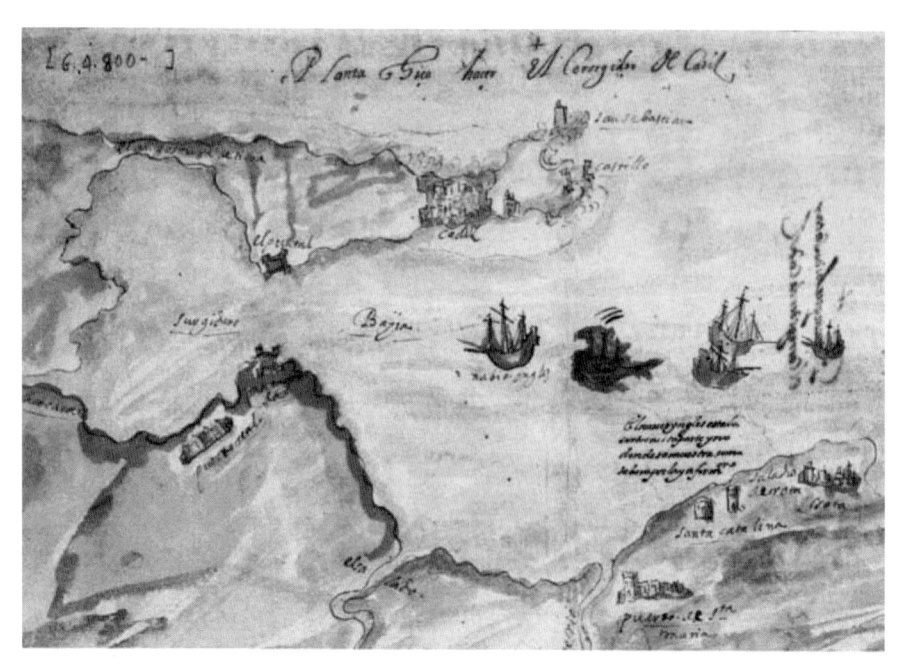

图 6.2　加的斯湾的细节及船只描绘，1615 年
来源：西曼卡斯总档案馆。文献保护委员会微缩胶片 19；文档号：202。

借助杠杆、棘轮和骡队。当一艘大型船只被拖入水中时，这是一项相当大的工程，所需大量工人和多达400头牛，要从附近各地运来。下水通常不超过一天，但并不是每天都合适。有时，要等待几个月才等到理想的日期，这在很大程度上取决于月亮对潮汐的影响。

当船只在水中停泊好，造船工程继续进行。首先是桅杆的放置和固定，最大型的船只有四个桅杆——主桅、前桅、后桅和反后桅，加上船首斜桅，都有相应的桅杆。专门的船帆是棉帆布制成，索具是细茎针茅或火麻的纤维制成。[16]索具安装后，木工建造船舱、甲板、上层建筑和其他设施。最后，当船还停靠在港口时，工人们给它装上了大炮。

皇家官员一直在考虑将用于测量船只尺寸和运载能力的测量单位标准化。过去用肘尺作为测量单位说明船只大小，提供的信息很少，除非具体说明1肘尺的确切长度。船舶的尺寸是根据经验计算的，最初是以桶内尔为单位计算其运载能力；当桶内尔不合适时，货舱用"皮帕桶"①（pipa）测量，两皮帕桶等于一桶内尔。这些是彼时使用的最小测量单位。此外，使用传统方法所获得的测量值往往是为了方便造船者，而不是进行精确的计算，因为他们更感兴趣的是自己避税或使他们的船只多挣钱。[17]

上述因素导致西班牙政府进行干预，因为该国的计量单位和计量技艺的区域差异已经成为问题。[18]1590年，腓力二世试图根据坎塔布里亚海岸的使用情况，将肘尺的长度标准化。[19]1605年，迭戈·布罗切罗（Diego Brochero）[20]召集了一次专家会议。[21]与会专家包括阿古斯丁·德·奥赫达和其他十人，其中包括桑坦德的坎塔布里亚海岸四城（Cuatros Villas）的海军督察迭戈·德·诺哈-卡斯蒂略（Diego de Noja y Castillo），以及几名来自比斯开的造船木工。他们还邀请了安达卢西亚和葡萄牙的专家，尝试确定一个适用的尺寸和吨位的比例，并最终提出了一个根据船舶尺寸计

---

① 旧容积单位，也写作"pipe"，一般指代容积约为"桶内尔"的二分之一的酒桶。

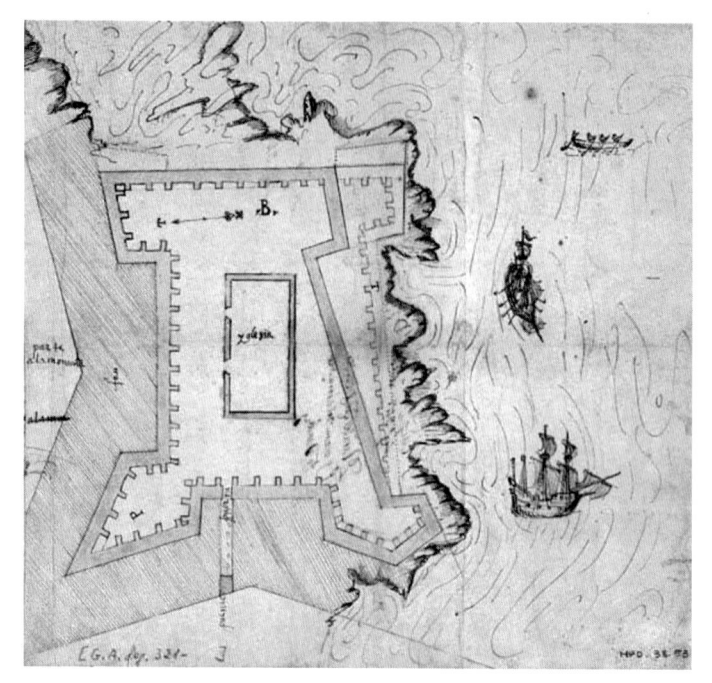

图6.3 桑坦德圣马丁堡海岸地图与船只描绘，1591年
来源：西班牙文化部西曼卡斯总档案馆；文献保护委员会微缩胶片38；文档号：53。

算船舶容量的公式。

虽然技术专家和学识渊博的学者试图建立无须直接测量的公式来计算船只的吨位，但因为无法界定测量标准和正确应用，当时的测量并不精确。[22] 在16世纪，考虑到制造技艺、工具和原材料，两个桶完全大小相同全凭运气，没有办法解决一个桶可能比另一个桶高半厘米的问题。同样，当时也无法以标准化的方式切割木材来造船。当然，规范值是存在的，但我们不能指望将它们转换成更为精准的毫米。

标准化问题长期得不到解决。在当时根本无法实现解决这个问题所需的能力，即将船舶建造的每一个方面、测量单位和计算方法全部标准化。因此，当时的人们只能依靠与计算结果接近的近似值，而无法得到当时还无法计算出的小数。

第六章 西班牙黄金时代造船技术

16世纪末，欧洲出现了关于造船的论著，这是人类尝试组织化、系统化和传播造船技术所做出的重要努力。造船技术在过去几乎完全基于经验标准，而且历来作为商业秘密，仅限于造船者内部传承。

最早的西班牙这类论述几乎都是与航海相关的各种主题的论文集，其中的主题之一是造船。这类的论著有阿隆索·德·查韦斯（Alonso de Chaves）的《实用宇宙学的四部分》（*Quatri partitu en cosmographia practica*），又名《航海者之镜》（*Espeio de Navegantes*）；以及胡安·埃斯卡兰特·德·门多萨（Juan Escalante de Mendoza）的《航行路线》（*Itinerario de navegación*）。但这两本书都没有出版，由于当时的政府禁止传播除西班牙语以外的知识，因此作者未能获得出版许可证。迭戈·加西亚·德·帕拉西奥（Diego García de Palacio）的《关于船舶使用和管理以及在墨西哥水域的设计和航行的航海指南》（*Instrucción náutica para el buen uso y regimiento de las naos y su traça y gobierno conforme a la altura de México*）是第一部用西班牙语出版的论著（墨西哥，1587）；该书的重要章节涉及船舶建造，并附有详细的图纸。后来，这类著作专注于造船这个主题展开论述。17世纪早期，以此为主题的有托梅·卡诺（Tomé Cano）的《船舶建造和装配技术》（*Arte para fabricar y aparejar naos*），以及作者不详的《比斯开人和蒙塔涅斯人的对话》（*Diálogo entre un vizcayno y un montañes*）。[23] 除了以手稿和出版物形式留存的各类西班牙语论述外，1607年、1613年和1618年的《造船条例》（*Ordenanzas de fábricas de navíos*）也应被视为官方技术手册，该手册对船舶设计和建造发展做出了贡献。

大多数欧洲的海洋民族习惯于在地中海、北海和波罗的海等著名水域航行。相比之下，西班牙的伊比利亚水手一离开港口就不得不面对公海航行的危险。这迫使西班牙开发出具备必要强度、灵活性和机动性的船舶，以确保船只能抵抗恶劣的海洋环境。[24] 许多作者承认，正是伊比利亚水手将地中海海军技术的最好的元素引入到大西洋航海中，又将大西洋航海技

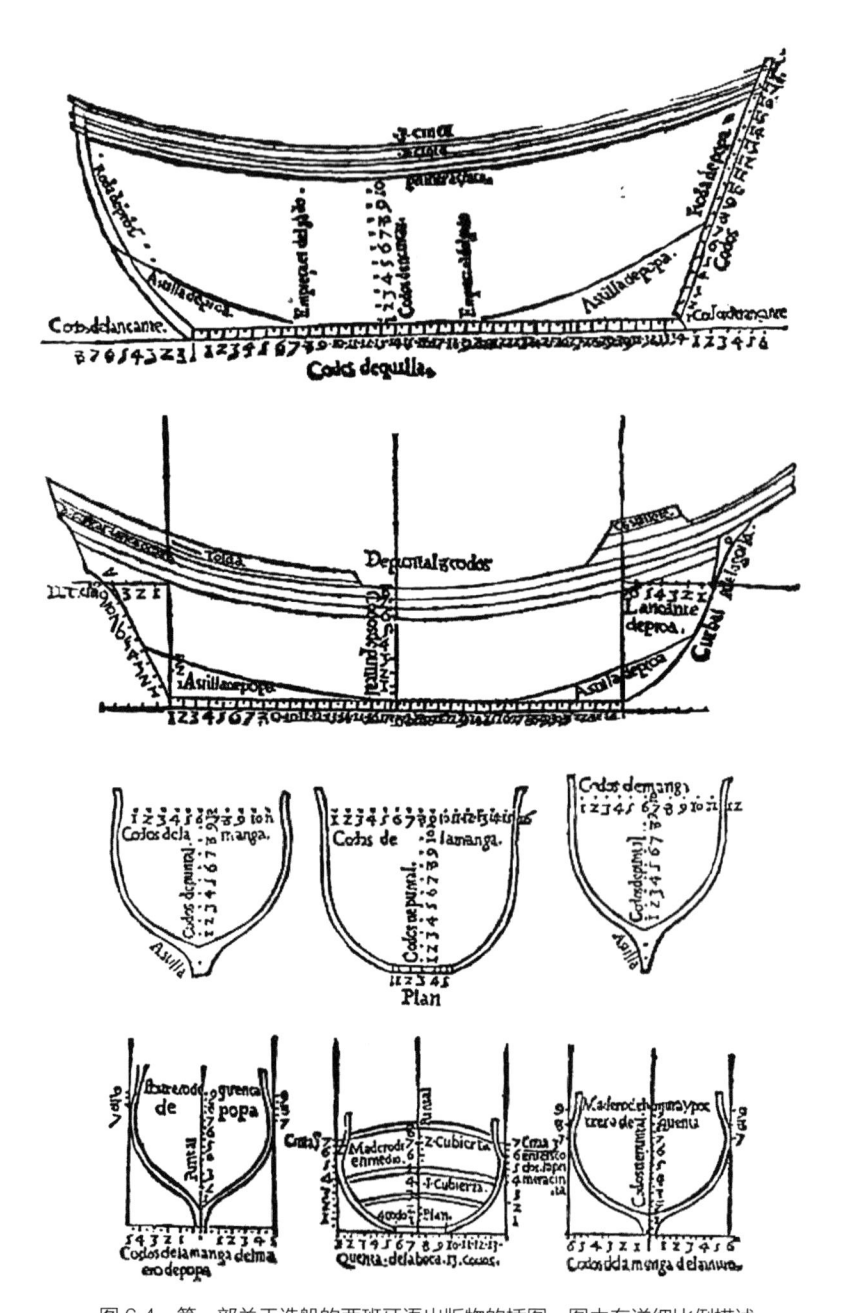

图 6.4 第一部关于造船的西班牙语出版物的插图,图中有详细比例描述

来源:《关于船舶使用和管理以及在墨西哥水域的设计和航行的航海指南》,第四册(墨西哥,1587)迭戈·加西亚·德·帕拉西奥著。

术的精华部分用于地中海航海。[25] 此外，坎塔布里亚海岸的造船厂将各种元素整合在一起，生产出装备齐全的拿屋帆船和盖伦帆船，完成了文艺复兴时期海洋大发现的伟大航行。[26] 同时，事实也证明，想要开发出一种通用的船只是不可能的。1574 年，克里斯托瓦尔·德·巴罗斯（Cristóbal de Barros）被腓力二世任命为坎塔布里亚海岸船舶建造和森林保护总监。直到 1592 年他被调到塞维利亚担任西印度群岛舰队护航中队的总供应官之前，他一直是该地区最重要的皇家官员。巴罗斯比任何人都了解航海对船舶的要求，在 16 世纪 80 年代，他建议为战争、工业和商业分别开发不同类型的船只。[27]

1588 年西班牙无敌舰队战败后，[28] 阿古斯丁·德·奥赫达和佩德罗·洛佩斯·德·索托等造船商建议国王仿照佛兰德和英国的样式建造更轻便、更便宜、更灵活的船只。从 16 世纪的最后十年开始，西班牙对船只的比例进行了修改，船体延长使其更像护卫舰，并尽可能减少上层结构。

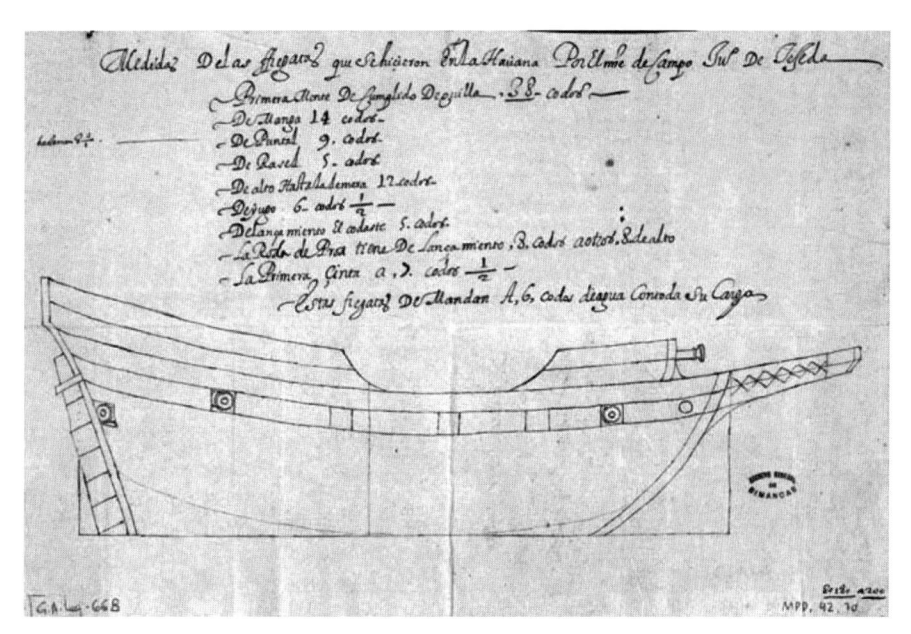

图 6.5 护卫舰图，尺寸与 1606 年在哈瓦那建造的护卫舰相似
来源：西曼卡斯总档案馆。文献保护委员会微缩胶片 42；文档号：70。

本章小结

直到 18 世纪，西班牙一直保持着传统的造船体系，既没有图纸，而且在大多数情况下也没有比例模型。[29]尽管如此，这并没有妨碍西班牙建造出强大和适航的船只，能够成功地与其他国家的船只竞争。毫无疑问，西班牙造船者早已考虑到了船只的更优比例，并且知道如何通过运算和思考，将木材塑形并放置到适当的位置建造船只。此外，在大航海时代，可以说，在哈布斯堡君主国的系统支持下，西班牙和葡萄牙拥有欧洲规模最大、性能最好的远洋船队，以及最强大的造船能力。他们建造的船只和培养的船只驾驶者，加上他们出色的技术能力和军事能力，使伊比利亚半岛列强在 16 世纪称霸大西洋水域。

第七章
加泰罗尼亚棉纺技术和产业区位的源流

近年来，关于经济区域的区位选择因素及其位置条件的研究已成为分析工业化进程的基本内容之一。根据最初在意大利进行的关于"工业区"的研究，人们重新评估了区域位置在经济布局和发展中的重要性。本章以阿尔弗雷德·马歇尔（Alfred Marshall）的开创性著作为理论参考，讨论将大批公司集中在同一区域的优势：它们在同一生产领域运营，相互建立牢固的关系，促进彼此的交流与协调。这些优势尤其体现在外部成本（专业化、劳动力和交易成本）节省上，同时也因为产生了"行业氛围"，有利于知识交流和技术创新。[1]

从经济角度来看，在研究区域位置时，学者们最感兴趣的领域之一是决定工业区位的因素。事实上，多个学科都已经研究过工业区位问题，如新经济地理学、新国际贸易理论、区域经济学和城市经济学等；工业区位问题引起了严肃的学术争论，并进入了经济史学论坛，如2006年在赫尔辛基举行的国际经济史大会。[2]这些争论中的论点日趋复杂，人们的立场也不断变化，从早期认为工业区位可以保证现有资源发挥根本作用，到认为制造业遗产（主要被理解为"积累的净资产"）是决定区位的关键因素，再到最近强调市场的重要性高于一切的新理念。如今，人们对这个问题的讨论方兴未艾。

工业与区域位置之间的关系直到最近才开始引起西班牙史学家的注意。不出所料，他们主要关注区域层面，以探究工业区位区域不平衡的原因。[3]此外，在谈到影响西班牙工业发展的关键因素时，他们的重点放在自然资源的获取、人力资源的可用性和市场规模等方面。正如蒂拉多（Tirado）、庞斯（Pons）和帕卢齐（Paluzie）所指出的那样，西班牙的区域工业专业化"不仅与资源的相对可获得性有关……还与和市场规模相关的集聚经济有关"。[4]

然而，这些因素主要针对的是西班牙工业的区域集中度的考量，因此基本上是从区域间的角度进行分析的。但我们需要思考，这些因素是否也有助于解释产业在区域内的地域位置？或者是否还有其他因素甚至是其他地域框架，也需要在分析中加以考虑？

安东尼奥·帕雷霍（Antonio Parejo）据此得出结论，要理解工业化进程中工业与区域位置之间真正关系的最佳环境是城市维度而非区域维度，应当将城市视为工业区位的自然栖息地。[5]工业化进程也表明，或许我们应该更多地关注技术，毕竟技术是决定工业区位的因素之一。

本章旨在探讨在工业化进程初级阶段中技术变革在工业区位中的作用。笔者将试图证明，技术和区域位置之间的关系远比人们一般认为的紧密，而且这种关系不仅仅是单向的。[6]技术显然是决定商业战略的一个因素，但区域位置也是如此。公司所有者选择的技术可以决定公司的地域位置，这取决于新机器的特性对能源或劳动力需求。但是，区域位置也会影响选择何种技术，迫使公司所有者只使用那些最适合某一特定地区的地理、商业或生产特点的技术。在前面那种情况下，当技术系统的改变产生地域影响时，资源的可获得性在商业决策中起着非常重要的作用。在后面那种情况下，当区域位置影响技术系统选择时，商业决策首先受到市场特点和先前建立的生产专业化的影响。

当然，本章不会从整体上来论述区位选择的问题，而是通过具体的案例——加泰罗尼亚工业化早期的棉纺业——来探讨这个问题。该行业是加泰罗尼亚第一个实现机械化的行业，继而开启西班牙工业现代化进程。棉纺业作为理想的研究案例，主要原因有以下三点。首先，18世纪和19世纪上半叶，棉纺业分布的空间位置多样，包括农村地区分散的生产基地和工厂聚合体；其次，当时使用的三种能源系统——畜力、水力和蒸汽——促进了区域位置准则的确立和发展；最后，通过复杂技术转让引进的国外技术创新的重要性凸显。

1770—1785年手工纺纱业的兴起及其在该地区的发展

加泰罗尼亚的棉纺业起步较晚。18世纪的大部分时间，平纹印花棉布（calico）织造和印染被绑定在同一生产单位完成，从而扩大印花棉布的生产，而纺纱则是被分离。鉴于他们使用来自马耳他（Malta）的预纺棉作为织布的原材料。这就意味着，18世纪的最后25年间，加泰罗尼亚棉纺业的发展历程实际上恰逢改变欧洲棉产业的技术变革。因此，新型梳棉机和纺纱机等技术革新在那20来年内引入较快，不仅促进了当地纺纱业的发展，而且有助于确定纺纱业的区域位置，从而勾勒出19世纪加泰罗尼亚棉产业分布地图。

在17世纪70年代初之前，棉花纺纱一直都不是加泰罗尼亚的主要生产活动。纺纱作为平纹印花棉布厂的辅助、季节性生产活动，根据公司的具体需要和巴塞罗那纺纱市场的波动，少量生产。印花棉布厂一般将纺纱交由有纺车的、更大的公司组织，偶尔也在自己的工厂进行，但它们通常会分包给巴塞罗那市内，尤其是首都附近城镇的居家纺纱的个体兼职工人。[7]

而到了17世纪70年代，特别是美洲皇家棉纱公司（Real Compañía de Hilados de Algodón de América）成立后，这种情况开始发生改变。该公司由巴塞罗那的几家棉布织造印花厂于1772年创立，目标是结束马耳他在棉花供应的垄断，促进加泰罗尼亚地区利用西属美洲殖民地生产原棉进行纺纱。这不是一家通常意义上的公司，而是西班牙皇室和大型印花棉布织造商共同利益的结果。该公司的开创性在于其促进了加泰罗尼亚棉纺业发展，并引进了早期技术和组织创新。[8] 在1772年至1775年的早期阶段，它利用18世纪60年代由一些印花棉布织造商在巴塞罗那附近地区建立的网络，为分散的乡村纺纱模式奠定了基础。当时巴塞罗那已经拥有传统羊毛工业。该公司于1783年重组，恰逢与殖民贸易密切相关的平纹棉布和亚麻布织造印花产业开始扩张，对加泰罗尼亚纺纱业发展做出了重大贡献。[9]

1789年，美洲皇家棉纱公司获得了来自美洲殖民地的原材料供应，并着手组建一个庞大的家庭手工业网络，使棉纺业推广到加泰罗尼亚的大部分地区。为了实现这个目标，该公司遵循了两个选址方针。

第一个方针，将工厂建立在已经有一定毛纺或棉纺传统的地区。雇用少量当地工匠来管理家庭手工业网络。这种方针的优势在于能够利用现有的组织以及技术和商业知识，从而加快生产进程；但由于传统羊毛行业人力资源竞争激烈，公司还必须应对劳动力的高薪和不稳定的问题。与巴塞罗那保持良好贸易关系的加泰罗尼亚中部一些地区和其他沿海地区就面临这种情况。

第二个方针，该公司以农业地区为目标。在这些地区，纺织业要么没有牢固的根基，要么不是主要产业，因此，它可以通过引入全新的商业活动到该地区扩张发展。这就是加泰罗尼亚西部和南部靠近莱里达（Lleida）

和塔拉戈纳（Tarragona）的地区的情况。这里的纺纱业是以"工厂"的形式组织起来的，工厂接收从巴塞罗那运来的原棉，并在自己的仓库里进行梳理，然后分发给在家里按计件工作的纺纱工人，最后回收并运回巴塞罗那。虽然这些地区的工人缺乏梳棉和纺纱工作的经验，但这种组织形式更容易控制和培训劳动力。然而，这种方针的成本很高，这倒不是因为人力成本高，实际上这里的人力成本通常比其他地区便宜，而是由于培训管理员和纺纱工、维护设施，从巴塞罗那运输原料和运送成品回巴塞罗那而产生的费用较高。此外，生产的棉纱质量较差。[10]

尽管美洲皇家棉纱公司在此期间并未垄断加泰罗尼亚的棉纱生产市场，[11]但实际上它极大地推动了该区域的棉纱生产的扩张。[12]1784年，该公司声称："加泰罗尼亚的皇家企业和其他私人企业已经加工了大量原棉用于纺纱，每月达到2000阿罗瓦①，雇用了6000多名女性和约750名男性为棉纤维梳理工"。[13]这些数字可能有点夸大，但重要的是，这些劳动力分布在加泰罗尼亚各地。如表7.1所示，在1784—1785年，当巴塞罗那开始使用珍妮纺纱机时，该公司在加泰罗尼亚18个地区的102个城镇组织纺纱。然而，大部分生产集中在其中的6个地区，其中3个地区有着悠久的羊毛纺织传统——东巴列斯（Vallès Oriental）、奥索纳（Osona）和阿诺亚（Anoia），纺纱量合计占到该公司这两年棉纱总产量的57.19%。在此之前没有传统纺织业的其他3个地区，塞加拉（Segarra）、索尔索纳县（Solsonès）和巴伯拉盆地（Conca de Barberá），纺纱量占总产量的26.76%。加泰罗尼亚早期纺纱产业区位图包括好几个城镇，这些城镇过去依仗的重要棉纺业阻碍了该公司的进入，贝尔加（Bergal，位于贝尔格达区）和奥洛特（Olot，位于加罗查区）就是如此。

---

① "阿罗瓦"（arroba）是西班牙使用的一个重量单位，数值在不同地方或不同时间都略有差异，重量为10～15千克。

表7.1　1784—1785年巴塞罗那美洲皇家棉纱公司各地区棉纺产量

地区	地区首府	棉纺产量（千克）	与总量之比（%）
1. 东巴列斯	格拉诺列尔斯	36143.32	34.53
2. 塞加拉	塞尔韦拉	16013.92	15.25
3. 奥索纳	比克	12984.19	12.4
4. 阿诺亚	伊瓜拉达	10741.53	10.26
5. 索尔索纳县	索尔索纳	6607.22	6.33
6. 巴伯拉盆地	蒙特布兰克	5413.4	5.18
7. 坎普塔拉戈纳	塔拉戈纳	3588	3.43
8. 里波列斯	里波尔	2206.46	2.11
9. 西巴列斯	萨瓦德尔	2021.76	1.93
10. 上佩内德斯	佩内德斯自由镇	1788.38	1.71
11. 塞尔瓦县	圣科洛马－德法尔内斯	1669.82	1.6
12. 下略布雷加特	略布雷加特河畔圣费柳	1666.08	1.59
13. 塞格里亚	莱里达	1067.04	1.02
14. 乌赫尔	塞奥德乌赫尔	809.95	0.77
15. 马雷斯梅	马塔罗	797.47	0.76
16. 巴格斯	曼雷萨	720.09	0.69
17. 诺格拉	巴拉格尔	246.83	0.33
18. 巴塞罗那县	巴塞罗那	118.56	0.11

资料来源：奥野（Okuno，1999：70-72）和加西亚·巴拉纳（García Balañà，2004：72-77）。

在接下来的20年里，加泰罗尼亚早期的纺纱产业区位图经历了许多变化。最重要的是，纺纱业集中在之前就已经存在相关产业结构的地区，而在新的地区"扩张发展"几乎不存在。优先考虑选址正是该公司从一开始就遵循的原则，这证实了豪梅·托拉斯（Jaume Torras）的观点，即加泰罗尼亚棉产业的发展"取决于先前存在的农村产业，这些产业已培训并组织了劳动力"。[14] 巴塞罗那皇家贸易委员会的一份文件，列出了1804年前两个月收到巴塞罗那运来的原棉用于纺纱的城镇，当年有15个区的64个城镇从事纺纱业。[15] 尽管之后纺纱的地区鲜有扩张，但更重要的是，近90%的棉纱生产集中在6个地区，几乎所有这些地区都有发达的制造传统。按重要性排序，这些地区依次为阿诺亚、奥索纳、贝尔格达（Berguedá）、巴格斯（Bages）、加罗查（Garrotxa）和西巴列斯（Vallès Occidental）。如果我们加上当时不在名单上但已经拥有重要纺纱业的巴塞罗那县（Barcelonès），我们将得到19世纪上半叶加泰罗尼亚纺纱产业区位图，其中最突出的是加泰罗尼亚中部和靠近海岸的地区，包括略布雷加特（Llobregat）和特尔河（Ter）流域，以及首府。[16]

1804年的区位图不仅显示了手工纺纱的地区，还显示了机器纺纱的地区。某些情况下是人力驱动的，某些情况下是由畜力或水力驱动的。然而数年来，技术变革已经影响到棉纺整个新兴产业在整个地区的分布。

机械纺纱：1785—1839年的技术系统及其引入加泰罗尼亚的过程

1785年至1806年，加泰罗尼亚迎来了为欧洲棉产业带来变革并引领工业化进程的纺纱机械。纺纱机用了20年时间，从珍妮纺纱机发展到走锭纺纱机（骡机）。[17]法国在这一技术转让过程中发挥了重要作用。在英国发明的机器通过技术人员的传播而在加泰罗尼亚广为人所知，这些技术人员大多数是以前在法国培训或工作过的法国人或英国人。[18]这些公司通过雇用这些技术人员固然发挥了很大作用，但财政机构——尤其是巴塞罗那皇家贸易委员会[19]——在技术变革的早期阶段也发挥了重要作用。这些机构对研究和传播技术创新颇感兴趣，继而采取了从工业间谍到出版科技期刊的各种手段，这让加泰罗尼亚的实业家更容易接触到新机器。

第一批珍妮纺纱机于1785年运抵巴塞罗那，由法国机械师制造并卖给了美洲皇家棉纱公司。几年后，即1792年，一位英国技师在卡尔多纳（Cardona）将其改进，造出78个纱锭的改进型机器。这位技师之前曾在法国卡洛纳（Calonne）大臣那里工作，后来受雇于卡尔多纳的制造商。这台机器很快就推广到了附近城镇，此时就有了"贝尔格达纳纺纱机"（Bergadana）的雏形，这种纺纱机最后被改进到120锭，19世纪上半叶在加泰罗尼亚被广泛使用。这确实是一种很快被推广的机器。1796年，加泰罗尼亚使用了250多台这种的改进版珍妮纺纱机，10年后这一数字增加到1500多台，纱锭总数约为90000锭。1793年，来自马德里的机械师巴勃罗·塞拉诺（Pablo Serrano）将水力纺纱机引入加泰罗尼亚，水力纺纱机也被称为"英国纺纱机"。塞拉诺很可能曾就职于阿维拉皇家棉厂（Real Fábrica de Algodón de Ávila），该厂由曾在法国接受培训的英国技术人员经营，是西班牙第一家安装水力驱动的阿克莱特纺纱机的工厂。加泰罗尼亚地区的水力纺纱机最先安装在奥洛特的一家工厂，不久后也安装在巴塞罗那的工厂。然而，从1802年起，它们迅速推广，恰逢皇家法令颁布，禁止进口外国纱线，因而棉纺业在加泰罗尼亚日益增长的重要性得以确立。1807年，加泰罗尼亚有大约230台水力纺纱机，共计约11000锭。走锭纺纱机到达加泰罗尼亚的时间最晚，于1806年通过两家公司引进。一家是法国商人在巴塞罗那创办经营的，另一家位于苏里亚（Suria），这两家公司从巴黎和图卢兹（Toulouse）收购新型纺纱机。在半岛战争（1808—1814）爆发之前，走锭纺纱机数量很少；1807年只有22台走锭纺纱机，总计2760锭。战后，走锭纺纱机快速推广，尤其是在那些缺乏水力资源的地区，它们成为水力纺纱机的完美替代品。

正如我们刚才看到的那样，19世纪初，尤其是1802年至1807年，所有标志着棉纺行业技术变革开始的新发展都已经在加泰罗尼亚出现了。但是，棉业现代化进程这一充满希望的开端，却受到了1808年至1839年间的战争和政治冲突的阻碍。[20]虽然这并没有减缓机械化进程，但确实推迟了所需新技术的引入。1814年至1832年，纺纱机和纱锭的数量才大幅增加，但技术参数与该世纪初相同。直到19世纪20年代末，加泰罗尼亚地区才出现了新的改良纺纱机——翼锭纺纱机（Throstle frame）、罗伯茨走锭机（Roberts mule）。尔后出现动力织机，不久之后又出现了蒸汽动力织机。从技术角度来看，1828年至1833年是加泰罗尼亚棉产业的革新时期。[21] 新一代纺织机械是在英国仍然禁止纺织机械出口时引进西班牙的，这些与1844年引入西班牙的自动走锭精纺机共同构成了西班牙19世纪中叶得以快速工业化进程的主要原因。[22] 自然，随着自动走锭精纺机作为新纺纱机的到来，所有旧的技术系统全都过时了。

事实上，随着经典纺纱机——珍妮纺纱机、水力纺纱机和走锭纺纱机的到达，三种不同的技术系统已经到位。每个技术系统不仅仅涉及机器本身及其特定的技术特征——准备过程、纱线类型和生产力。它们还涉及经济条件（成本和安装）、社会条件（劳动组织）和能源（机器动力的能源类型），这三者确保机器正常使用并且有利可图。这三个技术体系于18和19世纪之交在加泰罗尼亚建立，一直持续到19世纪40年代，但它们之间不是竞争关系，事实上，它们是相辅相成的。生产率更高的机器通常不会取代生产率低的机器。水力纺纱机没有取代珍妮纺纱机，走锭纺纱机也没有取代水力纺纱机，它们共存了很长一段时间。这不仅是因为每台机器的特殊技术特点，还有地域的原因。正如略伦斯·费雷尔（Llorenç Ferrer）所指出的那样，每个地区都选择了最适合其生产结构的技术系统。[23] 但也可以说，每种技术系统往往会选择在特定地点进行部署，以实现其生产潜力。

就珍妮纺纱机及其改进版本（包括贝尔格达纳纺纱机）而言，首先要考虑的是，这是一台相对简单的机器，由人力驱动，价位适中（25至50加泰罗尼亚比塞塔①），用来生产粗纬纱，然后制成称为"empesas"的粗面料。因此，它适合家庭生产使用，而且没有理由改变传统纺纱的组织方式。事实上，它强化了那时的手工纺纱行业分散、以农村地区为主、劳动密集的特征。因此，这些机器可以在整个地区推广，因为它们很容易适应当时

---

① 1850年前在加泰罗尼亚广泛使用的货币单位。

分散式生产体系。

然而在实践中,珍妮纺纱机的技术意味着工作组织方式发生了重大变化,尤其是它将生产集中在车间和小工厂里。阿尔伯特·加西亚·巴拉纳(Albert García Balaña)认为,这使得拥有更多资源的公司所有者能够通过垄断新技术和集中生产来提高生产率,从而实现收益最大化。[24] 几乎所有欧洲国家都有使用珍妮纺纱机的工厂,但它们的重要意义只限于引入新技术的早期阶段,那时新机器还没有在"社会上推广",也没有出现控制以女性为主的劳动力所涉及的问题(工人不习惯制造工作所需的劳动实践和纪律)。[25] 正因如此,后来出现了工作外包和分包的趋势,这导致小型作坊的形成,这些作坊以家族企业的方式经营,拥有几台机器。[26]

加泰罗尼亚的情况也是这样。1787年,美洲皇家棉纱公司在巴塞罗那建立一家集中车间。该车间在三年内购买了21台珍妮纺纱机,雇用了大约70名工人并首先使用珍妮纺纱机。这不是唯一一家运营的公司;其他公司尽管存在时间不长,但也采用同样的组织模式,在巴塞罗那和加泰罗尼亚的其他城镇成立经营。[27] 珍妮纺纱机的灵活性高且成本低,但在劳动力控制和纪律方面存在问题,再加上大量几乎没有资金但拥有该行业专业知识的工匠愿意尝试新的商业机会,这就解释了加泰罗尼亚小作坊和家庭手工业是如何变成以这种新型珍妮纺纱机技术系统为特征的。尽管如此,直到1808年非常大型的公司都还仍然存在。例如,1802年,巴塞罗那的织物和纱线制造商协会(Cuerpo de fabricantes de Tejidos e Hilados)声称自己拥有纺纱机的12名制造商中,一半人拥有20台以上纺纱机。[28] 西班牙内战结束后,使用珍妮纺纱机和贝尔格达纳纺纱机的制造商显然选择了一种基于小型车间的组织模式。[29]

由于用途广泛、成本低廉,珍妮纺纱机在加泰罗尼亚,尤其是在那些有手工纺纱传统的城镇和地区得到广泛推广。由于这种纺纱技术分布很广,这使得很难准确判定珍妮纺纱机的使用地区。只有在车间使用的珍妮纺纱机才会留下文献供查找研究。因此，我们知道，在1802年至1808年间在巴塞罗那县、下坎普（Baix Camp）、加罗查、巴格斯、奥索纳、阿诺亚、贝尔格达和巴伯拉盆地等地区都能看到珍妮纺纱机，但它往往会集中在一些有着悠久纺织传统的城镇，如巴塞罗那、雷乌斯（Reus）、奥洛特、比克（Vic）、贝尔加、萨连特（Sallent）、卡尔多纳、曼雷萨（Manresa），可能还有伊瓜拉达（Igualada）。在19世纪前30年，这种地理分布变化很小。1841年，就在珍妮纺纱机开始衰落的时候，使用贝尔格达纳纺纱机数量最集中的城镇和地区实际上与19世纪初的那个名单相同。唯一改变的是排名的顺序：这份名单现在由伊瓜拉达和贝尔加领衔，巴塞罗那和雷乌斯垫底。[30]

由于这类技术所需的资本或能源投资很少，但劳动密集型程度很高，因此实施这类技术的关键在于人力资本的提供和市场规模。决定性因素是熟练劳动力及商人的多少，那些有能力和专门知识组织工作和产品商业网络的人，包括工匠和贸易商。这些劳动力和商人只有在已经处在工业专业化进程的地区才能找到，如加泰罗尼亚中部羊毛产业传统的地区，以及巴塞罗那、雷乌斯和奥洛特等大型消费市场附近的地区。

当然，上述因素也对其他两个技术系统的植入产生影响，但不是唯一的影响因素。在下述案例中，同时出现的还有其他决定性因素，因为它们涉及技术特征及其能源需求。

水力纺纱机是连续纺纱系统的一个组成部分，该系统还包括纺纱预处理机器，必须使用水力驱动。因此，这是一项资本密集型技术，不仅因为机器的成本——19世纪初，水力纺纱机的价格约为500加泰罗尼亚比塞塔，而圆筒梳棉机的价值也差不多——还因为安装机器所需厂房设施的成本。很难在人们的家里或小作坊里安装这种机器，它们需要更宽敞的地方，还需要有落差的水流。[31]另一方面，这项技术的劳动密集度较低。正如阿尔伯特·加西亚·巴拉纳所说的那样，它需要的技术工作和劳动强度更少。工人并不是这个系统的重要组成部分，因此更容易被取代。工人们甚至以不同的方式获得报酬：按天而不是计件，能推断出主要是女性从事该工作。[32]该机器的另一个显著特点是它只生产经线，这对它的安装地点产生影响，因为它会与其他生产纬线的机器一起安装使用，尤其是珍妮纺纱机。因此，最初的机械纺纱厂通常都有这种简单的机器，尤其当公司有织造部门的时候。[33]

不难想象，能源是决定这些早期机械纺纱机区位的关键因素。它们的位置取决于河流是否可以利用，以及是否有原有的基础设施，如羊毛厂、面粉厂或造纸厂，这些设施可以在不花费过多费用的情况下进行改造。它们建造在沿河的城镇，如曼雷萨、奥洛特、里波尔（Ripoll）、比克、萨瓦德尔（Sabadell）和马尔托雷尔（Martorell），或者有溪流或灌溉渠的地方，如巴塞罗那，其水流足以驱动机器。[34]因此，由于其能源和投资需求，水力纺纱机的地理分布比珍妮纺纱机的要有限得多。事实上，唯一普遍使用水力纺纱机的地方是曼雷萨。作为巴格斯的首府，其1807年水力纺纱机纱锭几乎占了加泰罗尼亚水力纺纱机纱锭的一半，到1841年，这一比例上升到78%。在这34年间，加泰罗尼亚的纱锭增加了一倍多（从大约11000锭增加到近29000锭），而连续纺纱机总数仅增加了三分之一（从大约230台增加到289台）。这是因为到1841年纺纱机的产能提高了。然而，这些增长的数据清楚地表明，与19世纪上半叶的其他两种技术相比，水力纺纱机的技术发展相对缓慢。

对水力纺纱机发展有限这一现象的一种解释是，1815年出现了一种可能的替代性技术系统，价格相同，但生产效率更高。[35]事实上，正如前文所述，走锭纺纱机是最后到达加泰罗尼亚的纺纱机，半岛战争后才开始推广使用。然而，它随后开始迅速推广，尽管它基本上仅应用于具有相对优势的领域。实际上，到19世纪30年代，人们能看到走锭纺纱机的主要使用地方是巴塞罗那，尽管不是唯一的地方。1829年，巴塞罗那的走锭纺纱机数量为410台，已经明显高于珍妮纺纱机和贝尔格达纳纺纱机的数量之和的 323 台。[36]

走锭纺纱这种技术主要分布于巴塞罗那周围的主要原因，与机器的技术特性、生产的棉纱类型和市场规模有关。走锭纺纱机带有滑动架，虽然比以前的纺纱机更大——一般型号为 120 锭，有些型号是 240 锭——但所需动力却比水力纺纱机少，可以由马或水流驱动。此外，走锭纺纱机用途广泛：它可以生产各种类型的经线和纬线、各种粗细的棉纱。故而，它纺出的纱能够生产更高质量的织物，优于传统粗面料的"empesas"，满足对棉布种类和质量更高的需求。它很容易适应不同的工作组织方式，可以用于小作坊或大工厂。

这些特点使走锭纺纱机成为巴塞罗那这类城市的理想选择。在那里，畜力的使用不受限制，市场规模允许发展集聚经济，不缺乏资本或熟练劳动力。因此骡机的使用增长迅速。1807 年，巴塞罗那的走锭纺纱机锭数为 1770 锭，到 1829 年已增至近 50000 锭。然而，直到 19 世纪 30 年代的技术更新，走锭纺纱机并没有改变这座城市在 18 世纪和 19 世纪之交时建立的技术组成参数。使用走锭纺纱机的仍然主要是一些机器和工人数量不足的小公司。1829 年，巴塞罗那使用走锭纺纱机的 50 家工厂中，只有 16 家拥有 10 台以上走锭纺纱机，23 家拥有 5～9 台走锭纺纱机，其余 11 家不到 5 台，平均每家只有 8.2 台。

简而言之，走锭纺纱技术能在首府扎根，主要是因为市场规模大、资本与劳动力的丰富所带来的优势。但是由于一个重要的原因，其增长受到了限制：走锭纺纱机由马驱动的方式，意味着不可能建立大型工厂或发展规模经济和垂直整合流程。这固化了从手工纺纱过程中继承下来的传统组织结构，伴随新改良走锭纺纱机和机械织机的引入，加泰罗尼亚技术创新的前进和发展面临几乎不可逾越的障碍。在未来的几年里，用蒸汽动力取代畜力对于巴塞罗那制造商来说，已经迫在眉睫，势在必行。

本章小结

　　加泰罗尼亚工业区位和生产组织具有多样性，该地区棉纺业通过适应早期工业革命不断变化的经济、社会和技术条件，实现发展与成形。首先是 18 世纪末的全面传播开来，这得益于当时改变欧洲棉纺织产业的技术变革。当时的生产区域不仅取决于先前的工业结构，还取决于能源和市场规模等其他因素。在该地区棉纺工业化早期阶段，棉纺业的区位与使用新型纺纱机所产生的技术体系密切相关。事实上，每个地区的公司所有者都倾向于选择最适合先前存在的生产结构的技术。因此，劳动密集型的珍妮纺纱机广泛分布在以前有手工纺纱传统的地区，形成大批熟练手工纺纱工人集群，而水力纺纱机则分布于毗邻河流的地点，利用水流驱动机器。其次，走锭纺纱机通常分布在市场规模和需求足够大、能充分利用其生产能力的地方。因此，加泰罗尼亚整个地区都使用过珍妮纺纱机，水力纺纱机仅限于河流沿岸地区，走锭纺纱机则主要使用于巴塞罗那，这个 19 世纪前 30 年唯一能够发展集聚经济的城市。

第八章
18世纪西班牙丝绸技术的高光时刻

18世纪，西班牙丝绸纺织业经历了重大变革。托莱多（Toledo）等传统中心衰落了，而其他中心（如巴伦西亚和巴塞罗那）却开始发展，其中巴伦西亚发展成为生丝和织物的主要生产地。部分生丝通过合法或非法渠道出口到法国，很大一部分面料出口到美洲殖民地。尽管王室、工匠和商人努力提高生产质量，但他们最终也未能培育出一个能够在国际市场上竞争的行业。[1] 18世纪，西班牙丝绸制造业受益于国外生机勃勃的技术创新，对外国技能和技术的需求扩大了。在这个世纪，西班牙丝绸织造业引进了外国技术创新。无独有偶，愿意移民到西班牙的外国工人数量恰好就增加了。费尔南多六世统治之初，西班牙的外交官和代理人都忙于在海外招聘熟练工人，到卡洛斯三世统治后期，外国工匠开始主动联系他们。[2] 当然，西班牙本土也进行了技术创新，至少一些已知案例是如此。

在此之前由于丝线质量差，西班牙丝绸织物的质量堪忧，无法进行高质量染色。其丝线质量差有如下几个原因：纺纱工序不行，原料掺杂油脂以增加重量，污渍严重。另外，制造经线时，丝线很难处理。同时，纱轮的直径太宽，纺出纱线质量不高。

本章论述了从法国和意大利转移到西班牙巴塞罗那和巴伦西亚的丝绸技术创新，主要为缫丝和捻线环节，针对针织和制带部门。加泰罗尼亚的丝绸织造业得益于该地区靠近法国边境的地理位置及其漫长的沿地中海海岸线。在这一技术过程中的大多数情况下，我们只知道引进新技艺和新机器的时间，但至于谁引进或改进的以及活动的背景知之甚少。

提高丝绸生产机械化水平的尝试

18 世纪，通过个人和国家的积极努力，西班牙丝绸业得以振兴。无论是个人还是国家，二者的出发点可能都是通过尽可能雇用女工（因为工资低于男工）来降低生产成本。[3] 这些举措中的第一项是在 18 世纪之前，贸易商和工匠（主要是加泰罗尼亚人）引进织带用多梭织机和丝绸针织机，这些织机可能是从法国进口的；第二项是在 18 世纪下半叶，巴伦西亚的法国工匠和商人努力重振丝绸制造业。正如比森特·M. 桑托斯（Vicente M. Santos）所指出的那样，外国技术人员和商人对于在巴伦西亚生产优质丝线的兴趣实质上是可疑的。[4] 从个人层面看，他们从自身的努力中获益，但从国家层面看，这其实是在捍卫法国丝绸企业家的利益，因为他们依赖从巴伦西亚进口丝线。18 世纪 80 年代或更早的时候，巴塞罗那似乎也采用法国工程师雅克·德·沃康松的（Vacques de Vacanson）和意大利皮埃蒙特地区的这两种代表性的缫丝和捻丝系统。

18 世纪，西班牙通过国家或地方机构积极主动复兴本国丝绸工业，缩紧本国消费者青睐的丝绸面料品种的进口渠道，拓宽向殖民地和葡萄牙的出口渠道。这一目标通过三种方式实现。第一，授予个人和商业公司建立丝织厂的特许权；第二，设立皇家制造厂，雇用以法国人为主的外国技术人员和工匠，进而更新丝绸面料的绘制、图案和质量，并引进新机器来制造丝线；第三，保护个人在引入新技法以提高丝织物质量的积极性。

针织袜和缎带

1589 年，英国牧师威廉·李（William Lee）发明了手摇针织机，在一个世纪后它才抵达巴塞罗那。引进该针织机的经过相当独特，包括了对这一创新技术产权的掠夺；手摇针织机抵达巴塞罗那的过程中涉及很多人，几年后，不同的项目都与这些人有关。[5]在巴塞罗那富商纳尔奇斯·费利乌（Narcís Feliu）的倡议下，这些机器运抵巴塞罗那。他聘请布商马里亚·胡利娅（Marià Julià）负责该项目。1684 年春天，他从法国非法引进了 4 台针织机，同时带回了几位专家工匠。其中一位名叫佩雷·保萨（Pere Pausa）的工匠要求锁匠略伦斯·多尔塞特（Llorenç Dolcet）再建造两个这样的针织机。1684 年，费利乌、胡利娅和保萨组建了一个机构来建造新的针织机。与此同时，将第一批针织机带出法国的人之一，霍安·巴普蒂斯塔·维弗斯（Joan Baptista Vivers），从皇家巴塞罗那贸易委员会获得了与他们合作十年的特许权。维弗斯雇用了法国的针织工匠约瑟夫·戈兰（Joseph Gorin）一年，之后戈兰和一名律师成立了一家股份公司。这位法国工匠被手工编织者的行会接纳为成员，条件是他必须教其他成员使用针织机。他还和一个年轻的针织工联手创建了自己的业务。1688 年，另一位最初参与将针织机引进到巴塞罗那的工匠开设了一个作坊：锁匠多尔塞特和一个针织工匠成立了一家公司。由于人们对针织机织造的兴趣强烈，这项新技术的未来一片光明，同时期它在其他国家也以同样的势头发展（尽管针织机发明于 16 世纪末，但从 17 世纪 60 年代开始，欧洲才开始大批生产该机器）。[6]多亏了胡利娅，萨拉戈萨和巴伦西亚才开始使用上针织机。[7]

丝绸针织机配套行业在18世纪下半叶蓬勃发展，当时靠近法国边境的加泰罗尼亚地区引进了国外的针织棉布设备，当时一些法国工匠搬到那里建立了他们的作坊。[8]外国专家参与了巴塞罗那针织品的引进和发展，18世纪晚期的西班牙一些大师的意大利姓氏就可以证明这一点，如格皮尼［Geppini，来自诺瓦拉（Novara）］、坎邦［Cambon，来自热那亚（Genova）］；法国人维拉雷（Vilaret）于1775年或在更早之前到达巴塞罗那。[9]

巴塞罗那皇家贸易委员会通过传播建造这些针织机的知识和技术来促进丝绸制造业发展。1769年，该委员会聘请了针织物经销商弗兰塞斯克·西蒙（Francesc Simon），此人懂得如何制造和操作这些针织机。[10]他发明了一个绞轮，可以生产出每绞都长度相同的纱线，足以织出一双男士长袜。[11]另外两位针织机大师也应聘这个职位，其中一位，弗兰塞斯克·巴涅拉斯（Francesc Bañeras）承诺会制造出一种新型针织机。[12]

多梭织带机16世纪在但泽（Danzig）发明，1616年伦敦投入使用，1620年在莱顿（Leiden）投入使用，[13]大约在17世纪末从法国运抵加泰罗尼亚。1693年，加泰罗尼亚商人弗兰塞斯克·波托（Francesc Potau）将其引进马德里。[14]18世纪初，仅有较小的城镇使用这种织带机，如位于塔拉戈纳附近的工业城镇雷乌斯，距巴塞罗那约125千米。1714年10月，巴塞罗那的木匠帕乌·奥利瓦（Pau Oliva）与雷乌斯一位富有的布商签订了一份合同，负责建造一个可以同时织18条缎带的织机，其中可以织6条四分之三宽的缎带，其余可以织四分之一宽的缎带。[15]这意味着该织机是可以制作20条四分之一宽的缎带的。奥利瓦承诺的建造时间不超过五周，并因此赚了86加泰罗尼亚比塞塔。1750年之前，拥有发达丝绸工业的曼雷萨开始使用这些织机，8年后该地的缎带织机数量达到111台。[16]1782年，至少有11个西班牙城镇使用缎带织机，包括巴塞罗那和两个较小的加泰罗尼亚城镇。[17]

伴随复杂的缎带和袜子织机的推广使用，关于它们的建造技术知识同时传播。对木匠、锁匠和其他与科学界和机械界有联系的工匠来说，机械创新并不陌生。至少从18世纪80年代开始，许多普通人也开始对改进缫丝和加捻技术感兴趣，并掌握了实用知识。

缫丝、并丝和加捻

我们对西班牙的丝纺机的历史知之甚少，但这是摩尔人在711年到达伊比利亚半岛后带来的技术体系。1501年，也就是卡斯蒂利亚王国征服穆斯林格拉纳达王国几年后，该城的议会规定一台纺车不能有超过200锭，每个工匠只能操作两台纺车。[18]在15世纪下半叶，巴伦西亚的一台纺车可以达到84~108锭，但1732年批准的该市捻丝协会条例允许其达到最大值240锭。[19]因此，在这期间，应该发生了一些技术变革，使丝锭数量增加一倍以上，这可能是由于增加了畜力来驱动它们。[20]相比之下，1789年曼雷萨（加泰罗尼亚）的纺车只有150锭，而且其中大多数纺车需要人力操作。然而，其中一个水力丝纺机使用了好几年。[21]

1748年至1753年间，政府试图通过各种举措促进丝绸业发展，这些举措基于外国技术人员和掌握新技艺的工匠的参与。最初的尝试是1748年建立了位于塔拉韦拉（Talavera）卡斯蒂利亚镇的皇家丝绸、黄金和白银工厂，任命法国技术员让·吕利埃（Jean Rulière）为该厂主管，他当时在海牙（是从法国监狱逃去的），正准备前往伦敦。[22]这是西班牙第一家集丝纺、织造、印染、丝带制作于一体的企业。这些丝纺机应该和吕利埃在巴塞尔（Basel）看到的是同一种，[23]可能使用的是意大利皮埃蒙特丝纺系统。这些机器是西班牙引进的第一批此类机器。大批受雇于政府的外国技师和官员也来到塔拉韦拉。他们在附近的一个村庄里建造了一座厂房，里面安装了12台捻丝机、44台缫丝机和6台络并机。所有机器均使用4头牛驱动，可以同时缫丝、并丝和加捻7072股丝。[24]吕利埃到西班牙以后，发生了一些不愉快的事情。几年后，他被指控浪费大量资金。1756年至1767年，他被两次起诉，并于第二次被捕，1760年至1767年没有拿到薪水。这一事件表明，聘请外国技术专家开展新项目并不能确保立竿见影的成功，而且这种经验代价高昂。[25]

政府的第二项举措于1753年4月初见成效。当时一些法国工艺师和一名技术人员抵达西班牙，他们被当局雇用在巴伦西亚的丝绸、黄金和白银工厂工作。其中包括勒内·拉米（René Lamy）、皮埃尔·若尔热（Pierre Georget）、让·萨尔旺（Jean Salvan）和胡安·包蒂斯塔·菲利波（Juan Bautista Phelipot）。前三人负责现场绘制待开发的织物图纸，并将其技艺传授给10名年轻人；菲利波最终成为巴伦西亚的工业总监。[26]

在1769年至1770年间，巴伦西亚采取了多项举措引进1749年在法国获得专利的"沃康松"法来纺丝，推广了意大利皮埃蒙特丝纺系统，该系统除了能生产均匀的丝线外，还有其他老式丝纺机不具备的优点。这样，皮埃蒙特系统可以生产最好的捻丝，而"沃康松"法同时操作两个绕线筒，可以提高生产率。[27]

1769年，法国人圣地亚哥·勒布尔（Santiago Reboull）在巴伦西亚安装了几台"沃康松丝纺机"。当时当地在国家和地方机构（如贸易委员会）的推动下，已经采取了其他类似的举措来建造皮埃蒙特纺机。在去西班牙之前，勒布尔自1757年开始一直是法国西南部的拉沃尔（Lavaur）一家皇家丝绸制造厂的承租人，该工厂使用的就是"沃康松丝纺机"。[28]虽然这个项目失败了，但西班牙国王授予勒布尔和他的儿子弗朗西斯科特许权，让他们建立工厂使用沃康松丝纺机进行绞丝捻丝。他们与约瑟夫·拉帕耶塞（Joseph Lapayese）合作。尝试失败后，拉帕耶塞独自坚持了下来，他雇用了法国人弗朗索瓦·图洛（François Toullot），后者是技师博尔塞雷（Borceret）的学生，也是沃康松的学生。[29]

经过两年的辛勤工作，拉帕耶塞和图洛改进了沃康松丝纺机。他们设法并成功根据原料的供应量调整生产（减少丝锭数量），更好地利用原料（测试在烘燥机中闷茧），并调节捻度，以确保最完美的染色。他们还通过安装带有松紧螺母的齿轮驱动系统，而非皮带或链条，让绞丝更均匀一致，并用玻璃导丝器更换容易损坏丝线的铁质导丝器，使丝纺工效率更高，产品质量更好。[30]最重要的创新是丝线双重交叉，以及在生产过程中雇用女工，而在此之前，这些环节都是由男工掌握。[31]这些纺机被称为"西班牙改良版沃康松丝纺机"（Vaucanson a la española）。

除了维纳莱萨（Vinalesa）的纺织厂，另一家纺纱厂也很快开张，使用的是皮埃蒙特纺机。1770年12月，费尔南多·加斯帕罗公司（Fernando Gasparro y Compañia）与意大利合作伙伴获准在穆尔西亚（Murcia）建立一家丝纺厂。[32]他们聘请都灵工艺大师胡安·奥克塔维奥·夸德罗帕尼（Juan Octavio Quadropani）来开展这个项目，并雇用了玛加丽塔·罗萨（Margarita Rosa）教授女工纺丝和捻丝。由于缺乏资金，他们只安装了两台烘燥机和一台丝纺机。1772年，该公司获得授权在格拉纳达，或者巴伦西亚以外的其他任何城市建立另一家纺纱厂，然而当时法国人勒布尔已经在巴伦西亚开展丝纺工作。1774年，该公司破产，新东家弗朗西斯科·穆尼奥斯（Francisco Muñoz）和其合伙人未能继续推进这个项目。后来，这家工厂落入了一位皇家行政官的手中，他安装了一台新的丝纺机，改进了现有的机器，并建造了一个新的烘燥机来烘干蚕茧。1784年，该公司被租给了该市的一群商人，但他们仍未能使其正常运作。该工厂最终于1786年被马德里"五大行会"（Cinco Gremios Mayores）接管，这是一家享受一系列特许权和免税的贸易金融公司。夸德罗帕尼继续担任工厂的技术员，建造了4台加捻机，但由于缺乏资金，这些机器从未达到预期的标准。一位意大利新来的女性丝纺大师特蕾莎（Teresa），教授60名年轻女工纺丝。1788年至1795年，该厂安装了两台新发明的烘燥机，能够快速烘干蚕茧提高产量。这样节省了燃料和人工工资，其坚固的结构也降低了火灾风险。缫丝车间有 48 台新锅炉，这个规模在欧洲独一无二，因为它们可保证全年任何季节都可以缫丝，不再依赖水力驱动。在工作同等时长的情况下，丝纺工人的工作压力更小，产量更高，生产的丝绸质量更高，比沃康松丝纺机和安东尼奥·雷加斯（Antonio Regás）设计的机器生产的更好。整套丝纺机由 12 台名为"阿扎萨"（Azarsa）的新型丝纺机组成，可以生产薄而结实的重磅丝绸；此外，它占用的空间更小，造成的浪费也更少。当时，工厂的 4 台皮埃蒙特纺机更换过各种零件（纺锭、挡板、蛇形件和星形件），这样这 4 台纺机可以同时使用，其中两台缫丝和绞丝效率最高。由于生产的丝线质量完美，设备操作简单，这些丝纺机的质量传到了教皇处，他派了一名特使来绘制机器结构图，但遭到了拒绝。[33]

1784 年的制造业普查显示，在这些早期的纺纱厂安装使用之后，西班牙的其他城市也开始使用皮埃蒙特丝纺系统和沃康松丝纺系统。加泰罗尼亚四个地方，即佩内德斯自由镇（Vilafranca del Penedès）、略布雷加特河畔圣费柳（Sant Feliu de Llobregat）、圣胡安德斯皮（Sant Joan Despi）和拉夸德拉-德-帕洛 [la Quadra de Palou，即巴塞罗那省的托雷拉维德（Torrelavid）]、托莱多的救济院、塔拉韦拉的皇家工厂和穆尔西亚等地都有使用皮埃蒙特系统的工厂。[34] 我们无从得知这种纺纱技术是由谁如何引进到加泰罗尼亚的，但在 1784 年，在皮埃蒙特使用这些机器多年的佛兰德西班牙大方阵士兵胡安·贝尔塔（Juan Berta）引入了一个模型。[35] 相比之下，我们对巴塞罗那木匠贝内特·阿尔迪特（Benet Ardit）的方案有更多了解，他被两个商人聘为技术员。[36] 在一位名叫科尔纳利亚（Cornalia）的外国人的帮助下，阿尔迪特改进了最初的机型。其目标之一是从两方面节省原材料：减少捻丝机造成的浪费，以及精减雇用的工人从而减少盗窃，他还简化了制造过程。1786 年初，阿尔迪特希望将该项目付诸实施。[37]

皮埃蒙特和沃康松系统都未能解决的丝纺问题极大地激发了工匠和

技术人员的兴趣，积极寻找解决方案。加泰罗尼亚就有几个例子：安东尼奥·雷加斯，[38] 自称是巴塞罗那慈善院纺纱机发明者的木匠伊西德雷·普拉（Isidre Pla），[39] 以及技师马里亚诺·格里埃（Mariano Guerrière），此人可能来自法国，提供了丝纺和其他纺织的前纺机械。还有一些人尝试改善驱动设备的动力供应。1778 年 2 月，曼雷萨的摇纱工豪梅·法夫雷加斯（Jaume Fàbregas）在他的堂兄——木匠豪梅·帕德罗（Jaume Padró）的帮助下，试图使用圣伊格纳西水道（Torrent de Sant Ignasi）的激流，用水流的动力驱动纺纱机。[40] 为此，1789 年当地的都统弗朗西斯科·德·萨莫拉（Francisco de Zamora）专程前往视察，他写道，"这是一台有 150 锭的丝纺机，它还可以通过水流驱动生产 150 个绞纱。曼雷萨有 40 多台丝纺机，但其操作有赖于人力。"[41]

其中一些技术人员技术全面，令人瞩目，例如法国人让·皮埃尔·卡瓦耶（Jean Pierre Cavaillé）。卡瓦耶于 1743 年出生在法国加亚克（Galhac，图卢兹以南约 40 千米），是一位高超的管风琴制作者。1791 年左右，他在加泰罗尼亚的一些城镇和村庄建造了一些麻纺、毛纺和丝纺用络筒机和摇纱机。1814 年，他的儿子多米尼克为巴塞罗那皇家贸易委员会在法国进行工业谍报活动，1822 年至 1829 年，他再次前往法国参观雅卡尔提花织机系统。1831 年，他离开加泰罗尼亚且再没回来，和他的兄弟阿里斯蒂德（Aristide）一起在巴黎创办了一家企业，阿里斯蒂德是当时欧洲最著名的管风琴制作商。[42]

技术革新需要能够操作新机器的工人，因此有必要教他们如何使用机器。负责教授工作的女性只能是具备这方面知识的外国女性。来自皮埃蒙特的玛丽亚·玛格丽塔·贝尔托（Maria Margherita Bertot）是从事摇纱和捻丝的工匠之一，她受雇于当地商业联合会，在巴塞罗那教授工人。[43] 我们知道的还有玛格丽塔·罗莎（Margarita Rosa）和特蕾莎，她们在穆尔西亚的丝绸厂做摇纱工。

本章小结

丝线生产的技术转移使西班牙丝绸工业得以接触到更新、更好的生产方法，但并没有解决丝纺的所有问题。熟悉改进版机器的外国专家抵达西班牙进行安装，但并不总是能够正确组装新机器，例如勒布尔就遭遇了这种情况。有时候，西班牙工匠可以解决这个难题（至少在棉纺织行业就是如此）。外国机器的引进和技术人员的到来，传播了知识和学习技能，并提升了西班牙工匠的技术能力。安赫尔·卡尔沃认为，西班牙人并不是简单地模仿新技术，而是适应变革，[44]甚至是在此基础上做出的重大改进。

第九章
非创新型国家的纺织技术企业家

技术研究是分析现代化发展和经济增长进程的一个关键因素。长期以来，创新不足阻碍了西班牙经济发展，直到人们认识到技术转让过程所起的作用。[1]尽管如此，获取新技术的方法远不止一种；发展中国家采用的多种方式通常取决于它们所采取的具体途径和所处的具体历史时期，也取决于当时的国际形势。

关于技术与发展之间关系的历史研究，很大一部分侧重于阐释发展中国家在创新领域的局限性和技术转让的过程，特别是第一次工业革命时期。然而，这些落后国家是如何开展自己的创新活动，如何在国际层面传播并充分利用这些创新，就鲜为人知了。西班牙是个非创新型的后发国家，20世纪前三分之一时间里，其纺织业进行了非常重要的技术创新，在世界范围内产生了广泛的影响。费兰·卡萨布兰卡斯-普拉内尔（Ferran Casablancas i Planell）和皮卡诺尔-坎普斯（Picañol i Camps）三兄弟是将发明、创新和创业成功结合在一起的绝佳案例，本章就将围绕他们展开。

本章的目的是了解当需要走出国门打造国际形象时，不利环境下的创新者如何构建其创业能力的。为了分析这一现象,我们依靠多种来源的信息。

本章包括下列三个部分:对发明产生的背景和在其中发挥主要作用的人的创新路径的分析;对上述两个案例的研究;从以上两项研究得出的结论。

为什么20世纪前30年西班牙纺织业难以实现现代化?

现代西班牙的发展过程相对滞后,几乎没有创新活动。[2]该国技术发展有限是由许多因素(经济、社会、政治和文化)造成的,其中包括发明、创新和资本产品三者生产之间缺乏联系。

首先,西班牙的技术落后表现为缺乏创新,这点可以从该国专利注册与其他发达国家专利发挥的作用相比,其微不足道足以印证创新的缺乏。此外,在1878年至2000年,西班牙的大多数专利是由外籍居民申请的,[3]而且这种情况并非只发生在非常时期(比如1914—1918年的第一次世界大战和1936—1954年的佛朗哥统治时期)。[4]对西班牙人来说,发明是一种特殊的、极其少见的现象,他们还创造了非常有名的一句话:"Qué inventen ellos!"(让他们发明去吧!),表达了这种消极的态度。[5]这种不利的情况在专业技术人员和合格工人的稀缺中可窥见一斑。[6]国家在培训技术专家和基础教育方面的投入很少(1910年西班牙的文盲率为50%)。[7]国家和地方政府对专业培训和高等教育缺乏主动性,这一点没有得到私营机构的弥补,因为私营机构只有在不得不开展第二次工业革命的创新活动时,才会主动开展教育培训。

为了尽量减少培训严重不足造成的影响,西班牙的稀缺创新往往侧重于不太复杂的技术领域。1882年至1935年,西班牙国内专利的技术优势集中在纺织业,这是第一次工业革命的标志性产业。这么多年过去,该行业令人满意的应用知识水平抵消了低下的培训水平带来的影响。[8]在专业机械行业能够使用的情况下，进口机械和购买外国专利弥补了该国创新的不足。

然而，对于西班牙的经济发展来说，创新过程中所欠缺的部分比与发明相关的部分更关键，这与西班牙工业化的特点有关。究其原因，是激励缺乏、机会稀少和投资手段匮乏。

西班牙对创新缺少激励。1891年后，该国出现了强烈的商业保护主义，迫使纺织企业家不再在国际市场上竞争。为了维持这种局面，一个强大的企业和政治利益网络逐渐建立起来，这一点在随后的1906年和1921年关税改革中进一步得到证实。为了有限但稳定的利润，企业家最终只能靠满足少得可怜的国内需求[9]勉强维持，而国外生产商对这些产品根本不屑一顾。

就附加值和就业而言，纺织业是20世纪前30年西班牙的主要工业部门。1913年，西班牙棉产业位于世界第十位（生产能力相当于意大利的一半和法国的四分之一）。[10]此外，该国纺织业技术的落后如同雪球越滚越大，机器的速度反映了其在国际上的落后程度。[11]到1900年为止，西班牙的纺织业集中在加泰罗尼亚（为全国棉业产出的91.0%，羊毛制品生产的63.3%，丝绸织造的55.3%，亚麻和火麻织品生产的43.8%），并形成了一个专门细分领域的大型纺织工业区。[12]纺织业依赖大量廉价劳动力，故而可以牺牲资本投资来强化劳动力这一工作要素，但也因此很难提高生产率，也无法与其他国家竞争。

由于西班牙国内市场的消费者少、收入低、需求波动大，因此必须建立一个组织形式灵活的生产结构，以中小型公司为基础。该国出现的问题与生产过剩或生产能力不足有关。前一种情况的供求不平衡是通过生产外包和增加生产来弥补的；后一种情况是通过减少工人人数来弥补的。这就是为什么西班牙在高需求时期也没有创新活动。生产过剩的情况发生得更加频繁,随之而来的是价格和利润下降,企业效率低下。在此期间,国内市场竞争加剧;那些能够生存下来的公司更希望政府限制报价,而不是提高生产效率。它们既不想在国际市场上竞争,也不愿意在国内市场上竞争。

加泰罗尼亚纺织业利润水平低且不稳定,[13]这意味着投资纺织机械的可能性仅限于特定的有利时期(19世纪80年代和20世纪20年代)。与其他国家不同的是,在西班牙,技术改进不是一种持续累积的战略,因为机械在折旧到期之后继续工作。[14]微薄的利润决定了对短期信贷的需求,迫使企业以流动资金的形式保留大部分资产,这也限制了它们的投资能力。西班牙脆弱的金融体系也对此无能为力。[15]

在解释西班牙工业发展滞缓问题的时候,机械工业难以发展一直是一个关键因素,[16]正如我们在需求更大的行业中看到的那样。同其他工业革命的外围国家一样,西班牙工业纺织机械基本依赖进口,这无法促进西班牙纺织机械制造行业的全面发展。[17]1870年至1919年,加泰罗尼亚纺织业购买的机械80%以上来自国外,1920年至1935年这一数字降至60%。尽管西班牙开始取代进口产品,但这并不意味着他们开展了与进口机械相当的技术创新。

尽管如此,纺织机械行业在加泰罗尼亚主要纺织中心的中小型工厂中逐步发展起来。这些公司利用邻近的区域优势,致力于机械修理、配件和备件制造,一些公司还开始制造与他们修理的外国机器相似的机器。1920年至1936年,上述职能发生了逆转。发展出现了中断,该行业的规模仍然很小。他们用手工制作简单模具,只按照订单制造了少量设备,而当时最先进的机器仍然依赖进口。这种生产模式培养了大量技术人员,他们不是在专门的学校接受培训,而是通过行业工作经验获得技能。这些技术人员和维修人员极具创造性,能将一些先进的设备安装到那些已经超过使用极限还长期使用的机器。这些设备具备的功能,与那些技术领先国家制造的新型纺织机械中作为标准纳入的设备功能类似。然而,这些设备会造成机械效率低下，导致更多故障。相对于开发新技术的能力，西班牙更多地提升其模仿和适应的能力。在这种背景下，当经济和政治精英希望继续享受现状带来的利润时，一些特别的、与众不同的创新举措就会显得格格不入。

费兰·卡萨布兰卡斯和皮卡诺尔-坎普斯三兄弟就是这样两个与众不同的例子。这两个案例极具代表性，因为他们占1878年至1936年西班牙纺织品国外申请专利总数的36.5%。此外，他们所有的专利几乎全都投入应用，一直到专利期满。从1936年西班牙内战开始，这些创新者早已在国外建立了跨国工业机械制造公司，而西班牙的企业家们仍必须为自己的新专利支付使用费。

费兰·卡萨布兰卡斯和皮卡诺尔-坎普斯三兄弟的案例有非常明显的巧合之处。他们都出生在萨瓦德尔。该地是羊毛主产区的两个中心之一，和其他纺织地区一样，这里也有专门的工业机械。他们打破了当时大众墨守成规的心态，愿意以不同的方式工作。在萨瓦德尔积累的技术和机械知识有利于他们的发明，[18]但是，为了提升和实现与外国竞争的能力，他们不得不走出门。

加泰罗尼亚工匠：费兰·卡萨布兰卡斯-普拉内尔

1874年，费兰·卡萨布兰卡斯-普拉内尔出生在巴塞罗那萨瓦德尔，他家经营一个中等规模的纺织企业。[19]14岁时，他在家族企业工作，在那里他掌握了纺织业的实用知识。他被第二次工业革命的发明吸引住了。

成为公司董事后，卡萨布兰卡斯的活动更多地集中在技术创新的发展上，而不是管理职责上，因此他的家人和合伙人纷纷指责他。他和技师弗兰塞斯克·佩尔曼耶（Francesc Permanyer）一起在小工厂里待了很长时间。另外还有三位加泰罗尼亚工程师与他合作，这极大地弥补了他理论知识学习的不足。这三位工程师分别是阿尔瑙·伊萨尔德（Arnau Izard）、埃斯特韦·科马斯（Esteve Comas）和何塞普·诺格拉（Josep Noguera）。这项研究任务的第一批成果是1907年至1912年在西班牙申请到的几项专利，与棉纺纤维牵伸设备的改进有关。[20] 其最大成就是1913年9月在萨瓦德尔工艺美术学院（Escuela Industrial de Artes y Oficios de Sabadell）推出的一种环锭纺纱机，整合了彼时先进的改良。这一事件在西班牙国内外媒体上引起了重要反响。[21] 这一创新技术也对全球棉纺业产生了巨大影响，将棉纱的制造成本降低了约40%。此外，在棉纺厂以及后来的毛纺厂引入高牵伸技术，从此稳固了环锭纺纱机在棉纺厂的主导地位。[22]

在推出这项创新技术以及后续的新改良技术后，1913年，卡萨布兰卡斯专利公司（Patentes Casablancas SA）在巴塞罗那成立，旨在在萨瓦德尔修建一个机械制造车间，以生产新的机器，以及在西班牙和国际范围内对其专利进行商业利用。

卡萨布兰卡斯专利公司的注册资本为34万比塞塔，实际支付了其中的15万比塞塔。两年后，由于1914年开始的财政困难，它成为卡萨布兰卡斯纺纱公司（Hilaturas Casablancas SA），资本为50万比塞塔。股东中有对纺织行业和高等教育感兴趣的加泰罗尼亚企业家，他们对这一创新进程满怀信心。其中包括弗兰塞斯克·坎博（Francesc Cambó）、何塞普·贝尔坦德（Josep Bertand）、欧塞比·贝特兰德（Eusebi Bertrand）、路易·A. 塞多（Lluís A. Sedó）、弗雷德里克·拉霍拉（Frederic Rahola）和何塞普·马里亚·博阿达（Josep Maria Boada）。[23]

1914年之前，卡萨布兰卡斯专利公司开始在加泰罗尼亚的一些纺纱厂组装环锭纺纱机，这些纺织厂都因此获益。然而，由于第一次世界大战爆发，公司的国际化之路戛然而止。加泰罗尼亚的数家纺织公司都收到了大量的额外订单。这种情况要求所有可用的机器必须持续工作，而不能停下来安装新机器。由于战争的原因，环锭纺纱机无法推广到其他欧洲国家。

第九章 非创新型国家的纺织技术企业家

1919 年,费兰·卡萨布兰卡斯的创新活动取得了第一个重要成果。卡萨布兰卡斯纺纱公司与法国一家大型纺织集团,总部位于法国图尔宽(Tourcoing)的路易和弗朗索瓦·莫特兄弟纺织公司(Louis et François Motte Frères),签了一份合同。根据这份合同,卡萨布兰卡斯纺纱公司专利的使用权在其有效期(20 年)内被授予法国、比利时和荷兰。作为回报,卡萨布兰卡斯纺纱公司将得到一大笔专利授权费。[24]

凭借这笔收入,卡萨布兰卡斯纺纱公司摆脱了财务困境。该公司没有限制向其他国家出售专利使用权,继续开展创新和开发国际化项目,在国外建立公司以促进其扩张。该公司寻求国际扩张,因为它发现国内市场太小,不适合其充满活力的商业项目。

沿着这条战略思路,来自曼雷萨的工程师何塞普·诺格拉致力于将该公司引入英国市场。在克服重重困难之后,他终于得到了一些英国合作伙伴的支持,于 1925 年在曼彻斯特成立了卡萨布兰卡斯高牵伸有限公司(Casablancas High Draft Co. Ltd.)。得益于此,19 世纪 30 年代大多数英国棉纺厂都使用了卡萨布兰卡斯(高牵伸有限公司)的环锭纺纱机。后来,该公司与当地合作伙伴又成立了另外两家公司:1929 年,由弗兰塞斯克·佩尔曼耶负责的印度卡萨布兰卡斯高牵伸有限公司(孟买),和 1931 年由萨科-洛威尔有限公司(Sacco-Lowell Co. Ltd.)持有股份的美国卡萨布兰卡斯公司(纽约)。卡萨布兰卡斯高牵伸有限公司作为一家商业公司,经营活动包括机械制造车间、研究中心、棉纺厂、专利的开发和销售。[25]

1919 年至 1936 年间,卡萨布兰卡斯纺纱公司的专利共计在 34 个国家推广。不仅各公司总部履行了其营销职能,在没有业务机构的地区,公司集团通过几位商业代理人也进行了推广。这些代理人与许多公司、技术人员、政府代表和商业协会保持着密切的联系,向他们介绍公司的创新技术,还负责技术的授权许可和建立合资企业。在这些代表中,我们要强调负责苏联和中国业务的克劳迪·波尔特亚(Claudi Portella)、负责日本业务的埃斯特韦·科马斯和弗兰塞斯克·坎普罗东（Francesc Camprodon）、负责希腊和土耳其业务的霍安·莫拉（Joan Mora）、负责巴西业务的萨尔瓦多·因格拉达（Salvador Inglada）、负责墨西哥业务的尤达尔德·弗兰克萨（Eudald Franquesa）和马蒂里亚·米拉维特（Martirià Mirabet）和负责中欧区的加斯帕尔·阿莫罗斯（Gaspar Amorós）的工作。费兰·卡萨布兰卡斯本人直接经手将集团引入苏联市场，历尽艰难险阻，才与之建立业务关系。

1933年，在第一个丝线并条专利到期之际，集团恰巧研发了新的原型机（一种配有无接头皮带和高组合牵伸装置的棉用环锭纺纱机）。这一创新被称为"高牵伸系统"，这是对以前的技术系统进行的重大的改进，将皮革部件替换为塑料部件。它于1934年在英国推出，并取得了巨大的成功。为了控制其创新成果，卡萨布兰卡斯股份有限公司（Casablancas SA）在巴塞罗那成立，资本为150万比塞塔。这家公司完全由卡萨布兰卡斯家族控制，卡萨布兰卡斯家族任命著名的加泰罗尼亚经济学家佩德罗·瓜尔·比利亚尔比（Pedro Gual Villalbí）为行政总监。

新原型机这一创新研发是三家公司合作的结果，这三家公司分别是卡萨布兰卡斯股份有限公司、卡萨布兰卡斯高牵伸有限公司以及卡萨布兰卡斯专利的德国专利权人理查德·哈特曼（Richard Hartmann）在开姆尼茨（Chemnitz）持有的公司。这家德国公司对这些机构的流水线生产进行了测试。[26]这项创新的专利使卡萨布兰卡斯公司集团在开发与丝线并条工艺有关的纺织技术上保持了世界领先地位，不仅节约了棉纺生产成本，而且节约了其他天然和人造纺织纤维的费用。

西班牙内战期间（1936—1939），费兰·卡萨布兰卡斯从萨瓦德尔搬到曼彻斯特，并在那里建立了集团公司的总部。他的儿子小费兰（Ferran Jr.）学过工业化学，同他和工程师何塞普·诺格拉一起工作。他的另一个儿子霍安（Joan）在德乌斯托大学（Deusto University）学习市场营销，后来去了美国，管理美国公司。弗兰塞斯克·佩尔曼耶继续管理孟买公司。

第九章 非创新型国家的纺织技术企业家

1939 年，费兰·卡萨布兰卡斯－普拉内尔回到西班牙，恢复了公司在萨瓦德尔的旧车间，这些车间在内战期间收归公有。不久之后，这些车间连同公司在西班牙的专利使用权转让给了巴塞罗那公司 J. 帕劳·里贝斯之子公司（Hijo de J. Palau Ribes），该公司一直在经营萨瓦德尔的车间。[27] 曼彻斯特已经成为公司集团的总部，新一代管理层正在接管公司。

1940 年，卡萨布兰卡斯的儿子小费兰接管了公司集团的总体，曼彻斯特和孟买总部的经理继续留任，而他的另一个儿子霍安执掌纽约总部，并负责协调贸易机构。

彼时，费兰·卡萨布兰卡斯已经 72 岁，不再管理公司集团，转而出任萨瓦德尔银行（Banco Sabadell）的行长，他之前担任过这一职务。1960 年，费兰·卡萨布兰卡斯－普拉内尔去世后，公司集团（彼时致力于研发纺织厂拉梳专利）被拆分。曼彻斯特公司在出售卡萨布兰卡斯家族的股份后继续运营，改名为卡萨布兰卡斯有限公司（Casablancas Ltd.），总部位于伦敦，车间位于曼彻斯特，公司总裁仍然是何塞普·诺格拉。总经理是他的儿子约翰·迈克尔（John Michael），约翰毕业于剑桥大学机械和电子工程专业，一直保持着与工程师盖伊·埃姆·悉尼（Guy Emm Sydney）的宝贵合作，直到 1977 年约翰去世。1970 年初，该公司已建成一个全球商业网络，在 46 个国家设有代表。全世界上使用的 1 亿个棉锭中，55 个使用了卡萨布兰卡斯牵伸系统。它雇有 1000 多名员工。在印度和美国设有分支机构，美国公司的新总部设在夏洛特（Charlotte）。印度和美国公司分别于 1940 年和 1960 年停产，继而成为英国母公司的贸易代理机构，也不再享有创始家族的资本红利。

费兰·卡萨布兰卡斯－普拉内尔作为加泰罗尼亚企业家家族的创始人，被英国人称为"加泰罗尼亚工匠"（Catalan craftsman）。1941 年，他被授予曼彻斯特纺织协会荣誉会员的称号，成为第一位非英国籍荣誉会员，这是国际社会对他的贡献的最大认可。

| 西班牙技术简史

流亡的共和党工程师：皮卡诺尔-坎普斯三兄弟

皮卡诺尔-坎普斯三兄弟：霍安（Joan）、何塞普（Josep）和豪梅（Jaume），分别于1896年、1899年和1908年出生于西班牙萨瓦德尔。他们的父亲萨尔瓦多·皮卡诺尔·索拉（Salvador Picañol Solà）经营着一家小企业，自1914年以来，致力于机械齿轮的制造，主要是织机齿轮。

尽管公司不大，但他的三个儿子都能从事技术研究，这在当年萨瓦德尔的企业家中是相当罕见的。他们都在邻近城市特拉萨（Terrassa）的工程学校学习商业课程，最小的儿子毕业于曼彻斯特的高等机械工程专业。随后他们都开始在家族企业工作。[29]

这些研究很快就产出积极的成果。1918年，萨尔瓦多·必佳乐公司（Salvador Picañol）在西班牙注册了第一项改进非自动织布机的专利。1924年，霍安从公司独立出来，在巴塞罗那建立了霍安·必佳乐·坎普斯公司（Joan Picañol Camps），对自己的技术进行商业开发。一年后，该公司注册了第一项引进非自动织机加装自动化设备的专利，随后在1920年下半年和1930年上半年又注册了其他类似的专利。

与此同时，他的兄弟何塞普和豪梅继续在父亲的公司工作，并以该公司的名义注册了几项进一步改进机械织布机的专利。1931年，他们在巴塞罗那设立了一个商业办事处，这是萨尔瓦多·必佳乐公司的一个分支机构。[30]

所有这些专利旨在建造改进版自动换梭织机。[31]该公司于1928年至1935年研发的很多专利都是在国外注册，而不是在西班牙注册的。他们意识到，他们工作的未来不会在西班牙，因为自1927年以来，西班牙工业生产的监管委员会一直在运作，限制了机器的更新。1935年，何塞普和豪梅兄弟在英国注册了新型自动织布机的专利。[32]

1932年，霍安·皮卡诺尔搬到比利时城市伊普尔（Ypres），担任查尔斯·斯蒂瓦林克（Charles Steverlynck）的公司技术员。这家亚麻纺织公司拥有近乎完整的垂直一体化结构：它拥有自己的亚麻种植园、亚麻纺纱厂和编织厂。通过为纺织部门生产专门机械的范斯廷基斯特公司（Vansteenkiste），斯蒂瓦林克的公司加大了对范斯廷基斯特公司的持股，并最终实现了对其完全控股。[33]他的兄弟何塞普和豪梅仍然留在加泰罗尼亚。西班牙内战期间，他们的家族企业与军机组装车间合作，使用苏联产的部件组装军机。豪梅是一名飞行员，他在其家族企业和军机组装车间之间扮演中介的角色。与此同时，他作为一名战地飞行员加入了共和国空军；然而，他的飞机在1937年的战斗中被击落，他被撤到英国。[34]

面对西班牙不稳定的政治局势，长子霍安开始为家族专利的国际应用做准备。1936年，霍安拿出了1935年的专利，与查尔斯·斯蒂瓦林克合作，将范斯廷基斯特公司改为"必佳乐专门自动化织机公司"（"Métier Automatiques Picañol SA"或称"Weefautomaten Picanol NV"），随后开始生产自动织布机。当他的兄弟豪梅康复后，他就搬到了伊普尔，让豪梅也参股了这家公众有限公司。

由于豪梅的技术知识做出了重要贡献，必佳乐专门自动化织机公司得以开始在一个简陋车间中建造自动织机的雏形，该车间只有60名工人，他们在1940年组装了120台。在最初的几年里，曾在萨瓦德尔与豪梅密切合作的三名加泰罗尼亚工程师也为该公司工作。何塞普仍留在萨瓦德尔管理家族企业，也为必佳乐专门自动化织机公司及其子公司注册了多项专利。在合作期间，何塞普会定期到伊普尔的车间。这个车间是全世界最大的几家专业织机制造公司之一的发端，该公司在21世纪初在世界范围内仍处于领先地位。[35]

必佳乐专门自动化织机公司随后的发展建立在三个支柱之上：首先，它将很高比例的利润投入研发，以提高竞争力。其次，它采用了创新的营销策略，为来自世界各地的技术人员和经销商举办由该公司资助的培训课程。最重要的是，它致力于扩张业务和建立子公司，并收购其他竞争对手公司，以建立一个企业集团。必佳乐集团（Picañol Group）包括研究实验室、生产半成品和机械设备的公司，以及由其他公司共同参与的大型商业机构网络。我们要强调的是，该公司能够根据需求调整其生产系统，这在伊普尔第一阶段大规模生产的第一批工艺车间中是极为常见的。[36]

必佳乐集团的发展非常迅速。1940年底，霍安和豪梅分别管理让·必佳乐·坎普斯公司（Jean Picañol Camps）和卢森堡梅塔匹克控股公司（Holding Luxembourgeois Metapic SA），这两家公司分别在法国[班多尔（Bandol）]和卢森堡成立。

必佳乐专门自动化织机公司对创新的投入使其得以继续扩张。1951年，在法国里尔（Lille）举行的国际纺织机械协会（International Textile Machinery Association，ITMA）展览会上，该公司展示了一种新型自动换梭织机——"总裁版"织机。为了继续研发这款机型，该公司在几年后修建了一座5万平方米的新工厂，并在此基础上还增加了一座现代化的铸造厂和一个车间，用于织机传送带的生产。

20世纪60年代，公司迅速发展。1962年，其最先进的"总裁版"织机的织布速度已经达到每分钟280根经纱。该公司约有1650名员工，日产量达到25台。[37] 1966年，该公司在业界举足轻重，在布鲁塞尔证券交易所上市。截止到1970年，16万台这种型号的织机销往世界各地，公司雇员达2000名，年营业额接近15亿比利时法郎。

20世纪70年代，在巴黎、米兰（Milan）和格林维尔（Greenville）的几个国际纺织机械展览会上，必佳乐专门自动化织机公司再次推出新型织机，震惊了纺织企业客户。在这些展会上推出的机型分别为"MDT"模型带电子换梭系统、"PGW"模型（带一种高速穿纬系统的剑杆织机）和"PAT"模型（一种喷气织机）。

尽管公司发展大获成功，但皮卡诺尔兄弟没有后人接替他们，不过另一位创始合伙人查尔斯·斯蒂瓦林克的后代一直管理公司到2005年。1987年以后，公司的最近一个管理者是斯蒂瓦林克的孙子帕特里克·斯蒂瓦林克。

从20世纪80年代起，必佳乐专门自动化织机公司通过引进更新且更现代化的织机，在其他国家收购新公司，并在世界各地建立新工厂，实现可持续发展。

1983年，必佳乐专门自动化织机公司首先推出了"GTM模型"剑杆织机（两年后增加了微处理器来管理其功能）。该公司一直保持创新，随后在同年又推出了"Opti Max模型""GT Max模型"喷气织机，后两种织机的织布速度可以达到每分钟850根经纱。

1989年，公司的铸造部门扩大了业务范围，成为一家独立的公司——普罗费罗股份有限公司（Proferro NV），并收购了普罗特罗尼克公司（Protronic），该公司后更名为普西康特罗机电公司，(PsiControl Mechatronics)。1994年，位于中国的苏州必佳乐纺织机械厂成立，这是必佳乐进入中国这个巨大潜在市场的第一步。1997年全球纺织品合作伙伴配件公司（Global Textile Partner，GTP）成立，并在2000年至2003年期间在欧洲的比利时、意大利和土耳其；美洲的美国、墨西哥和巴西；亚洲的中国和印度尼西亚开设了工厂。1998年，必佳乐专门自动化织机公司接管了竣恩机械制造有限公司（Günne Maschinenfabrik GmbH）。2001年至2003年期间，必佳乐收购了下列新公司：美国的钢综片公司（Steel Heddle Incorporated）、比利时的维尔布鲁根公司（Verbrugge）和梅洛特公司（Melotte）、荷兰的特斯特雷克纺织公司（Te Strake Textile BV）、法国的艾斯美特伯克雷特公司（Etsymsemets Burckléet Compagnie）和伯纳德亨利公司（Bernard Lhenry）。后来，它在罗马尼亚建立了新的全球纺织品合作伙伴配件公司工厂，并在中国的苏州、北京、广州和上海建立了贸易公司或制造公司。因此，2005年，必佳乐集团在织机建造、织机技术营销、售后服务网络和销售机构等专业领域处于世界领先水平。当该公司交由非创始家族成员的人员管理时,就已经成功占据了世界领先的地位。[38]

本章小结

　　基于两个特殊案例的分析,我们可以更好地剖析非创新型国家的技术创业,因为这些案例显示出的重合点非常重要。当然,文中这两个案例不能完全地准确反映当时的情况,因为我们发现它们寻找初始资本和构建营销体系时采取了不同的策略。在为第一个专利实施项目筹集资金的时候,卡萨布兰卡斯的公司在国内封闭的商业环境中寻求资金实施专利,但资本不足,且资方不愿投入。这段不幸的经历迫使他改变策略,寻求外国客户(例如法国重要的纺织集团路易和弗朗索瓦·莫特)的支持。皮卡诺尔三兄弟没有尝试在西班牙寻找合作伙伴,他们明白必须走出国门与外国合作(例如比利时大型亚麻企业集团斯蒂瓦林克)。

　　此外,虽然这两家跨国公司都位于全球市场最重要的中心附近,以便从规模经济中获益,但它们的国际化进程不同。卡萨布兰卡斯纺纱公司和卡萨布兰卡斯专利公司先是出售专利,而后建立了自己的商业组织和贸易网络。必佳乐专门自动化织机公司直接接触最终买家,以便在国际市场推出自己的产品,而后成立了商业公司。

　　对比费兰·卡萨布兰卡斯和皮卡诺尔三兄弟的经历,我们会发现一些有趣的相似之处。在被动的防御性商业战略(属于制度型和封闭型经济,限制自由竞争)占主导地位的情况下,卡萨布兰卡斯和皮卡诺尔三兄弟逆流而上。在这些情况下,开发一项新技术需要积极的商业战略,以捍卫他们对新市场的开放(自由竞争以及有利的体制和金融环境)。他们与西班牙当时的主流经济、政治、社会和文化背景格格不入。他们走出国门绝非偶然,这是确保将他们的创新成果转变为经济利益的必要条件。西班牙的经济增长模式最终巩固了一直在加强的被动商业战略,并因此抑制了旨在与其他对手竞争的商业举措。

我们会发现这两个案例中还有一个共同之处,那就是创新是在同一工业区发展起来的,尽管有着不同的特征。卡萨布兰卡斯是一位在车间的工作实践中成长起来的企业家,他必须向纺织领域的专家学习以强化自己的技术知识。而皮卡诺尔兄弟在工作前已经学习完高等技术课程并毕业,因而需要在家庭企业的工厂中增加实践经验。他们最重要的创新是能够将(纺织行业典型的)灵活生产技艺的好处与第二次工业革命所固有的大规模生产系统和大型跨国公司的建立相结合。

这两个企业集团对其最初创新技术的使用并不满意。它们成功的关键在于将坚持创新作为获得竞争优势和扩大市场的基本要素,本章最后的两个附表将更直观展现两家不同企业1907年至2008年的发展历程。

附表1 卡萨布兰卡斯公司和必佳乐公司在西班牙注册的专利以及直接在国外注册专利或其他国家申请的专利数量的比较与变化(1907—1936)

时间	卡萨布兰卡斯公司* 西班牙	卡萨布兰卡斯公司* 国外	必佳乐公司** 西班牙	必佳乐公司** 国外
1907—1911	2	2	—	—
1912—1916	18	14	—	—
1917—1921	7	5	1	—
1922—1926	7	2	5	—
1927—1931	10	8	21	13
1932—1936	37	25	14	41
合计	81	56	41	54

* 数据来源为费尔南多(费兰)·卡萨布兰卡斯的遗孀的有限责任公司、卡萨布兰卡斯专利公司、卡萨布兰卡斯纺纱公司和卡萨布兰卡斯股份有限公司。

** 数据来源为萨尔瓦多·皮卡诺尔·索拉和霍安·必佳乐·坎普斯公司。

资料来源:1901—1936年西班牙专利和商标局数据库;1901—1936年国际专利和商标数据库(esp@acenet,欧洲专利数据库,国际专利数据库);博世-卡德拉赫基金会,卡萨布兰卡斯档案馆,"1901—1936年卡萨布兰卡斯专利及其国际项目"(影印本)。

附表 2　卡萨布兰卡斯公司集团和必佳乐集团总部设在国外的公司注册专利数量的变化（1937—2008）

时间	卡萨布兰卡斯公司集团*	必佳乐集团**
1937—1946	13	24
1947—1956	36	57
1957—1966	17	35
1967—1976	16	30
1977—1986	1	69
1987—1996	—	193
1997—2008	—	138
合计	83	546

＊数据来源为卡萨布兰卡斯高牵伸有限公司和卡萨布兰卡斯有限公司（曼彻斯特—伦敦）两家英国公司。

＊＊数据来源为必佳乐尺轮公司（萨瓦德尔，西班牙）；让·必佳乐·坎普斯公司（班多尔，法国）；必佳乐专门自动化织机公司（伊普尔，比利时）；梅塔匹克控股公司（卢森堡）；GTP 公司（格林维尔，美国）；特斯特雷克纺织公司（德尔讷，荷兰）；普罗特罗尼克公司（伊普尔，比利时）；伯纳德·亨利公司（勒克鲁索，法国）；伯克莱公司（布尔伯希巴，法国）。

资料来源：1937—2008 年国际专利和商标数据库（esp@acenet，欧洲专利数据库，国际专利数据库）。

第十章
外国机器和本国造纸车间

技术转移是欠发达国家提高生产力从而提高发展水平的最重要渠道之一。然而,每个国家都有自己的体制框架,技术采用的机制及其对经济增长的影响也因地而异。新技术的出现通常会带来专业化的劳动力,克里丝廷·布鲁兰(Kristine Bruland)称之为技术"套餐"[1],并引发一个学习过程,从而帮助各国减少对外国供应商的依赖。技术转移的机制涉及的范围很广:工业间谍活动、在贸易期刊上发表文章、技术工人移民、出国考察或技术购买[2]。在不同的时间和环境中,其中一种转移机制可能占主导地位。然而,并不能因此保证技术转移会带来预期的结果。与技术本身一样,在这一过程中,技术转移接收国当时的社会氛围对技术转移的成败同样重要;在这方面,体制框架和劳动力技能水平至关重要。正如马克辛·伯格(Maxine Berg)和克里斯廷·布鲁兰所说,"制度和文化框架为技术跨越区域和国界的传播创造了条件"[3]。劳动力的专业资格取决于技术转移接收国的体制和经济现状。某个特定领域的积极的活动会促进技术溢出,这在产业区文献或技术史上的流行模式中都有所记录。

工业革命和第二次技术革命期间的技术转移研究一直是技术史和经济史研究中永恒的主题，对西班牙这样的国家具有特殊意义。在西班牙，引进外国技术是启动工业化至关重要的第一步，而其当时的社会制度体系远不能促进技术发展。西班牙对外国科学技术的依赖在19世纪末开始降低，但这种依赖一直持续到20世纪30年代。西班牙的纺织、钢铁、制鞋等产业的技术转移机制已经得到了一些深入研究，但直到最近，对造纸业的发展的认知才开始逐渐明朗。[4]

本章共分为四个部分。第一部分从国际视角对造纸业进行了总体分析。第二部分探讨了西班牙造纸行业的机械化过程，追踪到1880年，这个标志着一个剧变时期开始的时间节点。第三部分追踪了1880年至西班牙内战爆发之间的技术转移过程。最后一部分为结论。

早期的造纸机械生产的先驱：外国产业与技术背景

造纸商日益意识到传统的手工造纸工艺一次只能制作一张纸的局限性，因此造纸技术在18世纪下半叶发展迅速。在1798年，法国发明了一种连续生产纸张的工序，后来，这一生产工序在英国得到了进一步的发展。1804年，第一台此类造纸机器被投入商业使用，人们以赞助制造它的家族名称将其命名为"富德里尼耶造纸机"（Fourdrinier）①，以下称"长网造纸机"。从那时起，专业生产这种机器的活跃的金属机械部门首先在英国出现，随后是在其他地方发展起来了。

英国是国际造纸机械市场的先驱。这些机器是由位于伯蒙德赛（Bermondsey）的布莱恩·唐金公司（Bryan Dokin & Company）和位于爱丁堡的乔治和威廉·伯特伦公司（George & William Bertram）的领先工厂

---

① 富德里尼耶造纸机通过在水中形成连续的纸浆纤维悬浮液来连续生产纸张。它由英国文具商富德里尼耶兄弟赞助制造，因而得名，这种机器也被称为"长网造纸机"。

制造的。随着英国技术人员的移民和制造业许可证的发放，新的制造中心不断涌现。到19世纪40年代初期，法国的工厂已经对英国人构成了严重的竞争威胁。法国主要有三个基地：巴黎（夏贝尔公司和H.桑福德＆瓦拉尔公司[5]）、米卢斯（比尔瑟兄弟＆狄克逊公司和克什兰公司）和昂古莱姆及其周边地区（于利耶茹-弗雷公司和阿尔弗雷德·莫托公司）。在比利时，约翰·科克里尔（John Cockerill）的公司最初处于领先地位，但后来主导造纸机械行业的公司是1855年创建的多特雷班德和蒂里公司（Dautrebande et Thiry）。在瑞士，最初制造纺织机械的埃舍尔·怀斯公司（Escher Wyss）开始在布莱恩·唐金公司许可下开始生产长网造纸机。德国公司也进入了市场，尤其是约翰·威德曼（Johann Widmann）的公司，尽管没有一家在国外站稳脚跟。在美国，可连续抄纸的长网造纸机的生产由赵氏（Pusey & Jones）和梅里尔＆休斯顿（Merrill & Houston）主导。

19世纪中叶，形势开始发生变化，尤其是在1870年之后，德国和瑞士的造纸机生产开始占据主导地位，后来美国造纸机也开始在一些市场上后来居上。德国机器工业快速发展的一个决定性因素是制造纸浆的磨木机的发明。符腾堡地区海登海姆（Heidenheim, Württemberg）的海因里希·弗尔特（Heinrich Voelter）利用早期的模型制造了一台完全可操作的机器，该机器在1867年的巴黎世界博览会上展出并取得了巨大的成功：那一年有80～100台磨木机投入使用，而到1875年，这个数字已经增加到400台。为了满足需求，弗尔特在慕尼黑、海登海姆、维也纳、巴黎、爱丁堡（Edinburgh）、特罗尔霍坦（Trollhoettan，瑞典城市）和阿博（Abo，芬兰城市）开设了专利授权的车间。随着市场的扩大和弗尔特专利权的到期，其他制造中心应运而生，法国格勒诺布尔（Grenoble）的阿里斯蒂德·贝尔热斯公司（Aristide Bergès）和瑞士小镇克林斯（Kriens）的西奥多·贝尔公司（Theodore Bell）设立了生产车间。德国机器因高强度、可靠性和低价格也占据主导地位。[6]德国主要车间由同样位于海登海姆的J.M.福伊特（J. M. Voith）经营，该车间于1881年生产了第一台机器。J.M.福伊特以前曾为纸浆制造生产过辅助机械，后来又为涡轮机生产辅助机械。其他德国工厂包括戈尔泽恩机械制造厂（Maschinenbauanstalt Golzern）、H.富尔纳工厂（H. Füllner）、古斯塔夫·托勒工厂（Gustav Toelle）和卡尔·克劳斯工厂（Karl Krause）（主要制造纸张切割机和图像艺术机械）以及布鲁德豪斯机械制造公司（Bruderhaus）。在瑞士，埃舍尔·怀斯公司和西奥多·贝尔公司仍然是最重要的运营商。尽管在19世纪的最后十年，美国造纸机工业开始出口机器，但其主要市场仍然只在本国和加拿大。通过租赁旧的梅里尔&休斯顿的资产，伯洛伊特铁厂（Beloit Iron Works）创建于1885年，并于1887年生产出第一台完整的造纸机。斯堪的纳维亚半岛国家的造纸机械工业也得到了蓬勃发展。

相比之下，英国、比利时和法国的车间在1880年至1930年间失去了优势。主要的英国公司是宾利&杰克逊有限公司（Bentley & Jackson Ltd.）、沃尔姆斯利公司（Walmsley's）、伯特伦有限公司（Bertram's Limited，乔治和威廉·伯特伦公司于1888年采用的企业名称）和詹姆斯·伯特伦父子公司（James Bertram & Son Ltd.），前两家总部位于贝里（Bury），后两家位于爱丁堡。这些工厂主要供应国内市场，但在第一次世界大战之前，它们也出口了部分产品到海外。

大多数率先生产长网造纸机的生产车间实际上主要业务在其他领域。例如，瑞士公司埃舍尔·怀斯和J.M.福伊特专注于涡轮机制造，位于米卢斯（Mulhouse）的公司专门从事纺织机械，一些德国公司专注于图形艺术工艺。

西班牙造纸机械市场的发展

国外机械的引进

西班牙工业的现代化进程缓慢且起步较晚。根据霍尔迪·纳达尔的说法，"19世纪的西班牙……几乎完全依赖欧洲技术"。[7]造纸业也不例外。在1862年的一次议会辩论中，有人说，"我们国家没有制造这些机器，也没有与之相关的毛毡和抄纸网。"[8]

体制问题加上政治不稳定，是在西班牙推广可连续造纸的长网造纸机的一大障碍。长网造纸机的引进特许权于1836年7月5日发布，其专利许可是由马里亚诺·德·拉·帕斯·加西亚（Mariano de la Paz García）和胡安·桑斯（Juan Sans）申请的。其初衷是"从英国进口一台造纸机来满足内需"。由于许可权限的问题，在接下来的5年内禁止安装其他机器。然而，西班牙并没有立即完成从英国的进口；桑斯于1838年4月12日获得专利许可的延期。不知道马德里主要的印刷机和纸张批发商托马斯·乔丹（Tomás Jordán）是如何获得特许权的，但他于1839年开始生产机器，到1841年4月仍然是西班牙唯一的可连续造纸机械的生产商。专利权的到期和1840年卡洛斯战争的结束导致可连续造纸机械规模在西班牙的适度扩张——到1845年有15台机器在运行，到1856年增长到20台，1879年发展到50台。但是，与欧洲其他国家相比，增长并不显著。直到1880年，可连续造纸机械主要在西班牙的三个地区被采用：马德里及其周边地区、赫罗纳省（Província de Girona）和巴斯克地区吉普斯夸省（Guipúzcoa）的托洛萨市（Tolosa）。最活跃的是巴斯克工厂，其次是加泰罗尼亚工厂，两地的工厂都利用其集聚区产生的外部收入，促进技术外溢。然而，在西班牙内陆，造纸业传统及技术实践的缺失是该产业整合的主要障碍，马德里及其周边地区工厂的扩张尤其困难。

这些机器从英国、比利时直接进口，但主要是从法国，尤其是巴黎和昂古莱姆（Angoulême）引进的。夏贝尔公司（Chapelle）、H.桑福德&瓦拉尔公司（H. Sanford et Varrall）和阿尔弗雷德·莫托公司（Alfred Motteau）是供应商[9]。1875年后比利时机器的使用开始增加，[10]英国机器逐渐边缘化，在西班牙少量投入使用的机器大多来自布莱恩·唐金公司的车间。即使是毛毡和抄纸网等配件也必须进口，这些配件也同样主要来自法国。

在大多数情况下，这些机器是由法国专家安装的。事实上，许多法国造纸商都在西班牙境内定居并建立了长久的工业王朝，促成西班牙巴斯克地区造纸业的发展，这些法国企业家族有利穆赞（Limousin）、维格瑙（Vignau）、拉里昂（Larion）和杜拉斯（Duras），以及给加泰罗尼亚地区带来发展的格雷隆（Grelon）的造纸业。鉴于西班牙缺乏技术培训，外国专家的存在对于培训西班牙技术工人至关重要：这是"在做中学"的一个比较明显的例子。个人技能的贡献是成功实施引进技术的基础。法国人也是许多先驱公司的所有者。在托洛萨市的拉埃斯佩兰萨（La Esperanza）工厂由布鲁内特&瓜尔达米诺&坦托纳特公司（Brunet, Guardamino, Tantonat y Cia）公司经营，大部分合伙人是法国人，或与德波尔多（Bordeaux）和巴约纳（Bayonne）两座城市有密切的个人关系，他们的技术参考点是昂古莱姆的工厂。托洛萨市的第二大工厂埃查萨雷塔&拉里翁&阿里斯蒂（Echazarreta, Larion and Aristi）也是如此，这些工厂拥有许多来自巴约纳的股东。

由于早已存在强有力的技术转移整合路径，法国生产的造纸机在西班牙取得了行业霸主地位。就造纸业而言，在可连续造纸机械出现之前，这种技术流动就已经在18世纪末和19世纪初已经出现，[11]而且远早于19世纪20年代。[12]该事实有证据可循，证据来自法国（主要来自阿尔萨斯）和比利时转移到加泰罗尼亚的纺织业，[13]来自西班牙的蒸汽机、铁路和矿山中。随着法国资本在铁路和矿业公司的强势崛起，这就很好地解释南欧出现了一个技术空间的现象，在这个新的技术空间中，法国是主要的指导力量。

虽然外国人占主导地位，但一些西班牙工程师也参与了工厂的设计。何塞·卡纳莱哈斯·卡萨斯（José Canalejas Casas）是在列日接受培训的一名工业工程师，于19世纪50年代末参与了西班牙几家造纸厂的创建。同样，许多传统造纸工人（即手工造纸的人）也参与了机械化流程，例如瓜达拉哈拉（Guadalajara）的加尔戈莱斯（Gárgoles）工厂的圣地亚哥·格里莫（Santiago Grimaud），因为一些传统操作与新机械化流程中使用的操作大致相同[14]。

纸浆生产在西班牙只是一个小生意，所以进口磨木机很少。1880年全国只有两家纸浆厂：位于萨里亚德特尔（Sarrià de Ter，赫罗纳市）的费利普·弗洛雷斯工厂（Felip Flores）和位于比利亚瓦（Villava，纳瓦拉自治区）的里韦德母子工厂（Viuda de Ribed e Hijos）。弗洛雷斯已经对赫罗纳市的可连续造纸厂产生了兴趣，他在1867年的巴黎世界博览会上看到了弗尔特磨木机，顺路参观了格勒诺布尔附近的纸浆厂并购买了一些样品进行测试。回到赫罗纳市后，他在波雷登＆科马斯公司（Porredon，Comas y Cia）制造了这台机器。1870年1月17日，弗洛雷斯为"将木材研磨成纸浆以用于造纸的机器和工艺"注册了专利，并于1870年4月1日开设工厂。纳瓦拉自治区（Navarre）的工厂于1872年落成，并与一家位于比利亚瓦的可连续造纸的头部造纸工厂合作。工厂的磨木机是由弗尔特在慕尼黑的工厂制造的，注册号为72，它是"第一台在西班牙销售的造纸机"[15]。此前，里韦德夫人曾前往德国观看机器的运行情况。

转移机制

可连续抄纸的长网造纸机和其他造纸机械通过各种官方的和非官方渠道传播到西班牙。在前文我们提到了将技术知识带入该国的专业工人的重要性。

海外旅行也为技术转移提供了重要推动力。参观国家级或世界性的展览会特别有成效。例如，上文提到的何塞·卡纳莱哈斯，在1862年参观了伦敦世界博览会，并撰写了多份报告，描述他的所见所闻。其他西班牙观察员也参观了该展会,在众多展品中,吸引他们眼球的是布莱恩·唐金公司和伯特伦有限公司制造的机器。但世博会对西班牙影响的最佳例子是费利佩·弗洛雷斯于1867年访问巴黎时第一次看到了弗尔特磨木机。[16]

实际上很少有西班牙造纸商参加这些活动,参加过这些活动的都是手工生产商,但西班牙参观者发表的大部分报告都对展出的新技术进行了描述。国家展览,尤其是在法国举办的展览,也颇具启发性。早在19世纪20年代,它们就展示了可连续造纸的第一个突破。曼努埃尔·G.巴尔扎拉纳(Manuel G. Barzallana)关于1844年巴黎展览的文章特别关注夏贝尔公司的机器。据报道,1845年,赫罗纳省的一家叫做拉奥罗拉(La Aurora)的工厂已经"签约了一台机器,与今年夏天在巴黎举行的法国工业产品公开展览会上看到的机器一模一样"。[17]在西班牙,国家展览会也有助于传播新技术并增加在公众的知名度。在1841年的展览中,只有坎德拉里奥(Candelario,位于萨拉曼卡市)、布尔戈斯(Burgos)和曼萨纳雷斯埃尔雷亚尔(Manzanares El Real,位于马德里市)的工厂参展了,但在1845年的展览中,托洛萨市、比利亚伦戈(Villarluengo,位于特鲁埃尔省)、上加尔戈莱斯(Gárgoles de Arriba,位于瓜达拉哈拉省)和比利亚尔戈多德胡卡尔(Villalgordo de Júcar,位于阿尔瓦塞特省)也加入了他们的行列。地区性展览,例如,1860年和1871年在巴塞罗那以及1868年在萨拉戈萨举办的展览,在传播新技术方面发挥了作用。

随着位于托洛萨市的拉埃斯佩兰萨工厂和位于赫罗纳市的拉杰尔南德斯(La Gerundense)工厂的开设,模仿效应也出现了。在某些情况下,一个项目的设计师会继续推出另一个项目,而在其他情况下,这些先驱者会成为其他企业家的榜样。1846年在比利亚瓦开设的里韦德母子工厂的创始人之一是胡安·孔特·格兰德·尚普(Juan Conte Grand Champ),他后来又在托洛萨创建了工厂。同样,费利佩·弗洛雷斯和费利克斯·帕格斯(Felix Pagès)于1843年8月创立了拉杰尔南德斯工厂,后来帮助创建了赫罗纳市的第二家工厂——拉奥罗拉工厂，该工厂于1845年3月开始投入运营。事实上，这两个项目为西班牙最重要的造纸中心的发展奠定了基础。圣地亚哥·戈萨尔维斯（Santiago Gosálvez）曾是托马斯·乔丹（Tomás Jordán）的先驱工厂的合伙人，他于1841年在比利亚尔戈多德胡卡尔创建了另一家工厂。

专业出版机构在技术转移方面也发挥了重要作用，出版了大量关于连续造纸工艺的文章。西班牙缺乏贸易期刊，而国外期刊[如《法国造纸业监测报告》（*Moniteur de la Papeterie Française*）]和一些技术手册[如阿尔伯特·普鲁托（Albert Prouteaux）撰写的《纸和纸板制造实用指南》（*Guide pratique de la fabrication du papier et du carton*）]的发行弥补了这一问题，这些手册也进入了西班牙造纸商的图书资料馆。一般性的技术出版社还通过提供原创文章以及外国造纸期刊和出版物的译文来帮助填补知识空白。这些期刊有：《行业周刊》（*El Semanario de la Industria*，1846—1848年）、《工业公报》（*La Gaceta Industrial*）[其主管何塞·阿尔科韦（José Alcover）在1867年发表了关于弗尔特磨木机和巴黎世界博览会的文章]、《工业的未来》（*El Porvenir de la Industria*）、[18]《行业纪事》（*Crónica de la Industria*）和《中央工业工程师协会通讯》（*Boletín de la Asociación Central de Ingenieros Industriales*，1880年出版）等。[19]19世纪70年代中期，何塞·阿尔科韦在他的《工业公报》中出版了一本名为《纸张及其应用》（*El papel y sus applicaciones*）的小册子。

代理商也为连续造纸机械的普及做出了很大贡献。路易·皮耶特（Louis Piette）是法国主要代理人之一，编写了《造纸厂工头和车间主任手册》（*Manuel du contremaître et du chef d'atelier de papeterie*），他也是《造纸商杂志》（*Journal des Fabricants de Papier*）的编辑。1860年，皮耶特在西班牙媒体上刊登了一则广告，宣布他将回答"有关造纸和造纸厂建设的问题，以适中的价格销售造纸机"。在西班牙创建的代理网络有两个主要中心，巴塞罗那和马德里。巴塞罗那代理网络与纺织机械供应密切相关。一位定居在巴塞罗那的法国人胡安·佩德罗·何塞·卡纳尔（Juan Pedro José Canal）专门研究羊毛机械（他在西班牙领先的羊毛中心之一萨瓦德尔住了一段时间），并在1842年在广告中宣称"采用最新认证的连续造纸系统制造的机器，用于生产多张连续纸，由于其经济性和适配性而极具优势"。[20] 在巴塞罗那，还有一位来自奥勒·查塔德公司（Oller Chatard y Cia）的代表，这是一家来自加泰罗尼亚的机械代理商，在家族羊毛公司倒闭后于1837年在巴黎成立。奥勒在1840年代初与巴塞罗那一家重要的西班牙工业工厂（La España Industrial）创建了业务联系。在他推广的机器中，我们找到了"可连续造纸系统制造的机器"。

代理商们聚集的另一个中心是马德里。19世纪中叶的中间商中，有一位名叫埃斯塔尼斯劳·马林格雷（Estanislao Malingre）的工业工程师，专门销售"英国、法国和比利时的农业机械"和"法国磨粉机"，还为连续造纸的机械做广告[21]。另一家龙头企业米格尔·切斯莱特兄弟公司（Miguel Cheslet y Hermano）是许多在西班牙首都销售液压泵和蒸汽机的法国公司的代理商之一，并在19世纪70年代末为马德里的莫拉塔·德·塔胡尼亚工厂（Morata de Tajuña）提供新机器。梅利&塞拉&西维拉工程公司（Merly, Serra y Sivilla）在巴塞罗那和马德里都设有办事处，并发行法国贸易出版物。他们代理的造纸机械制造商之一是德比埃公司（Debié），一家荷兰打浆机的主要生产商。

国家造纸车间：一个重要的部分

在西班牙，引进新机器意味着需要一个新的技术支持系统来提供维护。工厂本身和他们的第一批外国专家提供了培训，尽管工厂大部分时间都在使用其他类型的工业设备——农业机械、涡轮机、面粉机械等——造纸工程并不是他们的主要关注点。

第十章 外国机器和本国造纸车间

在托洛萨市，像塔夫特（Taffett）和吉伯特公司（Guibert y Cia）这样的小型维修车间如雨后春笋般涌现，随着时间的推移，他们的行业地位愈加牢固。[22]赫罗纳市工厂群的早期发展似乎在很大程度上归功于巴塞罗那的车间，例如由纺织机械专家巴伦廷·埃斯帕罗（Valentín Esparo）经营的车间。[23]1857年，赫罗纳市的普拉纳斯&胡诺伊&巴尔尼公司（Planas，Junoy，Barne y Cia）[24]工厂开始生产涡轮机以及"用于生产纸张的压延滚筒和压光设备，以及用于生产纸板的大型压光设备"。[25]1871年，该车间宣传其长网造纸机，声称自己是"西班牙第一家制造可连续造纸机的公司"。另一个重要的赫罗纳市车间归属于波雷登&科马斯公司。

其他造纸中心也出现了车间，其中许多是由外国人，特别是法国人创建的。巴利亚多利德的卡迪亚克-阿尔迪亚（Cardhaillac y Aldea）车间创建于1842年，帮助在该市创建了一家名为"拉玛格达莱娜"（La Magdalena）的可连续造纸工厂。其创始人之一尼古拉斯·卡代拉克（Nicolas Cardhaillac）是图卢兹一个造纸家族的成员。这个车间在卡斯蒂利亚面粉生产开始扩大的时候创建了一个庞大的市场。[26]

马德里的一个车间是由英国机械师威廉·桑福德（William Sanford）创建的，他是1842年开业的位于拉斯卡夫里亚（Rascafría）的工厂的合伙人。[27]1865年，他仍然宣传自己（众多身份之一）是"各种造纸机器的制造商"。19世纪中叶涉足造纸业的另一家机械制造商是吉列尔莫·杜图（Guillermo Duthu），他还拥有一家生产牛皮纸的小工厂。

阿拉贡机器制造公司（La Maquinista Aragonesa SA）于1853年在萨拉戈萨创建，其合作伙伴之一是比利亚罗亚&卡斯特拉亚诺公司（Villarroya，Castellano y Cia），这家公司对可连续造纸进行投资，并与一群法国工程师［安东尼奥·阿弗利（Antonio Averly），胡利奥·戈比特·孟戈菲（Julio Goybet Montgolfier）和阿古斯丁·孟戈菲（Agustin Montgolfier）］合作，[28]

› 157

投资建立了许多可连续造纸厂。几年后，安东尼奥·阿弗利在1863年成立了自己的公司，[29] 开始涉足造纸业。1875年，阿弗利与法国机械师胡安·梅西耶（Juan Mercier）合作成立了胡安·梅西耶公司。

英国工程师爱德华·福西（Edward Fossey）于1853年在巴斯克地区圣塞瓦斯蒂安（San Sebastián）附近的拉萨尔特（Lasarte）成立福西公司（Fossey y Cia），从事铁、青铜铸造以及机械制造工作。除了涡轮机，他还生产造纸业辅助机械。[30]

安东尼奥·圣胡尔霍（Antonio Sanjurjo）所有的维戈工业公司（La Industriosa de Vigo）专门生产渔船发动机。该公司进入了拉克里斯蒂娜地区（La Cristina）的造纸行业，圣胡尔霍在19世纪70年代成为公司所有者之前，曾在那里担任技术专家。另一个重要的机械生产商是巴伦西亚传统铸造厂（Fundición Primitiva Valenciana），该厂在1870年代扩展了其造纸业务。

外国机器、技术及西班牙技术人员

西班牙造纸业在19世纪末拥有许多具有相当生产能力的工厂。在西班牙，尽管市场在不断增长，但在这样一个很小的市场中，过多的工厂导致了生产过剩的问题，而1901年的工厂合并有效解决了生产过剩的问题。西班牙造纸厂（La Papelera Española）的成立标志着该国现在拥有了一个有能力与欧洲同行相抗衡的生产商。造纸业在20世纪前30年发展迅速，但在西班牙内陆则继续落后，巴斯克和加泰罗尼亚的公司继续占据主导地位，巴伦西亚的企业也在1880年后纷纷加入了这一行列。

西班牙连续造纸产业依赖进口，特别是大型工厂。西班牙主要在辅助机械领域的技术有所发展，如荷式磨浆机和纸浆精制发动机的生产。1943年的一项估计表明，西班牙造纸业大约四分之三的机械来自国外。[31] 巴斯克的工厂严重依赖进口，加泰罗尼亚和巴伦西亚工厂的情况略好一些。

德国和瑞士机械占主导地位

从1880年起，随着造纸工艺技术的复杂化，几乎所有新机械都要从国外进口。由于造纸（和其他）机械的关税分类机制比较复杂，难以确定这些机械进口的最终来源。直至1909年，人们才得知造纸厂机械主要从瑞士、德国、法国和英国进口。[32]法国机械的主宰地位不断减弱，因为他们后来专注于辅助机械的生产。西班牙造纸厂在20世纪初期几乎没有使用法国机器，但安装了一些英国机器［一家阿拉贡工厂在1913年安装了宾利&杰克逊有限公司的机器，巴塞罗那《先锋报》（*La Vanguardia*）工厂安装了伯特伦有限公司的机器］。德国在19世纪末代替了法国造纸机械的主宰地位，以满足造纸业对更大容量机器的需求。J.M.福伊特公司是领先的供应商之一：1911年至1935年间，该公司为西班牙生产了13台机器，其中8台投入到西班牙造纸厂（1911年、1913年、1922年、1930年和1935各投入1台，其中1929年投入了3台）。其他在西班牙市场开展业务的德国公司有C.约阿希姆·佐恩公司（C. Joachim & Sohn）和H.富尔纳公司。瑞士机器也开始站稳脚跟，贝舍尔·怀斯公司为加泰罗尼亚的托拉斯工厂（Torras）和卡达瓜（Cadagua）的巴斯克工厂生产机器。这种趋势在20世纪初变得更加明显。事实上，瑞士为一些最现代化的工厂提供机器，例如位于巴塞罗那的西班牙造纸厂，该工厂有一台由西奥多·贝尔公司生产的机器。20世纪初，比利时的机器仍在使用。此时，美国的技术开始崭露头角，尤其是在可连续造纸机械的精制系统和配件方面。小型纸浆生产部分的机械则产自德国和瑞士。

转移机制

许多大型的西班牙造纸工厂在参观外国生产车间后直接租用了它们的

机器。卡达瓜造纸厂（La Papelera del Cadagua）的主管尼古拉斯·玛丽亚·德·乌尔戈蒂（Nicolas María de Urgoiti）去往德国和其他欧洲国家后带回了一系列机器。[33]在20世纪初，他们加强了与技术供应商的直接联系。托马斯·科斯塔（Tomás Costa），《先锋报》在巴塞罗那工厂的工程师，在1924年参观了德国的造纸厂和生产车间，并购买了一台J.M.福伊特公司的机器以实现生产现代化。这些国际业务有时是通过外国委托代理人进行的。

然而，主要的购买途径是通过不断扩大的代表网络。西班牙工业的发展意味着领先的造纸工程公司在该国有着长期、活跃的代表处，这主要归功于他们的其他专业，特别是，电气化推动了该国的工业现代化。[34]

加泰罗尼亚造纸商继续利用用于分销纺织机械的结构。20世纪初委托代理人伊西多尔·迪特林［Isidore Dietlin，约翰·M.萨默公司（John M. Summer y Cia）的继承人］代理纺织机械公司，其中包括来自英国奥尔德姆（Oldham）的普拉特兄弟公司（Platt Brothers & Co. Ltd）。他为约翰·M.萨默公司在曼彻斯特生产的号称"无与伦比的造纸机器"打广告，该工厂靠近贝里——英国最大的造纸机械生产中心。

德国J.M.福伊特公司，也是涡轮机生产商。该公司在20世纪初在西班牙设有代表处。1901年该公司的代理人为旗下西班牙工程师D.R.泽博恩（D. R. Zerbone）。1903年，J.M.福伊特公司委任阿勒迈尔公司（Ahlemeyer）为其西班牙的代理商，该公司是一家建筑机电公司，在毕尔巴鄂和马德里设有办事处，主要经营电气材料。1910年左右，巴塞罗那工程师里卡多·萨拉戈萨（Ricardo Zaragoza）成为代表，十年后毕尔巴鄂的索托马约尔公司（Sotomayor y Compañia）也成了代表。接着，在20世纪20年代中后期，位于马德里的埃米利奥·齐格勒（Emilio Ziegler）办事处成为代表。齐格勒曾接受过工程师培训，并受J.M.福伊特公司委托在西班牙开展了多个项目。瑞士两大造纸机械生产商，埃舍尔·怀斯机械制造厂和西奥多·贝尔机械制造厂（均为大型水轮机制造商）的情况非常相似：埃舍尔·怀斯机械制造厂在西班牙的代表是工业工程师 F. 比维斯·庞斯（F. Vives Pons）于 1908 年开设了自己的公司，并在巴塞罗那、马德里和毕尔巴鄂设有办事处。该代表处一直营业到 20 世纪 20 年代。早在 1881 年，瑞士西奥多·贝尔公司就在西班牙派出了一名巡回推销员。在 20 世纪初，专门服务电气材料公司的工程师雷米希奥·德·埃古伦（Remigio de Eguren）担任该公司的代理。埃古伦的公司位于毕尔巴鄂，并于 20 世纪 30 年代中期在马德里、巴塞罗那、巴伦西亚、塞维利亚、拉科鲁尼亚（La Coruña）和卡塔赫纳设有分支机构。其他常驻西班牙的德国公司有裁纸机械制造商卡尔·克劳斯公司，其代理人为巴塞罗那的 J. 德·纳维尔（J. de Neufville）的继承者，以及可连续造纸机器制造商 H. 富尔纳公司，该公司在 20 世纪初的代理人为理查德·甘斯（Richard Gans）。这两家公司在西班牙的代表处都源自德国的铸造厂，第一个在巴塞罗那，第二个在马德里。

比利时制造商在西班牙也有常设代理处。弗洛罗·埃萨吉雷（Floro Izaguirre）是蒂里公司（Thiry）1912 年在托洛萨的代理。1933 年，伊梅克斯代理公司（Agencia Imex）在托洛萨成立，销售斯堪的纳维亚半岛地区的造纸机械。这家托洛萨的公司与北方纸浆公司（Northern Pulp Co. SA）共享办公室，该公司从斯堪的纳维亚半岛进口纸浆。同样，在巴塞罗那设有办事处的瑞典联合公司（Svenska Alliance Co. A-B.）将纸浆和纸张生产与机械制造相结合。

尽管参观世界性的展览开始被以上描述的诸多技术转移渠道所取代，但它在西班牙技术转移中仍然很重要。加泰罗尼亚工程师何塞普·杜兰·文托萨（Josep Duran Ventosa）于 1885 年参加了荷兰安特卫普（Antwerp）世界博览会，收获颇丰，他对领先的纸张生产商德·纳耶尔公司（De Naeyer & Co.）特别感兴趣。西班牙贸易出版物也对 1900 年的世界博览会作了深入报道。

西班牙车间：虽居于次位，但作用重大

19世纪末，西班牙国内机械供应，特别是辅助机械，显著增加。可连续造纸机器的生产仍然微不足道，但有许多车间进行必要的维护工作，尽管一般来说，造纸机是西班牙工厂的副业，其主要集中生产涡轮机、蒸汽机和农业机械。

托洛萨是最大的专业生产中心，造纸工程是其建立充满活力的工业区的核心。泰勒里亚之子车间（Hijos de Telleria，从19世纪中叶开始）和菲利克斯·亚尔扎车间（Félix Yarza，于1884年成立）是其中两个重要的车间。亚尔扎车间后来发展成了托洛萨车间股份有限公司（Talleres de Tolosa，SA），这是一家成立于1918年的公司，由造纸商所有：其董事会由托洛萨造纸寡头的成员组成，西班牙造纸厂高管也在其中。戈罗斯蒂迪车间（Taller Gorostidi）于1915年成立，它也专门从事造纸机械生产。1928年，曾在西班牙造纸厂的机械车间工作的佩德罗·帕萨班（Pedro Pasabán）在托洛萨创建了自己的生产车间，为造纸行业制造辅助机械。事实上，这家公司在其工厂旁建立了自己的车间，员工负责公司早期所需的革新改造工作，使公司在技术上自给自足。1911年5月，改造计划完成，车间关闭。

另一个生机勃勃的造纸区是阿利坎特省的阿尔科伊（Alcoy）。[35]豪尔赫·塞拉车间（Jorge Serra）和托马斯·阿斯纳尔兄弟车间（Tomás Aznar Hermanos）在20世纪初是该地最重要的车间。武尔卡诺·阿尔科亚诺－罗德斯·赫诺斯车间（Vulcano Alcoyano-Rodes Hnos）和弗朗西斯科·布拉内斯之子有限责任公司（Hijos de Francisco Blanes，SL）在20世纪30年代完工。阿尔科伊的公司主要用小容量机器生产卷烟或橙子包装的纸张。这些公司的车间还生产用于葡萄酒、石油、纺织工业的机械。在巴伦西亚，弗朗西斯科·克利门特（Francisco Climent）和他于1880年创建的巴伦西亚机器制造公司（La Maquinista Valenciana）在造纸行业内影响广泛。克利门特本人是一家造纸公司的合伙人。在瓦莱罗·凯撒斯（Valero Cases）的领导下，巴伦西亚传统铸造厂继承了克莱门特的工作，生产荷式磨浆机、压力机和可连续抄纸机械。

加泰罗尼亚有三种类型的车间：位于巴塞罗那的车间、位于传统手工造纸地区的车间和位于赫罗纳市造纸区的车间。在巴塞罗那的车间中，最重要的是莱姆车间（Lerme），它从19世纪中叶开始运营，并在20世纪初以马塞利诺·比拉拉绍（Marcelino Vilarasau）的名义注册。这个专门生产脱水机的车间开发并完善了从意大利引进专利的"皮卡多机"（picardo），有了这种机器，便不再需要熟练的大缸脱水工人，该机器在传统手工造纸地区采用。巴塞罗那车间甚至将这台机器出口到不同的拉丁美洲国家。与此同时，普伊赫＆内格雷工厂（Puig y Negre）为造纸行业生产各种机械和多种高度专业化的机器。霍安·特拉巴尔·卡萨内拉（Joan Trabal Casanella）曾在巴塞罗那地区主要工厂的车间接受过培训，并于1929年成立了自己的车间。在手工制作相关的车间中，有位于卡佩拉德（Capellades）的车间［由伊西德罗·索特拉斯（Isidro Soteras）经营，以生产皮卡多机以及以生产荷式磨浆机闻名的托雷斯卡萨纳（Torrescasana）］和位于塔拉戈纳区（Tarragona）拉里瓦（La Riba）的车间。在赫罗纳市的众多车间中，普拉纳斯＆弗拉克尔公司（Planas, Flaquer y Cia）的工厂继续运营。在19世纪80年代末，他们仍然偶尔生产长网造纸机器。而他们20世纪初在纸张生产方面的参与减少了，因为他们专注于生产涡轮机和电气材料。阿尔伯奇车间（Talleres Alberch）和萨拉萨车间（Talleres Sarasa）延续了这一传统。

在阿拉贡，阿弗利逐渐放弃了造纸机械，但梅西耶车间（Talleres Mercier）继续在该行业耕耘，尽管他们专业从事生产制糖业的机械。

直到19世纪最后25年，可连续造纸机械中用于抄纸的金属丝网还要从法国和德国进口。其两家主要制造商是佩罗公司（Perot，1880年在托洛萨成立），以及从 19 世纪中叶开始活跃在巴塞罗那的弗朗西斯科·里维埃公司（Francisco Rivière）。这些公司渐渐地开始占领西班牙市场。这些毛毡主要从法国进口，此外一些西班牙公司也生产它们。[36]

熟练工人队伍的国有化

在 19 世纪最后 25 年，西班牙的熟练劳动力稳步增加。由于技术复杂，只有最大的工厂才雇用外国专业人员，但西班牙人也开始接管这些职位。

在 19 世纪末，非正式的培训机制仍然很重要。在第一阶段，现代化促使家族企业学习新技能。例如，保利·托拉斯·多梅内奇（Pauli Torras Domènech）在加泰罗尼亚的托拉斯家族企业提供技术培训达 30 年之久，米克尔·托拉斯·蒙特塞拉特（Miquel Torras Montserrat）则受他的家族和到该公司组装机器的德国专家培训。

随着造纸技术方面变得越来越复杂，对更正式培训的需求也越来越大。19 世纪末的许多专家都是土木工程师，如自 1897 年起担任在罗拉克－巴特（Laurak-Bat）的托洛萨工厂主管的维克多·普拉德拉（Victor Pradera），先后担任卡达瓜造纸厂和西班牙造纸厂主管的尼古拉斯·玛丽亚·德·乌尔戈伊蒂，以及马德里造纸厂的（La Papelera Madrileña）的老板路易斯·蒙铁尔（Luis Montiel）。1899 年，政府计划在托洛萨开设一所造纸学校。在 20 世纪，西班牙高技能专家的数量有所增加，这主要归功于新的工业工程师学校的开办。在巴斯克地区，工程师路易斯·阿尼图亚（Luis Anitua）是比斯卡扬纸业（La Paperera Vizcaína）的主管，这家公司在 19 世纪末引领着技术创新。托马斯·科斯塔·科尔（Tomás Costa Coll）是西班牙内战前几年造纸行业最重要的工业工程师之一，他曾在加泰罗尼亚的多家工厂工作，并于 1938 年编写了一本技术手册，由此可见他非常熟悉外国技术参考文献。其他工业工程师如贝尔纳多·普伊赫·布斯科（Bernardo Puig Buscó）和何塞普·杜兰·文托萨在 20 世纪初发表了有关造纸技术的文章。1913 年，杜兰设计了巴塞罗那《先锋报》建造的第一家工厂。

大批学生前往洛桑（Lausanne）、达姆施塔特（Darmstadt）和魏玛（Weimar）的造纸专业学校学习。有趣的是，阿尔滕堡（Altenburg）的"工程师学院"（Ingenieurschule）于 1923 年和 1924 年在西班牙报刊上刊登广告，招募学生学习造纸课程。在国外接受培训的专家有巴斯克实业家何塞·拉蒙·卡尔帕索罗（José Ramon Calparsoro），他曾在洛桑工业工程师学院和魏玛造纸学院学习，并于 1933 年毕业；还有加泰罗尼亚人弗朗切斯克·托拉斯·霍斯滕奇（Francesc Torras Hostench）和略伦克·米克尔·塞拉（Llorenç Miquel Serra），他们于 20 世纪 20 年代末从格勒诺布尔学校毕业。

在较低层次上的技术培训方面，自 1886 年开设的工艺美术学校为半熟练工人提供培训。1907 年在西班牙造纸厂的推动下，造纸工业和商业理论与实践学校在托洛萨成立，这是一个特别重要的时刻。美国驻巴塞罗那总领事对这所学校有着高度评价："造纸学校的成功运作是西班牙造纸业发展的一个重要里程碑"。托洛萨学校的教学大纲主要基于商业方面，而扎拉地区（Zalla）的工艺美术理论与实践学校也于 1915 年在西班牙造纸厂的推动下成立，尤其注重机械问题。

贸易出版物

直到 19 世纪末，诸如《工业与发明》（Industria e invenciones）等综合性的技术出版物的出现才缓解了造纸行业缺乏专业期刊的问题。第一份专门以造纸为主题的出版物是《纸业市场》（Mercado del papel），该杂志于 1892 年至 1894 年初发刊。《造纸工业》（La industria paperera）从 1898 年到 1907 年断断续续发刊。西班牙造纸厂出版了《造纸工业与贸易通讯》（Boletín de la industria y Comercio del papel），该杂志于 1907 年至 1918 年发刊，对西班牙和外国公司的发展进行了非常透彻的分析。那时，林业、平面艺术和经济分析领域的出版物也经常刊登有关造纸业的文章。英国《造纸商》(The Paper Maker)、法国《造纸厂》(La papeterie)、《纸》(Le papier)和德国《时代纸业》(Papier Zeitung)、《造纸周报》(Wochenblatt für Papierfabrikation)等技术出版物流通缓解了造纸业缺乏稳定而持久的参考读物。

当时还出现了一两本面向非专业读者的西班牙语技术手册和出版物。最著名的是《造纸》(El Papel)，由土木工程师路易斯·马林(Luis Marin)于1898年编辑，并由《造纸工业》杂志发行。卡尔·霍夫曼(Carl Hofmann)的《纸制品手册》(Handbuch der Papierfabrikation)于1875年首次以德文出版，其标题为《实用造纸手册》(Traité pratique de la making du papier)的法文版在20世纪末在西班牙得到广泛传播。

本章小结

现代造纸技术的转移体现了西班牙工业对国外技术的依赖，尤其是对拥有熟练劳动力的法国的依赖。然而，在19世纪，尤其是在20世纪前30年，西班牙出现众多车间，这对造纸业的发展至关重要。最重要的车间位于造纸密度较高的地区（如巴斯克、加泰罗尼亚和巴伦西亚地区）。他们的工业氛围是取得成功的理想环境。这些车间在造纸方面高度专业化，其他方面也发展不错。这与马歇尔工业区[①]非常接近。相反，一些位于西班牙内陆的造纸厂因业绩不佳而倒闭。此外，西班牙在20世纪前三分之一时期里的经济发展使其更容易建立稳定的机制（委托代理、技术期刊等）来开发和增加技术转让。与此同时，提高劳动力的技术教育水平以引进和使用新的造纸技术也非常重要。

---

① 阿尔弗雷德·马歇尔(Alfred Marshall)在《经济学原理》中探讨的概念，因而得名。是一种基于19世纪末英国常见的、专注于生产某些产品的企业集中分布的概念。

第十一章
外国企业、本土企业集团与西班牙化学工业的形成

本章旨在说明，商业史至少存在两种方式帮助我们理解技术如何从先进国家转移到欠发达国家。首先是帮助我们认定参与技术转让过程的主要商业参与者。其次是帮助我们分析他们在一个长时期内的相互作用。本章讨论了西班牙化学工业的长期发展演变，该国现已成为世界十大化学工业国之一。在20世纪20年代至70年代期间，第二次工业革命浪潮席卷西班牙，大型外国公司和本土企业集团被认为是该行业的支柱。尽管西班牙的政治和经济落后造成了巨大障碍，但化学工业的发展目标仍然实现了。为了研究外企和本土企业集团这两个主要角色之间的相互作用，本章着重介绍了乌尔基霍集团（Urquijo group），它是20世纪西班牙第一个私营工业集团，也是彼时西班牙最大的化学和制药公司的拥有者。乌尔基霍集团的发展轨迹表明，具有广泛国际合作的多元化企业集团对欠发达经济体的技术转移过程有很大影响。这证实了著名经济社会学家和组织理论家的观点。

然而，通过重构一个特定行业的商业集团的长期发展轨迹，本章提供了新的实证，并对集团的能力和他们试图抓住的机遇有了新的认识。

机　遇

西班牙的工业化起步较早，但由于一系列复杂的原因，与其他南欧国家一样，直到20世纪下半叶才得以完成。因此，该国的创业能力受到了以科技工业、复杂的商业组织和专业管理团队崛起的挑战，而这些也正是第二次工业化浪潮的基石（Chandler，1990）。同样，外国资本和知识在这一过程中发挥了至关重要的作用，以至于西班牙实际上成为国际工业的竞技场之一。化学工业尤其如此，该行业内突破性的创新与卡特尔的组织共存（Reader，1970，1975；Haber，1971）。

国际一体化使得西班牙既是市场又是工业基地，由此创造了重要的商机，最有技术能力和经验的国际公司以及最优秀、最开放的西班牙企业家迅速抓住了这些机会（Puig，2003）。化学工业的发展印证了类似世界大战这样具有剧烈的和深远影响的事件是如何孕育这些机会的。事实上，这个行业反映了20世纪最深刻的变革之一：欧洲经济的相对衰退和美国工业领导地位的巩固（Aftalion，2001；Petri，2004）。在第二次世界大战之后，依靠工业合成煤积累优势的德国的化学工业面临着两个重大挫折：盟国没收了其许多有形和无形资产；新一代美国公司的崛起，在战争的推动下，这些公司加速了在化学工程领域和抗生素、合成纤维和杀虫剂的工业化生产领域的创新，将该工业带入了一个新的石油化工时代（Stokes，1988；Lesch，2000；Arora *et al.*，1998；Galambos *et al.*，2006）。

表11.1总结了19世纪80年代至整个20世纪期间西班牙化学和制药工业的主要发展机遇。为了清晰起见，我们把它分为四个阶段。

第十一章 外国企业、本土企业集团与西班牙化学工业的形成

表 11.1 西班牙化学工业企业集团的发展情况

时期	主要机遇	主要参与者	主要地方集团
1880—1936	第二次工业革命的扩散 技术和商业领导能力 国际律师事务所 国际卡特尔 工业民族主义 不成熟的西班牙市场	欧洲大型跨国公司 巴斯克-马德里金融精英 加泰罗尼亚家族企业	乌尔基霍集团 克罗斯公司
1936—1945	纳粹和佛朗哥者产业政策 德西政府合作 石油进口	德国跨国公司及其本地传统合作伙伴 本地新兴的"稻草人" 利珀海德家族 国家工业研究所 巴斯克-马德里金融精英	乌尔基霍集团 克罗斯公司 利珀海德集团
1945—1973	盟军胜利 没收德国公司 美国援助 抗生素 石化革命 世界技术市场 西班牙经济自由化	美国跨国公司 西班牙国家研究所 欧洲跨国公司和他们当地的传统合作伙伴 工程公司	乌尔基霍集团 克罗斯公司 利珀海德集团
1973—2000	石油冲击 欧洲共同市场 美国外商投资重组 西班牙加入欧盟	欧洲跨国公司及其本地传统合作伙伴 美国跨国公司及其传统合作伙伴 工程公司	力拓炸药集团 克罗斯公司 雷普索尔公司 西班牙石油公司

资料来源：作者本人综述。

在第一阶段（1880—1936），影响因素有：现代有机化学工业的扩散；欧洲大型企业，特别是德国企业积累的巨大优势，其科学技术和商业霸权使其在西班牙市场上如鱼得水；西班牙政府宣扬经济民族主义，鼓励外国直接投资，特别是在1917年之后；西班牙市场的相对落后，阻碍了当地工业企业的发展，同时为北欧的制造商创造了新的机会。这些因素综合作用，为国际化程度较高的欧洲化工企业及其西班牙的技术和金融伙伴创造了有利的环境。同样，西班牙作为世界化学工业的工业基地或市场的地位，也

是由每个细分领域的先行企业或更有影响力的公司在 20 世纪头十年建立的更有影响力的卡特尔网络所决定的。

到了第二阶段（1936—1945），第一阶段出现的这些机遇与战争需要、第二次世界大战期间西班牙与德国的合作以及佛朗哥政府自给自足的经济政策密切相关。德国企业在西班牙经济中的地位大幅提高，为其传统合作伙伴以及各色各样的渴望在新兴化学工业中分一杯羹的后来者，还有西班牙雄心勃勃的新统治者及其工业化计划创造了新的商机（Puig，2004a）。同时，西班牙对石油的需求提高了一些美国公司及其在当地的新老合作伙伴在战后西班牙经济中的地位。

第三阶段（1945—1973），佛朗哥政府加入了布雷顿森林会议（Bretton Woods Conference）上达成的关于德国海外工业资产的处置协议，使得西班牙化学工业主要参与者的期望在 1945 年发生突然变化。德国化学和制药工业的西班牙子公司们开始经历一个漫长而复杂的没收和出售的过程，这些子公司是战后西班牙化学工业的重要组成部分（2004a）。没收过程吸引了那些规模最大或更有野心的西班牙集团，这些集团不用把时间花在与被没收的公司及其德国总部达成协议，也不用在迎合西班牙当局的同时招募有用的"稻草人"[①]。尽管有盟国的压力，西班牙政府还是表现得从容不迫（大部分出售是在 1950 年进行的）和务实（鼓励西班牙竞标者彼此之间以及与前所有者合作）。然而，这并不是唯一商机。青霉素或塑料等新产品在商业上的成功以及国际技术市场对旧的卡特尔工业关系的取代拓宽了西班牙工业的视野。最后，西班牙在 20 世纪 60 年代的经济快速增长激发了外国直接投资者对西班牙国内市场的兴趣。

最后一个阶段（1973—2000）是很难界定的。由于石油危机、美国外资的撤出和欧洲经济共同体的建立等因素，欧洲工业在国际市场上收复了

---

① 稻草人（straw man）是一种法律实体，会在商业交易或其他法律交易中代表幕后当事人进行活动。幕后当事人通常是没有能力，或不愿，或不被允许亲自出现。

失地，受伤的是美国大公司。在西班牙，世界化学工业的结构性危机带来的影响与欧洲日益加强的经济一体化以及以煤为基础的化学工业的瓦解有关。所有这些都为那些有兴趣甚至想要以高价完全控制其西班牙资产的欧洲和美国跨国公司铺平了道路（Puig，2006）。

参与者

为了评估世界产业与当地伙伴和竞争者的互动所创造的商业机会，有必要确定该产业历史上最主要的参与者。本节是基于先前广泛的商业人口统计工作（Puig，2003）。

第一阶段（1880—1936）的主要参与者是欧洲的大型跨国公司，它们往往在保护主义以及1917年后西班牙政府给予战略产业的特权下，在当地产业旁边找到了一席之地。大多数化学工业公司都是如此。外国公司和当地企业家之间的关系是建立在国际卡特尔（外国公司之间互不干涉）、当地合作伙伴和西班牙政府（在国内市场的独家经营权）以及外国投资者和当地合作伙伴（分工合作，前者专注于技术和商业任务，后者负责处理行政问题）之间达成的三套协议之上。这一时期最大的公司就是根据这些协议创建的。这些公司包括：西班牙炸药联合公司（UEE，1896年）、弗利克斯电化学公司（Sociedad Electroquímica de Flix，1897年）、合金制品公司（Carburos Metálicos，1897年）、克罗斯公司（Cros，1904年）、索尔维公司（Solvay，1904年）、阿拉贡能源和工业公司（EIA，1918年）、生物和血清治疗研究所（IBYS，1919年）、汽巴公司（Ciba，1920年）、国家着色剂和炸药制造公司（FNCE，1922年）、伊比利亚氮素公司（SIN，1923年）、人造纤维联合股份有限公司（SAFA，1923年）、先灵化学制品公司（Productos Químicos Schering，1924年）、山德士制药公司（Sandoz，1924年）、拜耳商业制药化学公司（Química Comercial Farmacéutica Bayer，1925

年)、帝国化学工业公司（ICI，1925年）和弗雷特公司（Foret，1927年）。在西班牙内战（1936—1939）前夕，大型欧洲公司如诺贝尔（Nobel）、库尔曼（Kuhlmann）、索尔维、I. G. 法本（I. G. Farben）、帝国化学工业、联合通用化纤公司（Algemene Kunstzijde Unie，AKU）和罗纳－普朗克（Rhône-Poulenc）等在西班牙直接或间接派驻代表，他们在其特定领域的市场份额从50%到100%。他们的西班牙子公司的出口可忽略不计。

与其他第二次工业革命外围国家在两次世界大战间歇期一样，西班牙的炸药、苏打、氯、人造丝、染料、化肥和一些药品等产品的生产和销售都受到特定国际卡特尔的监管。在这些卡特尔中，没有一家是西班牙公司有直接代表的。在克罗斯公司与西班牙炸药联合公司之间、西班牙炸药联合公司与国家着色剂和炸药制造公司之间、国家着色剂和炸药制造公司与克罗斯公司之间、弗利克斯电化学公司与索尔维公司之间、人造纤维联合股份有限公司与巴塞罗那丝绸公司（La Seda de Barcelona）之间达成的协议表明，留给西班牙公司的发展空间很小。大战结束后，西班牙最大的化工企业克罗斯公司和西班牙炸药联合公司都成功地进行了多元化和垂直整合，并冒险进入了磷酸盐和钾肥的新领域。同时，西班牙炸药联合公司成为克罗斯公司的股东之一。他们的活动主要受法德两国钾碱卡特尔的监管。当该卡特尔解体时，克罗斯公司仍在德国施塔斯富特（Stassfurt）监管的范围内，而西班牙炸药联合公司仍在库尔曼公司监管的范围内。20世纪20年代末，库尔曼公司和I. G. 法本公司在巴黎达成了另一种协议，阻止西班牙炸药联合公司生产着色剂，并阻止I. G. 法本公司的主要西班牙合作伙伴，即国家着色剂和炸药制造公司生产炸药。国家着色剂和炸药制造公司同克罗斯公司之间达成了类似的解决方案，目的是不让后者生产合成着色剂，以换取长期的、高利润的原材料和中间产品的供应合同。这是两家公司之间长期拉锯对抗关系的开始，直到1956年才由I. G. 法本公司的创始方兼继承方之一拜耳公司（Bayer）解决。索尔维公司的西班牙子公司和弗利克斯电化学公司之间的交易反映了索尔维公司和 I. G. 法本公司在苏打和氯领域的技术和商业竞争，在西班牙市场上引起了一系列的限制和抵触协议。西班牙人造丝业务主要由两家公司垄断，即人造纤维联合股份有限公司（由罗纳－普朗克参与）和巴塞罗那丝绸公司（联合通用化纤公司的子公司），两家公司的战略是在巴黎制定的。最后，尽管西班牙在该领域采取了一些重要举措，但最终没有成功生产氮肥，这是由国际卡特尔造成的。在卡特尔内的公司看来，西班牙市场太小，无法建立生产基地。氮肥的商业化主要是通过 I. G. 法本公司的柳赫化学联合公司（Union Química Lluch）和帝国化学工业的阿扎蒙公司（Azamón）这两方的西班牙代表进行的。

当时，西班牙在世界化学工业最重要和最持久的合作伙伴是围绕乌尔基霍银行（Urquijo Bank）创建的工业集团，以及与德国投资者关联的各种加泰罗尼亚家族和跨家族企业。乌尔基霍银行是罗斯柴尔德家族[①]（Rothschild）在 19 世纪西班牙的合作伙伴，在 20 世纪成为西班牙吸引外国资本的主要力量。内战前，它入股了炸药联合公司、合金制品公司、阿拉贡能源和工业公司以及伊比利亚氮素公司。克罗斯公司是加泰罗尼亚的第一家化工公司，与当地工业资产阶级的几个家族一起，成了在 20 世纪初组成 I. G. 法本公司的商业合伙人。尽管与赫斯特公司（Hoechst）旗下的弗利克斯电化学公司达成了将其生产商业化的长期协议，并且已经提到炸药联合公司资本投资，但克罗斯公司明显对各种类型的合并仍然心存芥蒂。20 世纪 30 年代初，一项限制外资参与西班牙公司资本和管理的法律使得"稻草人"开始泛滥，其中许多在战后起到了一定作用，有时也带来了麻烦。

---

① 罗斯柴尔德家族是欧洲乃至世界久负盛名的金融家族。它发迹于 19 世纪初，其创始人是梅耶·罗斯柴尔德（Mayer Rothschild）。他和他的 5 个儿子先后在英国伦敦、法国巴黎、奥地利维也纳、德国法兰克福、意大利那不勒斯等欧洲著名城市开设银行，建立了当时世界上最大的金融王国。时至今日，世界的主要黄金市场也是由他们所控制。其第四代居伊·罗斯柴尔德，是世界著名的银行家。

德国公司及其当地合作伙伴无疑成了第二阶段（1936—1945）的主要参与者。纳粹四年计划加上西班牙当权者自给自足的梦想，催生了大量由 I. G. 法本公司和其他德国公司提供技术支持的合资企业。在新的合作伙伴中，德国－巴斯克裔的利珀海德家族（Lipperheide）（由巴斯克金融家和实业家支持）、新成立的国有控股公司国家工业研究所（INI）以及由佛朗哥将军和纳粹德国的中间人约翰内斯·伯恩哈特（Johannes Bernhardt）巧妙布局的庞大"稻草人"网络脱颖而出。乌尔基霍集团也趁机以低价获得德国技术。与大多数新入行者不同，该集团拥有国际商业网络、项目执行能力和行业经验。利珀海德集团则依靠开采和向德国出口矿物和金属发家，在西班牙内战和第二次世界大战期间与伯恩哈特直接竞争。至于国家工业研究所，它对未来最重要的产业（化纤、氮肥和抗生素）的关注以及对现有企业的轻率的态度导致西班牙的企业版图发生了翻天覆地的变化。事实上，在20世纪40年代到70年代之间，西班牙化学工业由"斯尼亚赛"公司（Sniace，1939年，"西班牙国家应用纤维素工业公司"的缩写）、"恩奎内萨"公司（Unquinesa，1939年，"西班牙北部化学联合公司"的缩写）、"费法萨"公司（Fefasa，1940年，"法拉杰五金制品有限公司"的缩写）、"瑟法硝基"公司（Sefanitro，1941年，"西班牙氮化物制造公司"的缩写）、氢硝基公司（Hidro-Nitro，1941年）、卡斯蒂利亚亚硝酸盐公司（Nitratos de Castilla，1940年）、"普罗奎萨"公司（Proquisa，1944年，"化学项目股份有限公司"的缩写）等新型公司所主导，它们以燃煤为基础，并由上述三个集团控制。

第三阶段（1945—1973）的发展以实施"自给自足经济"计划为重点。但有趣的是，在这一阶段，西班牙政府决定将青霉素和其他抗生素的生产承包给私人，并通过一项法律，将财政和行政特权以及国内市场的独家销售权授予两家专门成立的公司，即西班牙青霉素和抗生素公司（CEPA）及抗生素股份公司（Antibióticos SA）（Puig，2004b，2010）。西班牙青霉素和抗生素公司是表 11.2 中乌尔基霍的制药化工联合体的一部分。该公司由几个部分组成，包括位于西班牙北部的普罗奎萨公司的大型有机中间产品制造厂，以及先灵公司（Schering）和拜耳公司在马德里和巴塞罗那的商业基础设施。这两家公司受西班牙化学集团（Consorcio Químico Español）管理，该集团由乌尔基霍集团与西班牙其他银行，以及国内规模数一数二的化学公司（其中包括西班牙炸药联合公司、克罗斯公司和阿拉贡能源和工业公司）于 1950 年创建，由前工业部部长安东尼奥·罗伯特（Antonio Robert）管理。该集团占整个西班牙化学工业约 75% 的份额。

表 11.2　1944—1970 年乌尔基霍制药化工联合体

收购公司	被收购公司	与（前）德国母公司达成的协议	主要成立的公司和工厂	研发机构
普罗奎萨公司（1944—1970）	拜耳商业制药化学公司（1950—1960）贝林医疗实验研究所（1950—1960）	商业代表、技术援助，以及拜耳股份有限公司和拜耳商业制药化学公司之间的制造协议和商业许可（1950—1960）1960 年，拜耳商业制药化学公司售出其 25% 的股份卖给拜耳股份有限公司（1981 年完成收购）	普罗奎萨公司（拉费尔格拉工厂，1944—1970）朗格里奥化学公司（1966-1970）	西班牙药理学研究院（1950—1970）
西班牙化学财团（1944—1950，1950 年被普罗奎萨公司收购）	先灵化学制品公司（1950—1970）西班牙化学公司（1950）西班牙建造工业（1950—1967）塔斯尔公司（1950—1967）	商业代表、技术援助，以及先灵股份有限公司和先灵化学制品公司之间的制造协议和商业许可（1950—1953）（1953—1965）（1965—1970）1970 年，先灵化学制品公司 50% 股份卖给先灵股份有限公司（1980 年完成收购）	西班牙青霉素和抗生素公司（1949—1970）北美化学工业（1954—1970）科学研究所（1961—?）达希什公司（1961—1967）伊巴迪萨公司（1963—1970）	在默克公司指导下的西班牙青霉素和抗生素公司的研发单位（自然产品筛选计划）（1954—1978）

资料来源：先灵公司会议记录、普罗奎萨（马德里乌尔基霍银行）和拜耳商业制药化学公司（勒沃库森拜耳档案馆）和作者自己的综述。

西班牙比全球浪潮迟了十年才开启石油化工革命，是在国家工业研究所重点项目下成立的卡尔沃·索特洛国有公司（Empresa National Calvo Sotelo）的逐步建立下才开启的，而外国公司和顾问对该国有公司的发展发挥了重要作用。卡尔沃·索特洛国有公司率先在20世纪60年代，与蒙特卡蒂尼公司（Montecatini）、帝国化学工业公司、菲利普斯石油公司（Phillips Petroleum）和阿科化学公司（Archo Chemical）建立合资企业，促进了西班牙国家石油公司的发展，该公司是西班牙目前最大的化工集团雷普索尔公司（Repsol）的前身。当地另一个重要的石化项目来自西班牙石油公司（Cepsa），该公司于1967年与大陆石油公司（Continental Oil）成立合资企业。美国陶氏化学公司（Dow）很早就对西班牙市场感兴趣，并通过恩奎内萨公司的牵头与利珀海德集团建立合作关系。毋庸置疑，石油化工行业的发展得益于前面提到的国际技术市场对战前卡特尔结构的取代。外国工程公司不仅发挥了重要作用，也为西班牙的一项全新活动铺平了道路，乌尔基霍家族会在这条道路上乘势而上，后面会讲到。

西班牙在20世纪70年代和80年代逐步实现欧洲一体化，但由乌尔基霍集团和利珀海德集团建造的基于煤炭的大型工业项目未能在这一过程中幸存下来。世界化学工业在一系列并购中得到扩展，但其中一些是灾难性的（Puig，2006），西班牙的力拓炸药集团（Explosivos Rio Tinto，ERT）便是如此。该公司于1970年在西班牙最古老的化学公司和英国矿业公司的基础上成立，试图建立一个具有国际竞争力的多元化化工集团，该举措帮助了乌尔基霍集团摆脱了许多自己的公司，却在几年后惨遭失败。克罗斯公司的扩张战略也雄心勃勃，饱受争议。但这家加泰罗尼亚公司最终成功拉拢其竞争对手和合作伙伴，在公共财政的支持下，创建了埃克罗斯公司（Ercros）和埃尔基米亚公司（Erkimia）。有趣的是，克罗斯公司战后的发展与德国资产的没收密切相关。该公司不仅加入到西班牙化学集团之中，还努力争取赫斯特公司的支持，以建立一个领先的农业化学工业集团。然而，克罗斯公司与其德国合作伙伴的关系很麻烦。赫斯特公司在20世纪40年代建立了自己的商业子公司——活化公司（Activión），并在50年代末与西班牙炸药联合公司和英荷合资的壳牌公司（Shell）联合创建了联合化学工业公司（Industrias Químicas Asociadas，IQA）。利益冲突、误解和对西班牙化学工业未来完全不同的想法勉强维系着这段关系，直至1970年结束，当时赫斯特公司出售了其在弗利克斯电化学公司的股份，专注于与联合化学工业公司从头开始建设一个石化综合体。

在竞争日益激烈的环境下，许多西班牙公司，尤其是家族企业，选择走现代化和国际化道路（Puig，2010）。这些西班牙公司是西班牙化学工业在21世纪初的主要参与者，其他参与者还包括上述历史悠久的跨国公司和在西班牙欧洲一体化进程中幸存下来的公司，比如雷普索尔公司、西班牙石油公司、费特贝利亚公司（Fertiberia）、埃克罗斯公司、阿拉贡能源和工业公司以及巴塞罗那丝绸公司。

乌尔基霍集团

自20世纪70年代以来，企业集团一直在社会科学家的研究议程之中。此后，发展经济学家、经济社会学家、组织理论家和商业历史学家都为揭示这一特定商业组织的基础和功能做出了贡献（Leff，1978；Granovetter，1995；Amsden & Hikino，1994）。企业集团可以被定义为从事各种行业和服务的公司集合，集团通过共同的所有权或控制权联系在一起，通常与家族和银行有关。尽管集中所有制在企业集团比比皆是的工业化国家引起了许多问题和批评，但大多数学者认为，这是对充满政治和金融风险、缺乏资本和人才的环境的一种创造性回应。文献还指出，企业集团的特殊能力，主要是项目执行力使它们能够抓住相对落后、受保护和干预的经济体创造的机会（Guillén，2000），这大大充实了经济变革的进化理论（Nelson &

Winter，1982；Abramovitz，1986）。可以理解的是，多元化企业集团在当今新兴市场中的核心地位日益凸显，这引发了学者们对商业集团的理论和经验兴趣，并提出关于公司和商业模式演变的深刻问题（Morck & Yeung，2004；Khanna & Yafeh，2007）。

本节将重点介绍乌尔基霍银行在 20 世纪中叶创建、参与或收购的化工公司的情况。正如前文所述，乌尔基霍集团不仅是西班牙战后最大的私营多元化企业集团，也是西班牙化学和制药业中最重要的垄断者。因此，对它的分析将揭示在这一关键时期引进西班牙技术的外国公司与其本地合作伙伴和竞争对手之间的相互关系。

值得注意的是，集团的大多数活动，甚至其结构，对其国内和国际环境中出现的机会的反应十分敏锐，要比对其现有的财政、技术和管理能力灵敏得多（Puig & Torres，2008）。毫无疑问，这些能力得到了很大的发展，但集团的个别公司对其外国合作伙伴的技术依赖也是如此。因此，这一过程表明，在外向型企业集团是相关参与者的地方，技术转移固有的学习过程侧重于项目执行和短期目标，为此牺牲了科学研究和开发所需要的长期视角。至少在第二次工业革命期间的欧洲外围国家是这样的。

20 世纪 60 年代初乌尔基霍集团由 60 多家化学和制药公司组成，并直接或间接控制着西班牙 50 家大型化工企业中的 16 家的化学公司。最直接相关的是西班牙炸药联合公司、阿拉贡能源和工业公司、伊比利亚氮素公司、金属碳化物公司、伊比利亚化学公司（Productos Quimicos Ibéricos）、科克衍生品公司（Derivados del Cok）、普罗奎萨公司、珀洛菲尔公司（Perlofil）、西班牙青霉素和抗生素公司、先灵化学制品公司、西班牙醋酸联合公司 & 西班牙特殊制药厂（Unión Española del Ácido Acético y FAES）。如前所述，乌尔基霍集团最初是一家规模不大的家族银行，后不断与罗斯柴尔德家族进行合作，逐步成长为一家具有良好国际关系的工业银行。因此，我们有理由相信，该家族积极参与西班牙 19 世纪的公共财政事务，并在矿山和铁

第十一章 外国企业、本土企业集团与西班牙化学工业的形成

路业务中获得垄断技术，并在企业精英中传播其商业化的技术知识，这种知识与世界性的垄断和商业网络密切相关。罗斯柴尔德家族通过两大矿业公司进入西班牙化学工业，即佩纳罗亚采矿和冶金公司（Sociedad Minera y Metalúrgica Peñarroya，成立于1881年）和力拓炸药集团（1889年被接管）。但其工业企业在20世纪初全面衰退。后来，随着西班牙经济民族主义兴起，乌尔基霍集团开始显露出促进西班牙经济发展的兴趣，并得到不断发展。截至1930年，该集团除了银行业务外，还包括60多家传统企业（采矿、钢铁、铁路）和现代企业（化工、电力、公用事业、电信、汽车）。

事实证明，罗斯柴尔德家族的合作文化帮助乌尔基霍集团在两次世界大战间歇期工业卡特尔结构中游刃有余，而他们自己获得的国际经验在第二次世界大战后的商业环境中至关重要。那时，西班牙银行（Banco de España）已经熟悉了矿业和重工业业务，并在新任首席执行官胡安·利亚多（Juan Lladó）的领导下以及在西班牙最大的商业银行之一——西班牙美洲银行（Banco Hispano Americano）的支持下，建立了一个一流的技术部门。除了西班牙经济落后和第二次世界大战后世界面临的问题外，该集团还面临两大挑战：1939年至1959年佛朗哥政府的闭关自守政策和国家工业研究所的冷酷行为（San Román, 1999）。

1940年代末，该集团聘请工程师安东尼奥·罗伯特协助征收不少德国化工公司，可见该集团在西班牙新环境下的务实态度。罗伯特是前工业部部长和著名的工业专家。他写过一本支持自给自足政策的书，建议政府与西班牙化学工业的主要机构建立临时合作，以加强他们的应用推广。这样的合作促进了两家公司的成立，即普罗奎萨公司和西班牙化学集团，它们以现货价格获得了德国制药公司先灵和拜耳在西班牙的核心业务。然而，国家着色剂和炸药制造公司又回到了它的创始人手中，弗利克斯电化学公司、氯硝酸盐公司（Cloratita）以及其他克罗斯合资公司也是如此。以I. G. 法本公司为基础，西班牙北部拉费尔格拉（La Felguera）一家雄心勃勃

›179

的"煤基"化工企业成立了，该公司旨在生产硝酸、盐酸和乙酰盐酸以及甲醇。其工厂是在蒙特卡蒂尼公司和库尔曼公司的技术合作以及拜耳商业制药化学公司的资助下建成的。拜耳商业制药化学公司是一家保健产业集团，与勒沃库森（Leverkusen）有着紧密合作，也是拉费尔格拉工厂产品的忠实客户。至于先灵化学制品公司，它成为另一家雄心勃勃的制药化学企业的基础，即西班牙青霉素和抗生素公司，该公司由从洛克菲勒基金会（Rockefeller Foundation）回来的世界级科学家安东尼奥·加列戈（Antonio Gallego）领导。他是被弟弟何塞·路易斯（José Luis）召回的，弟弟在1936年至1943年间及1950年以后担任拜耳商业制药化学公司西班牙分部的科技主管。在他们掌管先灵化学制品公司之前，这位新的西班牙东家确保他们可以在柏林的授权许可下进行生产。与拜耳商业制药化学公司一样，这家德国公司出色的销售网络将西班牙青霉素和抗生素公司在默克公司（Merck）授权许可下生产的第一批抗生素商业化，而先灵化学制品公司本身不断增长的利润使西班牙青霉素和抗生素公司在其艰难的起步阶段继续发展。此外，拜耳商业制药化学公司和先灵化学制品公司还资助了当时为数不多的私营科学机构之一，即位于马德里大学的西班牙药理学研究院（IFE）。其中，加列戈是该学院的生理学教授。由此可见，西班牙药理学研究院最初是技术转让的媒介，受到西班牙科学当局的鼓励和赞扬，是唯一一个培养具有工业意识的科学家的机构。然而，从长远来看，它越来越依附于其负责人的真正学术利益（Santesmases，1999）。此外，加列戈说服了西班牙青霉素和抗生素公司的技术合作伙伴默克公司于1954年在马德里建立分支机构启动新的筛选计划从而确定天然活性成分，然后在美国进行合成。然而后来，由于西班牙青霉素和抗生素公司的新负责人拒绝继续支持其科研人员，其负责筛选计划的分支机构成为默克公司子公司的研究部门。尽管该项目很智能，但乌尔基霍制药化工联合体无法满足其创建者的预期。原材料和中间产品国际价格下降、自由化的前景、石化工业的汹汹来势，以及与德国签订的技术授权合同即将到期等因素，共同导致该制药化工联合体在20世纪50年代末和60年代初的崩溃。与西班牙的大多数国际化工协议一样，最终，这对双方来说都是一桩好生意。此外，毫无疑问，这对乌尔基霍制药化工联合体的自由派精英培养创业能力并建立进一步的国际联系是非常有用的。然而，西班牙现代化学工业所需的科学能力和技术努力仍然缺乏。

本章小结

即便如此，企业集团的多元化决定了它可以弥补未实现的期望或失败的项目。尽管雄心勃勃的"煤基"制药化工前景黯淡了，乌尔基霍集团还是与世界上许多大型石油公司签署了协议，在西班牙建立炼油厂和石化综合体。该集团通过普罗奎萨公司和西班牙化学集团的联系，与西班牙大型化工企业合作，极大拓宽了其产业范围和国际网络。此外，该集团还成功与海湾石油公司（在西班牙南部建立石化综合设施）、壳牌公司和赫斯特公司（在加泰罗尼亚建立一个新的石化综合体）、杜邦公司（与阿拉贡能源和工业公司合作）和联合通用化纤公司（在珀洛菲尔公司生产合成纤维）建立合作关系。与这些新公司合作主要有两个优势。首先，在乌尔基霍集团在1970年代初决定将旗下化学资产出售给其长期合作伙伴西班牙炸药联合公司（也就是1970年合并后的力拓炸药集团）之后，这一举措使乌尔基霍集团更具吸引力，并有效抬高该集团的身价。十年后，西班牙政府对西班牙炸药联合公司进行了救助，清算了其竞争力较弱、问题较多的资产。其次，乌尔基霍集团的技术部门能够适应从煤炭到石油的转变。此外，它促进了与外国跨国公司联合创建新一代的工程公司的进程，这些工程公司独立于现有的化学公司，但得到了乌尔基霍银行的支持，它旨在为集团的新企业提供服务。专门从事炼油厂建设的联合技术公司（Técnicas Reunidas）就是一个很好的例子。

能源篇

第十二章

西班牙电能：从概念引进到产业化

电气时代的开端

> 电，这项难以捉摸的物质，如今发展日新月异。幸运的是，它不再仅仅是一个新奇的物理学术语，而在坚实的基础上扩展到公众健康领域的具体应用之中。许多曾经最先进医疗手段都无法治愈的疾病，现已通过给人体通电得到有效治疗。[1]

以上是贝尼托·纳瓦罗-阿贝尔·德·贝亚斯医生（Benito Navarro y Abel de Beas，1729—1780）在其著作《电物理纲要：电的奇妙现象》（*Physica eléctrica o compendio: donde se explican los maravillosos phenomenos de la virtud eléctrica*）中对电学现象进行的阐释，该书于1752年在塞维利亚出版。当时，电用于医学，只有少数人能够接触到电，其中大部分是医生。该书是已知的第一本由西班牙人撰写的书,对电进行了充分讨论,传递了作者在 18 世纪上半叶从其他医生和科学家那里获得的知识。

截至 18 世纪中叶,学界出版了以下著作:让－安托瓦·诺莱(Jean-Antoine Nollet,1700—1770)于 1747 年在巴黎出版的《电观察》(*Observations sur l'électricité*)、让·雅拉贝尔(Jean Jallaber,1712—1768)于 1749 年在巴黎出版的《电实验以及对其影响原因的设想》(*Experiences sur l'Électricité avec quelques conjectures sur la cause de ses effets*),以及意大利人乔瓦尼－弗朗切斯科·普里瓦蒂(Giovanni-Francesco Pivati,1689—1764)于 1747 年在卢卡(Lucca)出版的《电医疗》(*Dell'elettricitá medica*)。

尽管当时流传着许多关于电的理论,但电作为一门学科并不是很出名。从纳瓦罗－阿贝尔·德·贝亚斯的作品《电物理纲要:电的奇妙现象》中可以看出,他为了完成这本书的写作,学习了很多关于电的知识。

在接下来的几年里,西班牙的医学院和科学院新增了电学这一学科。位于巴塞罗那的皇家科学与艺术学院对西班牙电学的发展有着重要影响。该院于 1764 年成立,最初名为"实验物理数学大会"(Conferencia Fisco-Matemática Experimental),后于 1770 年改名为"皇家科学与艺术学院",并沿用至今。该学院于 1773 年创立了"电学"和"磁力及其他引力学"两个系,表明电学已进入西班牙的科学院。电学系的负责人是安东尼·尤格拉－丰特(Antoni Juglà i Font),他在就职典礼上就诺莱的作品《论电》(*Cartas sobre la electricidad*)发表了演讲。据学院档案记载,电学系自 18 世纪后期就开始广泛研究和传播电学现象相关理论。其最早提及电的报告可追溯至尤格拉于 1785 年完成的"关于电导体用途的报告"(*Memoria sobre la utilidad de los conductores eléctricos*),他在文中谈及了电导体的使用。

特别值得注意的是使用电作为传输手段的实验,也就是后来的电报技术。西班牙的弗兰塞斯克·萨尔瓦－坎皮略(Francesc Salvá i Campillo,

1751—1828）在伏特电池问世之后第一个探讨了这一问题，这清楚地表明，当时的欧洲正在迅速传播科学知识。萨尔瓦的实验明显可以看出电的应用，因为其中用于输送电流的电线由铜制成，并用浸有沥青的纸张进行绝缘。

19世纪上半叶，随着对电概念的解释持续增多，电池在西班牙实验室中的应用也在不断普及。例如，巴塞罗那皇家贸易委员会的化学办公室在1833年的一项研究中发现，在多种仪器当中，伏特电池由24个"能够使铁丝和铂丝变红"的元件组成。军官格雷戈里奥·韦尔杜（Gregorio Verdú）于1846年在马德里发表的《关于煤矿炉用电方法的报告》（*Memoria sobre los medios de emplear electricidad en hornillos de mina*）一文中也提到，电池和路姆考夫（Rhumkorff）电感器都曾应用于军事。电力在通信中的应用更为广泛，电报成了一项任何人都能接触到的技术，欧洲涌现出大量关于电报使用的专著，其中一些被翻译成西班牙语。关于通信技术，则不得不提到采矿工程师曼努埃尔·费尔南德斯·德·卡斯特罗（Manuel Fernandez de Castro）于1857年在马德里出版的《电力与铁路》（*La electricidad y los caminos de hierro*），该书讨论了铁路交通的信号系统。

通信无疑是一个非常重要的话题，但在本章中，我们主要关注工业电力在电气照明中的应用，这是19世纪下半叶最重要的应用之一，衍生了大量的实验。虽然早在1844年，巴黎就开展了利用电弧调节器进行电气照明的试验，但直到后来，西班牙才有这种类型的实验：

- 1851年5月于圣地亚哥德孔波斯特拉大学（University of Santiago de Compastela）。
- 1851年11月于巴塞罗那大学。

这些实验结合了电池和电弧调节器的知识，并引发了对比电气照明和煤气照明系统特点的公开展示，当时也引进了煤气照明，不仅是将其用作展览演示，也旨在使其成为永久的公共设施。

电气照明的发展

一直以来，航海都是一项重要的活动，利用能见度高的灯塔监控航线，这在任何时候对航运都是不可或缺的。英吉利海峡两岸的一些灯塔改用了电力，这给灯塔带来了极大的便利，不过也需要经济可靠的设备不间断地运行。因此，在1858年至1873年间，西门子（Siemens）的电动发电机（dynamoelectric machine）逐渐取代了霍姆斯（Holmes）的磁力（electromagnetic machine）发电机。这些发电机的使用提高了灯塔的能源效率和功能的可靠性，扩大了电力的使用范围。

西班牙引进的第一台电动发电机是格拉姆（Gramme）发电机。1873年，巴塞罗那工业工程学校的校长在参加维也纳世界博览会时，注意到了格拉姆发电机具有很多优点。尽管在场还有很多参展的机器，但法国工业文化对加泰罗尼亚乃至整个西班牙影响颇深，因此院长决定将其引进并投入使用。第一台抵达西班牙的发电机应用于该校物理教研室的电气照明系统，由巴塞罗那弗朗西斯科·达尔茂父子公司（Francisco Dalmau e Hijo）负责进口，该公司定期为学校供应科研材料。这台机器内置两块水平电磁铁和一个串联的励磁系统，还配有一个双绕组转子，光强为155卡索①，每分钟1200转。该机器引进后，巴塞罗那工业界开始广泛使用电气照明。1875年底，海陆机械公司（Maquinista Terrestre y Marítima）旗下的一家工厂首先安装了电气照明系统。该工厂还配备了蒸汽机，以驱动为弧光灯照明系统提供直流电的格拉姆发电机。[2]

---

① 卡索（carcel），法国曾经用过的一种发光强度单位。1卡索约等于10国际烛光。

多年以来，尽管市面上还有很多其他类型的发电机，西班牙对格拉姆发电机情有独钟。1875年，西班牙海军试用了这种发电机，将其应用于船上装有菲涅耳（Fresnel）透镜的弧光灯，类似于灯塔上使用的那种：

> 从船上看，电灯可以清楚照亮2500米以外的微小物体。从陆地上看，当灯光照向格拉西亚镇（Gracia）罗维拉（Rovira）广场时，聚集在那里的人们可以轻松辨认《巴塞罗那日报》上的字母。
>
> 由此可以推断，配备了这种电灯的船舶能够观测到方圆一英里半以外的障碍物。而对于蒸汽船来说，使用电灯也很实惠，包括购买成本的摊销和利息在内，平均每小时的费用还不到1.50比塞塔。[3]

经过诸如此类的试验，尽管发电和配电设施的投资成本以及运营所需的原材料成本过高制约其广泛推广应用，但电气照明系统依旧深得人心。后来托马斯·阿尔瓦·爱迪生的发明克服了这一阻碍。他用同样的材料进行气体实验，研究开发了一种性能远超当时其他产品的白炽灯，并于1881年建成第一批发电厂来供应电力，其中一家位于纽约的珍珠街（Pearl Street）附近，另一家则在伦敦霍尔本高架桥（Holborn Viaduct）一带。

同年，即1881年，巴塞罗那也安装了电力供应系统。西班牙电力公司（Sociedad Española de Electricidad）于1881年在巴塞罗那成立，是西班牙第一家公用事业公司。该公司在巴塞罗那圣莫尼卡（Santa Monica）的兰布拉（Rambla）附近的发电厂中使用了格拉姆发电机。这是西班牙第一家由电力发动机而不是由中央蒸汽机驱动的传动系统的工厂。

这家公司获得了专利授权，在工厂建造了L5型格拉姆发电机。L5型格拉姆发电机是新的机器系列，可以同时供应5盏弧光灯，而不像以前一样只能供应一盏。在巴塞罗那建造的发电机与法国的不同，其电磁铁的形状是扁平的,转子由压板而不是螺纹组成。整个机器都是在巴塞罗那制造的,是当时使用最广的机器之一。工业工程学校的工业物理学教授在提到这些机器时曾说:"……我们车间生产的机器和法国的一样好……"。[4]

电气技术从"格拉姆之家"(Maison Gramme)和另一家叫作布鲁斯电气(Brush Electric)的公司,通过西班牙电力公司进入国内。在马德里,西班牙电力公司用格拉姆发电机和马克沁(Máxim)发电机在阿尔卡拉街(Alcalá Street)建造了一个发电厂。该公司在丽池公园还有一个较小的发电厂,由电力电能和照明总公司(Compañía General de Electricidad, Fuerza y Luz Eléctrica)建造布鲁斯发电机。

巴塞罗那科隆街(Colón Street)的一个路段也安装了电灯,这是一个新的布线系统工程,所以施工过程十分引人注目。铺有砾石的地下小通道里铺设了6根导线,通道拱顶上有一些小绝缘体,作为裸线的保护。这是该市第一个地下布线系统,但由于潮湿影响了线路的接头,因此未能顺利运行。尽管如此,这也算是电气技术的最新进展,这是对没有绝缘电缆的地下通道建设的一种尝试。这确实比带绝缘电缆的地下通道要安装便宜,但后来常用于电报和标志标牌,很少用于电力供应。这6根导线与沿街交替放置的3组的每组5盏弧光灯相连。1883年,柏林西门子&哈尔斯克公司(Siemens & Halske)的弗里德里希·冯·海夫纳-阿尔特内克(Friedrich von Hefner-Alteneck)对这种照明系统产生了兴趣,并将其与1882年在柏林莱比锡街(Leipitzger Strasse)和波茨坦广场(Postdamer Platz)建造的系统进行了比较。[5]

一部专门探讨电力问题的期刊横空出世,佐证了西班牙电气化进程的开端充满了活力。虽然工业和技术领域的刊物也专门讨论电气方面的新发展,但《电气》(La Electricidad)杂志是西班牙首份专门讨论这一主题的期刊,也是全球当时该主题下第十二个出版物,如表12.1所示。

表 12.1　19 世纪后期世界电气期刊

期刊名	首发年份	出版地
《电报杂志和电气评论》(The Telegraphic Journal and Electrical Review)	1872	伦敦
《电气》(L'Électricité)	1876	巴黎
《电气师》(The Electrician)	1878	伦敦
《电气照明》(La Lumiére Éléctrique)	1879	巴黎
《电力》(Electrichestvo)	1880	圣彼得堡
《电子技术报》(Elektrotechnische Zeitschrift)	1880	柏林
《电报工程师和电工学会杂志》(Journal of the Society of Telegraph Engineers and Electricians)	1881	伦敦
《电工》(L'Electricien)	1881	巴黎
《燃气与电力学报》(Journal du Gazzet de l'Électricité)	1881	巴黎
《电气世界与工程师》(The Electrical World and Engineer)	1882	纽约
《电力评论》(Electrical Review)	1882	芝加哥
《电气》(La Electricidad)	1882	巴塞罗那

资料来源：作者。

直流电与交流电的对比

西班牙第一座发电站在巴塞罗那建成 5 年后，西班牙又有 5 个城市相继建成了类似的电站，为当地居民提供电力：

表 12.2　1886 年西班牙的公用电力公司情况

城市	公司名称	年份	类型
巴塞罗那	西班牙电力公司	1881	直流电
马德里	马德里电力公司	1882	直流电
巴伦西亚	巴伦西亚电力公司	1882	直流电
圣塞瓦斯蒂安	哈蒙德公司	1882	直流电
马拉加	两家为社区供电的私人电厂	1884	直流电
赫罗纳	普拉纳斯 & 弗拉克尔公司	1886	交流电

资料来源：作者。

其中最值得一提的是赫罗纳的发电站，由普拉纳斯&弗拉克尔公司基于布达佩斯的甘兹公司（Ganz and Co.）的专利授权建造。它之所以引人注目，是因为它建造在一个镇上的面粉厂里，该厂扩建后安装了一台新的45马力普拉纳斯涡轮机，并与两台22千瓦的甘兹牌交流发电机（alternator）连接。赫罗纳也因此成为西班牙第一个为公共照明系统配备交流电网络的城市。该网络的工作电压为1300伏，可转换为110伏的低压，为安装在街道上的不同灯具供电。采用这种技术是非常大胆的，其电网的建设由甘兹公司的一名技术员监督。幸好西班牙技术人员有足够知识和经验为整个西班牙安装商业发电厂和电网。[6]

不同于当时西班牙使用直流电的主流，其他欧洲公司已然采用交流电技术，使得交流电逐渐在改善西班牙电力供应系统的性能方面变得不可或缺。不过那些已经植入直流电的大型供应系统仍继续使用，人们根据需求的日常周期，使用蓄电池来调节生产，这一特点在电力使用的最初几十年是非常重要的。

在西班牙迈出电气化的第一步后，1888年举行的巴塞罗那世界博览会恰逢其时，进一步刺激了电气化的发展。如果说1871年在巴黎举行的国际电力博览会开启了真正的电气化革命，那么1888年在西班牙本土举行的世界博览会则引起了人们对电气照明的更大兴趣。因为博览场地周围的一些街道使用电气照明，场馆内则灯火通明，璀璨夺目。下表记录了博览会采用照明系统的场馆及其所采用的系统，其中一些是以前已知的。

表12.3　1888年巴塞罗那世界博览会场馆中的电气系统

建筑物	电气系统来源	照明设备
工业馆	欧洲爱迪生公司 甘兹公司	108盏齐波诺斯基弧光灯
劳动大厅	欧洲爱迪生公司	

续表

建筑物	电气系统来源	照明设备
铁路和建筑材料馆	欧洲爱迪生公司	72 盏派珀弧光灯 700 个爱迪生电灯泡
殖民地馆	欧洲爱迪生公司	—
机器馆	甘兹公司	20 盏齐波诺夫斯基弧光灯
海洋馆	甘兹公司	160 个霍京斯基电灯泡
艺术馆	西班牙电力公司	82 盏格拉姆弧光灯 105 个斯旺电灯泡
科学馆		
温室馆		
公园		
魔幻喷泉	英国-西班牙电力公司	15 盏布鲁斯弧光灯

资料来源：作者。

在博览会期间，投资新兴电气行业的外国金融集团在西班牙舞台上崭露头角，并通过不同的商业手段来获得合同和材料，开始在西班牙不同城镇和村庄开发电气化。电气技术就是这样传入西班牙的。除了已经提到的那些公司（如西班牙电力公司和电力电能照明总公司），英国-西班牙电力公司（Compañia Anglo-Española de Electricidad）也于1882年在巴塞罗那成立，使用布鲁斯发电机。西门子&哈尔斯克公司于1890年在巴塞罗那成立分公司。尽管如此，在西班牙电气化的最初几十年里，影响力最大的公司仍是德国通用电气公司（Allgemeine Elektrizitäts Gesselschaf，AEG），该公司与德意志银行（Deutsche Bank）在1889年合资成立了马德里电力总公司（Compañía General Madrileña de Electricidad），随后在1894年成立了巴塞罗那电力公司（Compañía Barcelonesa de Electricidad）和塞维利亚电力公司（Compaña Sevillana de Electricidad）。[7]

1890年，马德里电力总公司的发电厂投入运营，这是德国通用电气公司在德国以外地区建造的第一个电力设施。该厂可为20000盏灯供电，有4台300马力的立式蒸汽机，分别连接到该公司生产的238千瓦的电动发电机，其供电网络采用三导线系统，工作电压为110伏。同年，西班牙电力供应有限公司（The Electricity Supply & Co., of Spain）在英国电气材料制造商电力建设有限公司（The Electric Construction Corporation, Ltd）的支持下，建造了一座发电站，用6台蒸汽机连接输出电压为2000伏的埃尔韦尔－帕克（Elwell-Parker）交流发电机上，每台发电机可为4000盏灯供电。该厂可以提供2000伏的交流电，并通过洛瑞－霍尔变压器（Lowrie-Hall）连接到100伏的低压网络。在西班牙首都实施这两项计划的原因在于，与其他城镇相比，首都照明系统的天然气供应成本较高，这也是1882年马德里电力公司（Sociedad Matritense de Electricidad）建立在首都的原因。马德里的天然气价格昂贵，而电力对于公共和家庭照明系统来说要经济得多。[8]

新兴的欧洲电气设备工业渴望扩大并寻找其产品市场，为此努力发展电力供应系统。它首先将重点转向大城市，那里人口众多，有许多潜在用户，然后转向足够大的城镇和村庄，以确保有类似的市场。这些公司通过在西班牙的代理商进行联系，西班牙的技术人员甚至是外国合伙人是这些业务活动的发起者，主要负责推动业务进程，引导电气安装。

正是通过这种方式，专门为西班牙城市开发电力供应系统的公司应运而生。法国技术逐渐让位于德国技术以及后来的英国技术。

德国通用电气公司在西班牙市场中占据主导地位，受到政府的优先关注。1894年，该公司在马德里建造了一座热电厂，还在桑坦德、韦斯卡（Huesca）、巴达霍斯（Badajoz）、托莱多、赫雷斯（Jerez）、萨拉戈萨、科尔多瓦（Córdoba）和其他未明确指出的地方建造了15座热力发电厂。该公司的供电系统通常以直流电（三导线或双导线方式运行）。此外还在阿兰胡埃斯、卡夫拉（Cabra）和普拉森西亚（Plasencia）等地建立了水力设施。尽管自1891年以来，交流电一直被认为更适合用于劳芬（Lauffen）和法兰克福（Frankfurt）之间的远距离输电，但稍后德国通用电气公司还是进入了塞维利亚和巴塞罗那的电力市场。毕竟多年来一些大城市的发电厂仍在使用直流电。如上所述，直流电的主要优势之一是蓄电池的使用，它可以在特定时间满足用电高峰需求，以及在夜间蒸汽机关闭的状态下，仍能满足电力供应。[9]

德国通用电气公司在巴塞罗那的发电厂由巴塞罗那电力公司建造，于1897年3月投入运营，多年来一直是西班牙最大的发电厂。该发电厂配备了5台1000马力的蒸汽机，连接至5个锅炉，并与5台750千瓦的直流电动发电机相连，总功率为3750千瓦。其供电系统采用220～110伏的直流三导线制。[10]

在巴塞罗那还有另一个发电厂，即由城市燃气厂和加泰罗尼亚中央电力公司（Central Catalana de Electricidad）等集团联合建造的发电厂。它配有4台600马力的蒸汽机和4台530千瓦的直流电动发电机。此外有一台400马力的蒸汽机，与两个较小的电动发电机相连。其供电系统采用300～150伏的直流三导线制。[11]

上述两座发电厂都是采用德国技术建造的，其中第二座由纽伦堡（Nuremberg）的舒克特公司（Schuckert and Co.）建造，是该公司在与西门子&哈尔斯克公司合并之前在西班牙建立的第一家发电厂。

当直流电在拥有火力发电站的大城市快速发展时，其他城镇也在通过交流电系统开发电力供应。比如距离城镇相当远的水力发电厂会使用交流电系统，因为在使用高压输送电力方面，性能更佳。

如前所述，赫罗纳在1886年将交流电应用于街道照明，成为西班牙第一个，也是欧洲第一个所有街道都使用交流电照明的城市之一。该系统从匈牙利引进，并应用于西班牙本土公司普拉纳斯&弗拉克尔公司大量的建筑活动和开发工作中，该公司获得了甘兹公司专利授权。几乎从启用电力供应开始，马德里的交流电系统就与直流电系统彼此角逐。马德里的交流电网络通过地下电缆提供2000伏电压，而萨拉戈萨也有交流电驱动的电力照明系统。阿拉贡电力公司（The Aragonese Electricity Company）还建造了一个水力发电厂，并在该厂和位于该市的另一个发电厂之间修建了一条2500伏的二相交流电线路。这家工厂内配有一台提供动力的蒸汽机，两台电动发电机与两台发动机各自相连，将2500伏的交流电转化为110伏的直流电。这是一个结合了直流电与交流电优点的混合系统。一方面，发电厂位于距离城市5千米处，可以更有效地输送电力，另一方面，该厂还使用直流电，能够在蒸汽机关闭的状态下持续供电。除了在哈卡（Jaca）、希洪（Gijón）、塔拉韦拉-德拉雷纳（Talavera de la Reina）和巴伦西亚等地建造的工厂，萨拉戈萨工厂是西班牙为数不多的运行混合系统的工厂。[12]

巴塞罗那在1906年才开始使用交流电，采用德国现有电网常用的6000伏电压。采用这一数值的电压是因为当时直流电网已经饱和，而解决这一问题只有两种途径，一是安装三相高压交流电网，二是用子机为直流电网供电。子机由一台6000伏的交流发电机与一台110～150伏的直流发动机相连，并以这种方式为电网供电。

水力发电成为主流

在西班牙电力引进的早期，直至20世纪初，大多数大城市都是通过燃煤火力发电厂发电。即使是使用水力发电的城市也会有热力系统，供缺水或输电线路、水力发电站发生故障时使用。

当时西班牙最先进的水力发电站之一建在弗利克斯镇。其涡轮机由福伊特公司（Voith & Co.）建造，并与舒克特公司制造的直流发电机相连。该厂的装机功率为1750马力，其生产的电力能充分满足弗利克斯电化学公司电解氯气产品的耗电需求。该公司采用了法兰克福的格里斯海姆化工电子公司（Chemische Fabrik Griesheim-Elektron）的生产程序。该厂最初不提供电力，但也算是一个发电厂，因为后来产生了新技术，被用于其他水力发电厂之中。

据统计，到 1901 年，西班牙总计有 859 座发电厂，其中 257 座由蒸汽驱动，427 座由水力驱动，63 座由燃气发动机驱动，其余的则由三种动力混合驱动。虽然这数字看起来很庞大，实际上其中 75% 的发电厂产生的功率只有 100 千瓦或者更少，也就是说，这些发电厂的规模并不大。而且从整体上看，电力主要通过水力产生，但这些发电厂规模都很小，只有两个发电厂能产生足够大的功率。桑蒂利亚纳水电公司（Hidraulica Santillana）的水力发电站就是其中之一，该发电站位于旧科尔梅纳尔（Colmenar Viejo），配有 4 台混流式水轮机，总功率为 1750 马力，曾用于供应马德里的电力。另一个是位于奥罗斯-贝特卢（Oroz-Betelú）的水电站，隶属于伊拉蒂电力公司（Electra Irati），建于 1901 年，有两台 450 马力的混流式水轮机，主要为潘普洛纳（Pamplona）的一家造纸厂以及该市的公共和私人电力照明系统供电。

两年后，也就是 1903 年，加泰罗尼亚又建了一座发电厂，配备了埃舍尔·怀斯电力公司（Escher Wyss ET Cie）生产的两台涡轮机。这家公司开始在西班牙崭露头角，并在涡轮机制造方面，逐渐取代占主导地位的普拉纳斯&弗拉克尔公司。而普拉纳斯&弗拉克尔公司引入并改进的法国技术也让位于瑞士和德国的涡轮机技术。[13]

因此，在 20 世纪初，在这些新业态的推动之下，电气化得以迅速发展，水力发电逐渐取代火力发电，使埃舍尔·怀斯电力公司和福伊特公司处于非常有利的地位。该变化主要得益于几家的成立，它们致力于为自身争取水力发电特许权，比如加利西亚电力总公司（Sociedad General Gallega de Electricidad，1900 年）、加列戈远程动力公司（Teledinámica del Gállego，1900 年）、伊韦里卡水电公司（Hidroeléctrica Ibérica，1901 年）、西班牙弗雷瑟水电公司（Sociedad Española, Hidráulica del Freser，1901 年）、乔罗水电公司（Hidroeléctrica del Chorro，1903 年）、门格莫尔公司（Mengemor，1904 年）、桑蒂利亚纳水电公司（Hidráulica de Santillana，

1905年)、维埃斯戈电力公司（Electra del Viesgo，1906年)、西班牙水电公司（Hidroeléctrica Española，1907年），以及后来在1911年创立的加泰罗尼亚电能公司（Energía Eléctrica de Cataluña），还有巴塞罗那拖拉机、照明和电力公司（Barcelona Traction, Light and Power）和水电总局（Sociedad General de Fuerzas Hidroeléctricas）。

上述公司都积极参与了水力发电厂的建设，此外还有许多未提及的公司，在此不再赘述。尽管如此，有必要指出的是，涉及电能的技术在建设水力和电力设施的过程中取得了巨大的进步，就建设水力设施而言，弗雷瑟水电公司发电厂，由"上弗雷瑟"（Upper Freser，1902年）和"下弗雷瑟"（Lower Freser，1908年）组成，是第一个采用这种先进水力技术的工厂，它们修建的大坝高达351米。正因如此，该项目由这两个独立的电厂负责完成。1902年，上弗雷瑟发电厂安装了两台功率为1150马力的水平轴佩尔顿（Pelton）发电机，是当时西班牙功率最大的发电机。1908年，下弗雷瑟发电厂安装了一台1500马力的水平轴佩尔顿涡轮机，其输送线路的电压为20000伏，这并不是西班牙第一条采用该电压的输电线路，从伊拉蒂电力公司到潘普洛纳的输电线路早在一年前就采用了这种电压。这两个设施都是由阿勒迈尔公司设计的，该公司与德国公司西门子＆哈尔斯克公司和舒克特公司有合作关系。

在20世纪头十年，西班牙电气化仍在继续进行。在帕尔马（Palma）和阿尔巴塞特（Albacete）于1903年完成电力供应之后，西班牙省会城市都实现了电力供应。电力设施的规模越来越大，在上述公司的建设过程中，水电的使用越来越多。尽管还有许多未竟之业，但随着西班牙电气结构逐渐更新，许多早期的设备已经过时然后废弃，进而为电气化前景铺平道路。总之，这二十年并未虚度，电气技术与日俱进，人们的需求也在迭代更新。电力作为一种能源，正在取代煤炭，相关公司也日益加入到开放的电力市场中。

电气行业的另一面

与外国工业相比,西班牙专门从事电气设备生产和经销的工业非常有限。西班牙在这一领域存在高度的技术依赖。工业或家庭电气材料的生产则不然,随着电气化的发展,人们对电气照明设备及其辅助产品的需求也随之增加。

就电力生产和供应而言,知识获取和电气设备的兴起归功于诸如西门子&哈尔斯克、舒克特、福伊特、埃舍尔·怀斯等公司的代表或代表团。这些公司通常聘请本国的工程师或合格的技术人员来担任代理人,他们免费获得建造发电厂或电力系统等新设施的订单,其中也包括配电和输送网络。前面提到的赫罗纳的普拉纳斯&弗拉克尔公司就是一个例子,该公司首次在赫罗纳市开展业务之前没有任何经验,但得到了布达佩斯的母公司甘兹公司的帮助。伊拉蒂电力公司和弗雷瑟水电公司的工厂也是如此,这些工厂是由毕尔巴鄂市的阿勒迈尔公司在舒克特公司的支持下发展起来的。

另一个电力系统的建立始于1889年,当时德国通用电气公司开始在西班牙设立公司,利用在柏林设计的项目为马德里、巴塞罗那、塞维利亚和许多其他城市提供系统发电和电力供应。这些城市可以避开中介直接从该公司引进技术。但德国通用电气公司旗下的这些新公司只能从主要股东那里获得建造材料。法国通用电力公司(Compagnie Générale d'Électricité)于1910年帮助建立加泰罗尼亚电力公司,目的是将其他市场也纳入其在电力行业日益增长的业务活动中,而在之前很少有这样的项目。

除此之外,西班牙的电气材料产业也应运而生,基于欧洲或美国公司的专利。第一家进入该领域的公司是西班牙电力公司,其工厂设在巴塞罗那。该公司从一开始就想承担实现国家电气化的任务,但它未能如愿,这不是因为它技术不行,而是因为它进入市场时经济形势不好。值得一提的是，另一家在致力于在巴塞罗那实现电气化的公司，也就是英国-西班牙电力公司，在1882年建立了自己的电气仪器组装车间，主要用于为公共和私人照明系统安装电气材料。尽管这些公司在给西班牙引进电气照明系统时都遇到了相似的问题，西班牙电力公司却不然，只不过德国通用电气公司的到来阻碍了该公司在销售和供应业务方面的扩张，使其只能为家庭和工业消费部门提供材料。

同赫罗纳的普拉纳斯&弗拉克尔公司一样，总部位于工业重镇萨瓦德尔的电力公司（La Electricidad），一步步在资本商品市场中开辟属于自己的一席之地。这两家公司都能通过外国专利或自己的开发项目，在工业电气化和中等规模城镇电气化的市场中崭露头角。几年后，临近19世纪末，另一家公司——电气工业公司（La Industria Eléctrica）开始运行，它采用了瑞士图里公司（Thury）的专利，将工作重点放在交流电而不是直流电上，不过巴塞罗那的蒂比达博山（Tibidabo）缆索是由直流电驱动的。

最后就剩下一些欧洲公司，它们也在西班牙建立了自己的工厂，1903年在比利亚努埃瓦-赫尔特鲁市（Vilanova y Geltrú）建立电缆和电线工厂的倍耐力公司（Pirelli）就是典型的例子，1897年在萨拉戈萨建立铅蓄电池工厂的图德蓄电池公司（Accumulator Tudor）的西班牙公司也是如此。此外，还有法国汤姆森-休斯顿工艺开发公司（Compagnie francaise pour l'exploitation des procédes Thomson-Houston），该公司由美国母公司于1893年在巴黎成立，尽管该公司在商业活动中处于边缘位置，但它与西班牙的来往十分密切。

本章小结

西班牙电力的历史，若被理解为人类对电这种自然现象的思考，至少可以追溯到中世纪末期至大航海时代以来指南针在航海中的使用，但较早的"现代化"并没有使西班牙电力发展领先于其他欧洲国家，而西班牙工业革命也晚于欧洲其他国家。此问题，从"西班牙前启蒙运动"（preilustración española，17世纪末至18世纪初）到启蒙运动和1876年西班牙科学论战，已然成为愈发值得探讨的问题。电磁学知识自18世纪上半叶从英国、德国、法国、荷兰等国传入西班牙，电学设备也得以出现在西班牙的实验室中。

而到了19世纪，发电机能效逐渐趋于稳定可靠，而世界博览会无疑使得西班牙电力走出了实验室。以1875年巴塞罗那工业工程学校从法国引进格拉姆机和弧光灯为重要节点，西班牙的电气照明逐步从实验室走向工厂和广阔的海岸（例如进行了灯塔与灯塔船的实验），然后通过电力供应系的连接走向了西班牙的大街小巷。这期间，西班牙电力公司成立（1881年），转移了法国和英国的发电技术，是国内首家向广大消费者提供电力的公司。这些电气技术转移的初步成就均与科学仪器制造商达尔茂家族息息相关。

然而，西班牙电力的推广是艰难曲折的，西班牙电力公司难以争取大客户的需求（比如公共照明领域，当时由燃气公司特许经营权控制；有轨车经营者也对电不感兴趣）。反倒是外国（主要是德国）电气公司在西班牙掀起电气化潮流，在1888年巴塞罗那世博会上电气设施的安装更是证明了这一点。

"在那个时代，建立电力生产工业并不容易。要有需求，要有分销网络，还要建造发电厂，而当时建造和维护发电厂的成本非常高，主要是因为煤炭的消耗。"巴塞罗那大学教授路易斯·乌尔特加（Luis Urteaga）如是说。

19世纪西班牙本土电气公司通过与外国企业合并促成了国内能源系统的重生与重组。尽管能源资源匮乏（液态和气态石油以及天然气储量少，并且现有煤炭质量低且价格昂贵）及在电气技术上的绝对劣势导致了对外资的强烈依赖，但在与外国企业融合的过程中，西班牙逐步在电气设备的生产上找到了定位。而随着公共照明、电车和工业对电力需求的不断增长，西班牙水力发电的优势也在 19 世纪脱颖而出。

西班牙电力自起步阶段便面临着技术不确定性以及对技术解决方案的担忧，亦在整个 19 世纪及 20 世纪初期经历了社会的动荡，但技术瓶颈、高昂成本及对外国技术依赖性的应对之策终究是在动荡与洗牌中逐渐明朗。

第十三章
佛朗哥时期西班牙的核技术转移

技术转移是指一个人或实体将技术的知识、产品或服务传递给另一个人或实体的过程，这包括出于特定目的的有用技术的整个流程的转移。如果技术转移发生在国家的公共部门和私营部门之间，则可称为国内技术转移。美国国家实验室向美国私营公司转移技术就是这种情况。当技术从发达国家转移到发展中国家时，例如转移发生在中心国家和外围国家[1]之间，则称为国际技术转移[2]。为了更好地了解技术转移，我们需要了解技术转移的相关信息，如转移的供应方和接收方、转移对象和转移的方式、知识传播的形式以及获取信息的手段，以及科学家的国际间流动和外国专家的接待等。此外，了解设备是否购置以及交易如何进行也有助于理解这一概念。

就核技术而言，第二次世界大战期间和之后为军事目的开发的知识被转移到和平应用。美国在这类转移方面有相当丰富的经验。最初的美国科学研究与发展办公室（Office of Scientific Research and Development，OSRD）就使用了战争期间开发的军事技术，如雷达、计算机和核能，以建立军用和民用之间的联系，后来的美国国家科学基金会（National Science Foundation）也效仿这样的做法。[3]主要用于和平用途的核技术的转移也在不同国家之间展开。供应国通常是开发这一技术的领头羊，接收国则是有意获得核应用的国家。

然而，由于冷战的原因，技术转移仅在具有相同政治意识形态的国家之间进行。同时，核技术转移的分析对象是明确的，如动力反应堆的建造，同位素实验室的建立，在不同领域的应用，以及通过创立大学教席来传播知识等。

本章旨在介绍第二次世界大战至20世纪60年代期间，向西班牙转移核技术的主要参与者及其目的和方法，其中研究性核反应堆是本章的重点。

从军事机密到和平应用的转变

在第二次世界大战期间，与核相关的活动仅限于军事领域，并且处于保密状态。美国核技术的研究源于阿尔伯特·爱因斯坦在1939年给美国时任总统罗斯福写的一封信，他在信中表示了对希特勒利用最近发现的核裂变来制造核武器的担忧。出于对德国正在进行核武器研究的疑念，美国发起了旨在制造原子弹的曼哈顿计划。

该项目的早期工作包括利用离心效应、热扩散、气体扩散和电磁分离等几种物理反应来对同位素 ^{235}U 进行铀浓缩，以实现更有效的链式反应。不过由于这些过程还有一定不确定性，因此还采用了另一种使用钚的方法，该方法由格伦·西博格（Glen Seaborg）于1940年发现。该元素发生裂变的速度比铀快，因此后来这些反应堆专门用来生产核武器所需的钚，而不是铀。

1941年底，日本偷袭珍珠港加速了核计划的实施。领导曼哈顿计划的格罗夫斯将军（General Groves）在田纳西州（Tennessee）的橡树岭（Oak

Ridge）建造了电磁分离厂（Y-12）和气体扩散厂（K-25），最终于 1944 年底生产出铀 -235。此外，位于美国华盛顿州（Washington）的汉福德市（Hanford）也建造了一些用水冷藏的天然铀反应堆来生产钚。同时，在洛斯阿拉莫斯（Los Alamos）一个偏僻的地方也有一个设计核武器的研究中心，用以接收在橡树岭生产的浓缩铀和在汉福德市生成的钚。接着，在阿拉莫戈多（Alamogordo）沙漠进行秘密的核试验后，1945 年，两颗原子弹落在了在日本的广岛和长崎。[4]

第二次世界大战结束后，美国总统杜鲁门签署了《原子能法》(*Atomic Energy Act*)，成立了原子能委员会（Atomic Energy Commission，AEC），旨在协调用于军事与和平用途的核项目。然而，美国的民用计划直到 1949 年才启动。原子能委员会向私营公司进行国内技术纵向转移。[5] 随后，原子能委员会与不同的公司合作，资助了六种类型的实验反应堆。在这些反应堆中，只有实验性增殖反应堆（Experimental Breeder Reactor，EBR）在 1951 年成功发电。[6]

国内技术转移是国际技术转移的前提与基础。军事领域取得的成果一旦交由民用公司手中，其保密程度就会有所减弱，有利于知识向其他国家传播。

1953 年，美国总统艾森豪威尔提出了"原子能和平计划"（Atoms for Peace Program）。这个计划的概念很简单：美国同意协助一些国家进行核计划，以换取检查其核设施的权利，确保核材料不被用于武器制造。这是一个专门用于非军事用途的重要技术转移项目。因为即使采取了严格的保密措施，核武器还是扩散到了其他国家，美国认为有义务阻止这种趋势，并将其转向和平用途。[7]

该"原子能和平计划"最重要的成就之一是 1955 年在日内瓦举行了一次国际会议。这次会议取得了相当大的成功。来自 73 个国家的 1400 名代表参加了此次会议。这次会议让世人了解到苏联已经建造了一个核反应堆（奥布宁斯克）用于发电。这次会议通过了一项旨在促进核技术转移的新政策，为不同国家之间的双边协议铺平了道路。[8]

核技术输出国

美国率先开展军事用途的核研究，其他国家在第二次世界大战后也迅速加入了核俱乐部。为了更好地了解核研究，本章对1955年（日内瓦高峰会，首个原子能和平会议）至1962年间进行核研究的国家进行分类。大部分国家在1955年启动核研究，在1962年将其投入工业应用。[9]

根据与核能研究核心国的相似程度，这些国家可分为四类：

1. 第一梯队由"核心国家"构成，其中包括在1955年至1958年间拥有核电反应堆的先驱国家。

2. 第二梯队紧靠"核心国家"，由1958年至1962年间拥有核电反应堆的国家组成。

3. 第三梯队国家设有原子能委员会、一个或多个研究和训练中心以及一些研究用的反应堆，但无法处理核反应堆或无法实现核能应用。

4. 第四梯队由在1955年至1962年间未建造任何实验反应堆的国家组成。这些国家对核能研究不感兴趣，离核能"核心国家"差距最大。

根据这一分类，1955年至1962年核能研究国的分布可解读为：美国、苏联、英国和法国四个国家组成"中央核心"，外围有三个集团，就像一层层洋葱，由加拿大和比利时等曾帮助美国研制原子弹的国家组成最靠近核心的第二集团。瑞典等欧洲国家，尽管不太愿意发展核能，但也不甘落后于人。还有一些战败国，如意大利、德国和日本，这些国家核能开发必须服从战胜国提出的条件。

第三梯队国家尽管在 20 世纪 50 年代就开始了核活动,但只停留在研究阶段,只有一些实验性质的核反应堆。这一梯队由 20 余个国家组成,分属资本主义和共产主义两大阵营。资本主义国家包括挪威、荷兰、瑞士、印度、丹麦、西班牙、巴西、澳大利亚、刚果、委内瑞拉、阿根廷、奥地利、希腊、以色列和葡萄牙。受苏联影响的国家包括捷克斯洛伐克、罗马尼亚、波兰、匈牙利、南斯拉夫、阿拉伯联合共和国(埃及和叙利亚)[①] 和保加利亚。

表 13.1 1955 年至 1962 年核发展主要国家分类表

第一梯队	第二梯队	第三梯队	第四梯队
苏联	联邦德国	挪威	奥地利
美国	加拿大	荷兰	中国
英国	比利时	瑞士	土耳其
法国	意大利	印度	韩国
—	波多黎各	捷克斯洛伐克	泰国
—	瑞典	丹麦	芬兰
—	日本	西班牙	菲律宾
—	—	巴西	越南
—	—	澳大利亚	南非
—	—	罗马尼亚	伊朗
—	—	波兰	巴基斯坦
—	—	匈牙利	—
—	—	比属刚果	—
—	—	南斯拉夫	—
—	—	阿根廷	—
—	—	委内瑞拉	—
—	—	以色列	—
—	—	奥地利	—

---

① 阿拉伯联合共和国(UAR)是 1958 年 2 月 1 日由埃及与叙利亚合组的泛阿拉伯国家。1958 年 3 月 8 日,也门穆塔瓦基利亚王国(后来的阿拉伯也门共和国)以合众的形式加入,整个联盟因此更名为"阿拉伯合众国"(United Arab States)。1961 年 9 月 28 日叙利亚宣布退出,12 月北也门也退出。

续表

第一梯队	第二梯队	第三梯队	第四梯队
—	—	希腊	—
—	—	阿拉伯联合共和国	—
—	—	保加利亚	—
—	—	葡萄牙	—

1955年后，这些国家，无论是资本主义国家还是共产主义国家，纷纷都开始了一段时间的研究，并于60年代末获得核反应堆。根据双边协议，技术转移促进了研究性反应堆的建造和技术人员的培训。因此，第三梯队国家从"原子能和平计划"中获益，得以购买或建造一些研究性反应堆，并派技术人员前往核技术领先国家最负盛名的实验室培训，例如，美国的阿尔贡国家实验室（Argonne National Laboratory）、法国萨克雷（Saclay）的研究中心或英国哈维尔（Harwell）的原子能研究中心[10]。

最后，第四梯队指那些在第三梯队国家启动核能工业运用阶段后才开始研究核能的国家和地区，包括因水力发电占优势而对核电不感兴趣的芬兰，以及菲律宾、越南、伊朗、巴基斯坦等发展中国家，也包括韩国、泰国等对核能感兴趣并由此开启一段经济发展的东亚和东南亚国家和地区。

上述分类表明，技术转移是从第一梯队国家向其他国家和地区扩散的。美国、苏联、英国和法国为其他国家，特别是第三梯队国家和地区输出技术。英国早在1941年就开始研究核武器，由于战后能源需求不断增长，其研究方向转向和平应用。为此，英国于1950年在哈维尔成立原子能研究机构，研究重点是建造能源反应堆，用于发电和生产用于核武器的钚[11]。虽然最终生产电力和钚的反应堆没有建造出来，但其设计为用于发电的卡德霍尔（Calder Hall）反应堆奠定了基础。该反应堆与之前的反应堆基本相同，但体积更大，是和平利用核能的重要里程碑。[12]

第一梯队国家中处于末位的国家是法国，它在核研究方面有着悠久的传统，曾是该领域的先行者之一，但后来落后了。1945年，戴高乐将军成立了法国原子能委员会（Commissariat à l'Énergie Atomique，CEA），这一举措吸引在加拿大从事核领域工作的法国科学家回国工作，[13]并从加拿大带回研究型反应堆的建造技术，于是法国建造了一个类似于加拿大的研究型反应堆。这个反应堆名为"左伊"（ZOE，"零能量，氧化铀，重水"的缩写），于1948年开始运行。1952年，法国政府批准了第一个发展原子能的五年期计划。该计划包括在萨克雷建立一个新的研究中心，建造 P2（EL-2）研究型反应堆，以及两个加速器和一个回旋加速器。[14]

美国、英国和法国在向第三梯队国家（即接收国）转移核技术方面发挥着积极作用，这些国家核开发水平参差不齐。荷兰和挪威等国家排在第三梯队的首位，委内瑞拉和希腊等国家则排名倒数。不过，这些国家也有一些共同的特点：首先，它们早在第一届日内瓦高峰会议后，就从"原子能和平计划"所促进的技术转移中获益。其次，它们都与一个输出国签署了协议，且获得研究性反应堆。最后，它们都在输出国的研究中心培训科学家和技术人员。西班牙就是这样一个很好的例子。下文将对此进行分析。

向西班牙转移核技术

西班牙第一次的核活动与采矿有关，当时地质和采矿研究所成立了一个委员会，来调查位于科尔多瓦的奥纳丘埃洛斯（Hornachuelos）的阿尔巴拉纳山脉（Sierra de Albarrana）铀矿。采矿也促进了西班牙的核研究。1948年4月，佛罗伦萨大学的弗朗西斯科·斯坎多内（Francesco Scandone）教授在西班牙国家高等科学研究理事会（Consejo Superior de Investigaciones Científicas，CSIC）的达萨·德·巴尔德斯光学研究所（Daza de Valdés Optical Institute）发表演讲后，表示对西班牙的铀矿床感兴趣。随后，马德里大学的教授阿曼多·杜兰（Armando Durán）将他介绍给维贡将军（Vigón），促进了两国之间的合作。意大利和西班牙之间达成了一项秘密协议，意大利派遣地质学家前往西班牙，作为交换，西班牙在意大利培训年轻的科学家。意大利和西班牙之间的合作是第二梯队和第三梯队国家之间技术转移的早期案例。[15]

1948年9月，佛朗哥颁布了一项秘密法令，成立原子能研究委员会（Junta de Investigaciones Atómicas，JIA）。该委员会成员包括何塞·马里亚·奥特罗·纳瓦斯库埃斯（José María Otero Navascués）、曼努埃尔·洛拉·塔马约（Manuel Lora Tamayo）、阿曼多·杜兰·米兰达（Armando Durán Miranda）和何塞·拉蒙·索夫雷多·里奥沃（José Ramon Sobredo Rioboo）。出于满足合法性、提供资金和保密的考虑，委员会以公司的形式成立，名为特殊合金研究和专利公司（Estudios y Patent de Aleaciones Especiales，EPALE）。该公司由埃斯特万·特拉达斯负责。[16]主要有三个目标：第一，开采及转化铀矿；第二，到国外培训科学家；第三，进行实验以获得热核反应堆。为实现这些目标，与外国合作是必不可少的。

然而，由于佛朗哥政府在第二次世界大战期间支持轴心国，导致西班牙在经济上被孤立，无法加入联合国和其他国际组织。因此，原子能研究委员会在最初成立的几年里处境困难，受到国际关系的很大限制。尽管如此，其特殊合金研究和专利公司还是与拉蒙·奥尔蒂斯·福纳奎拉（Ramon Ortiz Fornaguera）、卡洛斯·桑切斯·德尔·里奥（Carlos Sánchez del Río）和玛丽亚·阿兰萨苏·维贡（María Aranzazu Vigón）等一些理科毕业生签订了合同，并派他们到米兰和罗马学习。[17]

作为公司的首席执行官，何塞·纳瓦斯库埃斯与一些外国中心建立了联系。1949年，他去瑞士拜访了苏黎世联邦理工学院（ETH Zurich）的保罗·谢勒教授（Paul Scherrer），之后他又前往德国，在哥廷根的马克斯·普朗克研究所（Max Planck Institute）与维尔纳·海森堡（Werner Heisenberg）及科学家卡尔·维尔茨（Karl Wirtz）进行交流。他还联系了芝加哥大学的塞缪尔·K.埃利森（Samuel K. Allison）和米兰理工学院

（Polytechnic, Milan）的朱塞佩·博拉（Giuseppe Bolla）和爱德华多·阿玛尔迪（Edoardo Amaldi）教授，造访了布鲁塞尔自由大学（Free University of Brussels）和勒布歇（Le Bouchet）铀工厂，并在那里见到了伯特兰·戈德斯米德（Bertrand Goldsmidt，法国原子能事业的开拓者之一）。最后访问了哈维尔原子能研究中心的冶金部，该部的一些科学家将前往马德里讲学或培训西班牙科学家。[18]

在原子研究委员会成立至核能委员会（Junta de Energía Nuclear, JEN）成立期间（1948—1951），技术转移仅限于人员培训，如派遣年轻科学家出国或邀请外国教师讲学。并且，西班牙在此时期只能与意大利和德国等战败国联系。因此奥特罗·纳瓦斯库埃斯前往瑞士、比利时、法国和英国，就是为了建立新的联系，摆脱西班牙政治孤立的处境。

特殊合金研究和专利公司展开培训活动的同时，也在位于阿尔巴拉纳山脉的奥纳丘埃洛斯开始了铀矿开采，并在马德里大学理论化学系的实验室中处理这种矿物，该实验室建立了一个制作硝酸铀酰的小型试验工厂。[19] 建造反应堆的研究主要有两条路线：燃料元件的研究和不同类型的调节器的研究。为此，何塞·特拉萨·马托雷尔（José Terraza Martorell）成立了一个研究小组。[20]

西班牙核能发展的第一个阶段即为1948年至1951年，这一时期的特点是保密严格，以及政府明确意识到西班牙缺乏训练有素的人员的现实情况。埃斯特万·特拉达斯在1950年5月去世后，维贡将军成为特殊合金研究和专利公司的负责人。随后，保密工作不再那么严格，而变得更加灵活和谨慎。1951年10月，政府通过一项法令，成立西班牙核能机构，名为"西班牙核能委员会"。[21]

核能委员会成立时就志存高远。它试图在与核能有关的四个领域开展活动：第一，广泛的铀矿开采活动；第二，人员培训和向政府提供建议；第三，核能研究；第四，放射性安全以及同位素的生产和调配。然而，由于1951年到1959年这十年的政治、社会和经济变革，最初的目标发生了调整。西班牙战后为结束孤立状态，首先与美国和梵蒂冈签订协议。尽管美国不情愿，但因冷战对战略基地有需求，最终不得不与西班牙佛朗哥政府合作。

在接下来的五年（1951—1955）里，西班牙核能委员会参与了一些诸如在马德里建造大型核研究中心、在安杜哈尔（Andújar）建造铀处理厂等大型项目。德国科学家卡尔·维尔茨受邀提供科学指导，并前往马德里指导这些项目的实施。[22]德国积极帮助西班牙培训科学家和技术人员，不仅转移技术，还提供使用方法，对西班牙核能研究的发展有着重要影响。与此同时，核能委员会的代表团参加了1954年由密歇根大学在美国安阿伯（Ann Arbor）举办的国际核工程大会（International Congress of Nuclear Engineering），改善了西班牙与美国的关系。[23]

1955年8月，日内瓦举办了第一届和平利用原子能的国际会议，西班牙派出一个大型代表团参会，成员包括核能委员会的成员、行政部门、企业代表和一些学术界人士。此外，前工业部部长、国家工业研究所所长胡安·安东尼奥·苏安塞斯（Juan Antonio Suanzes）、工业部副部长亚历杭德罗·苏亚雷斯（Alejandro Suárez）和西班牙驻美大使何塞·M.德·阿雷尔萨（José M. de Areilza），华金·奥尔特加·科斯塔（Joaquín Ortega Costa）和米克尔·马斯里埃拉（Miquel Masriera）等观察员也出席了会议。这次会议后的报告体现了该会议在知识传播方面的重要性，即这次会议打开了西班牙在过去15年里一直未能打开的核科学和技术的大门。此外，华金·科斯塔还指出，这一科学活动有助于整合信息，并将不同的核科学家聚集在一起。[24]

原子能和平计划和第一届日内瓦会议开创了西班牙核能委员会的一个新时代，促进了知识转移和信息获取。因和美国就和平利用原子能问题达成了合作协议，西班牙与美国的合作也越发密切，因为该协议规定，美国有义务为建造研究型反应堆提供所需浓缩铀，以换取检查西班牙核设施的权利。[25]这项协议让美国得以控制着西班牙的核开发。1956 年，西班牙从通用电气公司获得了一个池式反应堆并命名为"JEN-1"。该反应堆具有异质性，由水和石墨反射器进行调节和制冷，且含有 20% 浓缩铀的燃料元件，使反应池的两个井分别能够在 100 千瓦的低功率以及在 3 兆瓦的高功率下运行。通用电气公司提供了所有严格意义上的核元件，如反应堆堆心、控制元件、实验罐和制冷系统的几个部分。[26]核能委员会则负责安排西班牙的公司建造常规核安全防护建筑物和安装反应堆设施。在建造反应堆的同时，核能委员会还推动维贡将军项目的实施，即在马德里的蒙克洛亚（Moncloa）建造核研究中心。可以说，西班牙核能委员会在 1956 年至 1958 年间将全部身心都投入在了这些活动上。

1958 年 11 月 27 日，佛朗哥将军出席了 JEN-1 反应堆和位于蒙克洛亚的核研究中心的落成典礼。次年，位于安杜哈尔的铀矿工厂开始运营。至此，西班牙完成了核能发展的一个关键阶段。所有这些核能方面的进步都得益于来自美国的技术转移，比如，反应堆的建造和西班牙年轻科学家在美国和欧洲大学接受培训。

从知识接受到技术发展

技术转移的第一步是知识接受。这一过程在第一届日内瓦会议后变得更加顺畅，对工程师的培训产生了重要影响。西班牙的工业工程学校为核学科开设了专门的讲座。因为之前的教学大纲很死板，不允许引入新的科目，因此这些教席是在既定的学习范围之外设立的，体现了这些工业工程学校为跟上日新月异的技术变革所付出的巨大努力。[27]

巴塞罗那工业工程学校为给学生提供培训设立了三个教席。这些教席以著名的工程师的名字命名，如埃斯特万·特拉达斯、保利诺·卡斯特尔斯（Paulino Castells）和费尔南多·塔拉达（Fernando Tallada），其中，费尔南多·塔拉达教席专门教授核工程课程。[28]

在第一届日内瓦会议上，毕尔巴鄂学院（School of Bilbao）的院长J.M.托龙特吉（J.M. Torróntegui）和巴塞罗那大学的华金·奥尔特加宣布今后将开设一些关于核工程的课程。1955年10月，费尔南多·塔拉达核工程教席在巴塞罗那官方工商会（Official Chamber of Industry of Barcelona）的支持下成立的。该教席组织的课程由两位当地教授授课：讲授反应堆理论的华金·奥尔特加和讲授核工程概论的拉蒙·西蒙（Ramón Simón）。[29]另外，讲师安东尼奥·库梅亚（Antonio Cumella）于次年入职。

随后，西班牙通过与外国专家合作，引入了更先进的理念来提高国内知识水平。首先在1957年，由核能委员会的科学家、托马斯·雷斯（Thomas Reis）领导的法国教授团队以及法国的莱昂·雅克（Leon Jacques）[30]组织了三轮会议。法国为西班牙培训工程师，效果显著，缓和了两国之间的政治关系，说明在第一届日内瓦会议后，西班牙技术转移呈纵向，从依靠第二梯队国家（意大利和德国）转向了第一梯队国家（美国和法国）。

随后，由核能技术应用协会（Société pour les Applications Techniques dans le domaine de l'Énergie Nucleaire，SATNUC）主任托马斯·雷斯牵头所开设的核技术特别课程进行了整合加强，[31]甚至被《核能》（*Nuclear Power*）杂志作为培训的典范：

> 法国巴黎核能技术应用协会主任雷斯教授一直在巴塞罗那工业工程学校授课。其课程在2月和3月开设，讲授各种类型的反应堆、健康保障措施、辐射防护和中子探测技术等内容。[32]

费尔南多·塔拉达教席还赞助了一些与其课程有关的出版物，促进了知识的传播。比如由米克尔·马斯里埃拉完成的《核能：核变过程的概念、系统和应用简介》(*Nuclear Energy: An Introduction to the Concepts, Systems, and Applications of Nuclear Processes*)［雷蒙德·L. 默里（Raymond L. Murray）著］的西班牙文译本。该书是第一批在西班牙出版的关于核工程的书籍之一，专门针对工程师的培训，正如书的序言中所说："是同类型书籍中的佼佼者。"[33]

讲席教授还在《工程技术与科学》(*Dyna*)和《钢铁与能源》(*Acero y Energía*)等期刊上发表了一些如尼尔·F. 莱恩辛（Neal F. Lainsing）、丹尼尔·布兰克（Daniel Blanc）等国外教师的讲稿。[34]此外，还发行了托马斯·雷斯及其团队在1956年和1958年间发表的题为《核反应堆》（*Reactores Nucleares*）的两卷讲稿。[35]

与核能委员会（受意大利或德国援助）不同，巴塞罗那的知识引入在法国的帮助下完成的，与教师和工程师都有密切的合作。当时，人们认为核能能够解决能源需求，并成为未来重要的能源来源。因此，巴塞罗那官方工商会积极为设立教席、提供赠款和资助建造新的研究型反应堆等活动提供经济支持。[36]

随着1958年能源技术专业的开设，这些由费尔南多·塔拉达教席在现有教育的领域之外创建的研究得到不断巩固，从1961年起，该专业增加了核物理、核材料、核技术和放射性防护等课程。

在1955年创建费尔南多·塔拉达教席时，有人提议为巴塞罗那工业工程学校配备一个实验室，以便利用研究性质的反应堆进行核工程研究。但直到1958年底，该提议才得到采纳。一开始，学校计划从国外进口反应堆，但最终放弃了，因为核能委员会要求其在西班牙建造研究型反应堆，并最终选择建造类似于美国阿尔贡国家实验室的阿尔贡诺级（Argonaut）反应堆。[37]因为核能委员会研究人员获得了早些年技术转移的成果，因此具备了建造反应堆模型的能力。他们致力于利用自己的技术搭建一个专门用于发电的模型。

然而，巴塞罗那建造研究型反应堆时遇到了许多困难。从巴塞罗那派往马德里合作建造反应堆的工程师何塞·哈维尔·克鲁瓦（José Javier Clua）面临的第一个困难就是石墨的进口和机械加工。幸运的是，巴塞罗那工业工程学校有意进口石墨，并同意提供资金。因此，决策者决定开启反应堆的建设，并进口西班牙无法制造的机械部件。此后，核能委员会位于马德里的核研究中心进行了一些测试，以决定是从国外购买石墨并在西班牙进行机械化处理，还是直接进口已经机械加工的石墨。[38]

石墨机械加工的操作包括切割石墨棒，并将其塑形，使其能够适应反应堆内的特定位置。为避免冷却剂的流失，还需要对石墨块进行适当的调整。此外，还需要在一些石墨块上钻孔，以安装控制杆、辐照样品和检测系统。[39] 机械加工是一项非常精细的工作，它的实施需要一些特定的机器，但核能委员会并没有这些机器。此外，石墨还不能被杂质污染，否则它将无法对中子流产生反应。石墨之所以能用作慢化剂和反射器，关键在于它的原子核性质和捕获中子的低截面，如果有杂质，这种截面就会扩大。并且在这些杂质当中，锂、硼和稀土元素对石墨的危害最大，因为它们比其他元素更容易被捕获。

最后，西门子-普拉尼亚公司（Siemans-Plania）核部门主任德鲁德（Drude）先生在几次造访马德里后，决定从德国西门子公司购买石墨，然后在西班牙进行机械化生产。德鲁德先生邀请核能委员会的一些成员参观了该公司在加尔兴（Garching）的阿尔贡诺级反应堆。由于西门子公司只想着把石墨卖出去，而对其机械化不感兴趣，核能委员会的三名成员［阿尔瓦雷斯·德尔·布埃尔戈（Álvarez del Buergo）、何塞·哈维尔·克鲁瓦和西蒙·阿里亚斯（Simón Arias）］得以参观该公司并观察其机械化的运作方式。[40]

1960年2月，核能委员会收到了石墨。接着克鲁瓦于7月给工程学院院长达米安·阿拉贡内斯（Damian Aragonés）寄信汇报机械化进程的实施情况。他提到,工程如期进行,内部反射器、楔子和平行管建造已完成,外部反射器正在建造。[41]

1961年,反应堆建造基本完工,记者兼物理学家米克尔·马斯里埃拉还待在马德里的核能委员会实验室里,等待转移到巴塞罗那。在此期间,他写了一篇文章,发表在了《先锋报》上。在这篇文章中,他描述了工人们为避免石墨被硼污染而采取的极端严格安全措施,以及他们在准备用于使石墨机械化的工具时必须注意的问题。为避免石墨污染,工人们采取了与手术室非常相似的措施。例如,把牙膏换成了其他不含高硼酸钠的产品。此外,使用不含硼的肥皂清洗工装。更复杂的是,为了避免受到某些润滑剂的污染,机器在使用前和使用后都要进行两次清洗和润滑。[42] 由此可见,核能委员利用从其他国家获得的经验来研发自己的技术。

在为该反应堆提供核燃料方面,这一点得到了很好的体现。西班牙虽然有一些铀矿,但它缺乏将铀-238中的铀-235同位素的数量增加到适当百分比的浓缩设施。因此,西班牙需要从美国进口这种浓缩铀。不过,浓缩铀也可以通过氧化铀(U_3O_8)或六氟化铀(UF_6)获得,氧化铀通过反应堆的燃料元件可以转换为浓缩铀。六氟化铀可以通过转化厂转化成氧化铀。[43]

西班牙与美国关于进口核燃料的谈判进程缓慢,从1959年底持续到1960年8月才结束。核能委员会在此期间进行了将六氟化铀转化为氧化铀的试验。在经历了磨合期的困难之后,最终取得了令人满意的结果。1959年10月,核能委员会将六氟化铀转化为氧化铀的成本与从美国购买氧化铀的成本进行了比较研究,发现后者更具成本效益。该试验看似没有成功,但正如克鲁瓦所说,核能委员会已决定,不论经济与否,只要能克服技术困难,将六氟化铀转化为氧化铀就是成功的。这一决定具有一定的政治意义,因为核能委员会希望充分利用建造这个反应堆的机会,为之后建造核反应堆模型提供经验。[44]

在作出这一决定后,西班牙核能委员会与美国原子能委员会(USAEC)

就获得进口燃料进行了协商。这是美国首次向其他国家出口转化阶段的铀。因此，美国要求充分了解铀在西班牙转化的整个过程，并对铀的使用提出要求。这些要求无疑是合理的，铀只能出租，而不能出售，一旦出售，它有可能被用于其他目的。最终，美国同意出租六氟化铀，并将其装在直径为5英寸的镍合金圆柱体中运抵西班牙。在蒙克洛亚的实验室中，六氟化铀经过了三个步骤的处理过程。第一步是水解，产生铀的氟化铀。第二步是用氨水沉淀该溶液，获得重铀酸铵。第三步是在过滤和干燥后对铀酸盐进行煅烧，生成氧化铀。

为此建造的转化厂内有三个手套箱。称重和水解是在第一个手套箱中进行的。首先将1.5千克的六氟化铀从一个悬挂在称量秤的秤盘上圆筒转移到另一个圆筒。称重后，将这些六氟化铀通过一个柔性铜管转移到另一个圆筒中，并在那里引入脱矿水进行水解。接着在第二个手套箱中进行沉淀和过滤。沉淀就是搅拌氟化铀溶液，并将其加热至60℃，然后把它放进提前加入氮气的沉淀器中。尔后在火炉中干燥4小时，再在800℃的电炉中煅烧6小时，最后将氧化铀封装在聚乙烯胶囊中，这一过程是在第三个手套箱中进行的。[45]

在将六氟化铀转化为氧化铀之前，转化厂用核能委员会从四氟化铀生产的未浓缩的六氟化铀进行了测试。尽管也有一些困难影响了最初的工作，这一过程最终还是得以圆满完成。[46]

进口和转化后的铀在核能委员会的实验室中被制成燃料元件。制造燃料元件是为将来生产核模型元件所做的又一项准备工作。阿尔贡诺级反应堆的燃料元件由17块580×70×1.8毫米的板子和一根插销连接而成。每块板都用铝覆盖，中心有一个核心，用来定位分散在铝中的氧化铀。[47]

1961年7月和8月，西班牙开始制造这些燃料元件，结束了自1959年5月以来漫长的研究和开发过程。这个过程涉及用来确定实验室中燃料位置的板材生产研究以及后续的开发。制造板材有三种方法：铸造轧制法、

› 217

架构法和挤压法，这三种方法在研究中最初都计划要涉及。最后一道工序是在巴塞罗那的里韦拉金银加工公司（Metales y Platerias Ribera）进行的，该公司提供生产机器设备。

挤压法通常用于美国类似的反应堆中，而本反应堆用架构法代替挤压法。它包括将铀芯置于事先准备好的涂有铝的框架中，随后进行层压以获得所需的板材。[48]克鲁瓦在将这些板材与几个月前他在德国看到的板材进行了比较后向阿拉贡内斯表示，他对这些板材感到非常满意。[49]

如果说第一次石墨的机械加工对核能委员会来说是一个重大挑战，那么铀的转化则是重要的里程碑，因为美国以前从未出口过处于这种转化阶段的铀。最后，燃料元件的制造是一项创新，它采用了不同于类似反应堆中常用的工艺。所有这些都表明引进的技术可以被融化吸收，甚至还能进行融合创新。

到1961年7月，启动临界试验之前，反应堆不同部分的建造工作已经完成。据媒体报道，除了进口石墨和铀外，这座被称为"阿尔戈斯"（Argos）的反应堆完全是由西班牙建造的。西班牙的党派媒体明确表示，反应堆建造成本比从国外进口的要低50%，而且此次建造时间创下了纪录（工程8个月，建造1年，组装4个月）。

次年，巴塞罗那工业工程学校和巴塞罗那官方工商会在资助了反应堆之后，收到了核能委员会的账单，要求其支付铀的转化费用。该账单不仅包括将六氟化铀转化为氧化铀产生的费用，还包括制造燃料元件的费用。[50]在给当时学校校长何塞·马里亚·德·奥尔瓦内哈（José Maria de Orbaneja）的信中，克鲁瓦坚称，在西班牙建造反应堆比从国外进口更便宜，对核能委员会更有利。因此，他认为核能委员会应该承担一部分费用，毕竟核能委员会从后续发展的经验中受益匪浅。[51]毋庸置疑的是，建造该反应堆是一项政治决策，而不是经济决策。这一经验虽成本效益不高，但有助于引进和改造从国外引进的技术，并为建造商业反应堆铺平道路。

基于所获经验，西班牙核能委员会在1960年代初试图启动由重水调节，有机液体冷却的天然铀反应堆工程，这就是"DON"工程（"重氘，有机，天然"的缩写）或者说西班牙模型反应堆建造工程。

当时，世界上还没有这种特性的能源反应堆，因此核能委员会向美国公司和德国研究人员寻求帮助。然而，西班牙政府的核能政策发生了根本性变化，导致该项目于1963年夭折，并决定按照电力公司的意愿进口反应堆。尽管建造核电反应堆的决定是由核能委员会和电力公司在一份被称为《奥拉维加条约》(Pacto de Olaveaga) 的协议中作出的，但直到1964年才开始建造。其第一座核电反应堆于1968年投入使用，随后又在20年里建造了10座。此后，人们对安全、气候变化和放射性废料等问题表示担忧，但由于所需的投资较高，即使在核电发展的繁荣时期，产量也非常有限，因而人们的担忧也没有实质性地影响核能生产。[52]

本章小结

第二次世界大战后，核技术的转移最初只在美国军方和私营公司之间进行，并且严格保密。而在原子能和平计划公布之后，这种国内技术转移演变成了国际转移。为此，本章根据核发展程度，将进行核研究的国家分为四个梯队。在核技术转移过程中，一些国家是输出国，另一些是接收国。

第一梯队国家是输出国，第二和第三梯队国家则是接收国。其中，第三梯队国家在核研究期间受益最大。

此外，政治孤立可以影响技术转移，西班牙就是一个很好的例子。为其提供核技术的是最先进的国家（美国、英国和法国），以及第二梯队国家的战败国（意大利和德国）。政治形势好转之后，核技术转移的保密工作变得不再那么严格，最先进的国家开始带头进行技术转移。

本章的研究重点在于核技术转移中知识和材料的转移，并以西班牙建造研究型反应堆一事进行举例。其中，能够利用西班牙技术建造核反应堆模型是推动技术转移的重要愿景与推动因素。

西班牙技术引进的手段最初包括先后派遣年轻的科学家到意大利和德国学习核工程，并与技术更先进的研究中心和大学建立联系，该举措有效消弭了西班牙政治和经济孤立带来的影响。此外，还邀请了国外教师来做讲座，并对研究进行评估。

由于冷战原因，西班牙和美国达成协议，并建立了进一步的联系。西班牙科学家得以参加核研究会议，并在美国的核研究中心和大学接受培训。这种新情况促进了知识的获取，并掌握安装美国进口研究性反应堆的方法。

在第一届日内瓦原子能和平会议之前，西班牙知识转移举步维艰，但在这之后变得容易了。绕过教学大纲僵化的结构进行工程师培训就是这么一个例子。首先，设立一个特别教席，开设在教学大纲规定之外关于核工程的特殊课程。其中国外教师，特别是法国教师，对这些课程做出了很大的贡献。这一教席还促进了书籍的出版和论文在技术杂志上的发表。最后，这些研究得到了巩固，能源技术这一新专业被纳入西班牙工业工程学校的教学大纲中。

不依赖国外进口，而根据外国模型用西班牙技术独自制造的研究型反应堆，表明知识引入已经开始结出硕果，推动了技术革新。建造核反应堆所获得的经验为名为"DON"的核反应堆模型打下了基础。

阿尔戈斯反应堆和阿维（Arbi）构成的双反应堆的建造代表着重要的技术革新。它们是第一批几乎完全由西班牙自主建造的反应堆。这些反应堆的建造代表着三项成就：石墨的机械加工、六氟化铀转化为氧化铀的技术，以及燃料元件的制造。

20世纪60年代初，核能委员会参与了西班牙旨在建造"DON"核反应堆的项目，并试图效仿德国，依靠自己的技术建设反应堆模型。然而，政权的更迭导致西班牙核政治的方向发生转变，使其能够进口国外的反应堆。随后，西班牙利用法国和美国的技术建造了核能反应堆。

电信和公共工程篇

第十四章

西班牙电信业的发轫与崛起

国际文献十分关注国际技术转移的两种主要渠道（跨国公司和市场），以及政府在转移过程中的作用。[1]学者们共同确立了国家创新体系并推动其发展，这一概念常出现在熊彼得（Schumpeter）后来的著作中，他还把微妙的国情变化作为研究领域。[2]然而，我们对于技术创新在企业内部或企业之间传播过程的认识还存在盲区，是否把持续创新视为经济发展的关键解释变量是一个重要问题。[3]

西班牙专家对本国技术转移进程的研究重点往往厚此薄彼。[4]例如，对第二次工业革命技术传播的研究主要集中在发电和输电方面，忽略了电信设备。[5]本章试图纠正这种偏向性，并考察电话技术——即电话交换设备、传输设备和终端设备——传播至西班牙的曲折过程。[6]从理论角度来看，本章结合了制度方法 [安德森－斯科格（Anderson-Skog）]和国家创新系统（NIS）方法，即马歇尔（1925年）提出的外部性概念和衍生的溢出效应、相互依存关系或间接影响，以及工业发展的副产品。[7]从国家创新系统来看，本章在跨学科分析的同时采用动态变化的观点，以组织和企

第十四章 西班牙电信业的发轫与崛起

业家等行为主体与国家具体体制框架之间的相互作用为前提。此外，本章还提出进行微观研究以便更加了解创新系统（特别是国家层面）、政治和其他影响学习、研究和探索性活动的社会制度，如一个国家的大学和研究机构、金融系统、经济政策和企业内部组织结构等。[8]

西班牙在电话技术转移关键期的四个主要特征吸引了研究该案例的学者。首先，在欧洲其他国家，邮政、电报和电话模式（"Post Office, Telegraph and Telephone"的缩写，以下简称"PTT模式"）在邮电通信行业非常普遍，当时欧洲只有15.8%的电话系统由私营公司运营，而西班牙的电话服务主要是由私人资本垄断。其次，欧洲PTT模式将三个部门合并为一个部门，而西班牙是横向分离。然后，西班牙体系的第三个显著特征是服务业和制造业之间在一定程度上呈纵向一体化。西班牙国家电话公司（Companñía Telefónica Nacional de España，CTNE）投资了西班牙标准电气公司（Standard Eléctrica SA，SESA）并签署了独家供应合同，以提高经济实力和工作效率。最后，西班牙电话设备行业受益于国家对民族工业的保护政策。[9]

本章聚焦1877年至1945年的情况，涵盖了电话技术转移到西班牙的初期阶段，国际标准电气公司（International Standard Electric，ISE）通过创建西班牙标准电气公司作为其联营公司，使跨国公司成为重要技术转移渠道，以及国际标准电气公司不断发展直至其运营商西班牙国家电话公司国有化。因此，本章考察了第二次工业革命在发展过程中的一些相关事件，探讨了当时最重要的问题，如跨国公司在技术转移中的作用，以及对修建基础设施以获取技术的讨论。[10]在第一节中，我们会探讨在跨国公司主导世界市场的背景下电信设备向西班牙的转移。在第二节中，我们以西班牙标准电气公司的活动为主要对象来回顾当时的转移机制。在接下来的各节中，我们将讨论20世纪30年代的经济大萧条时期和佛朗哥上台后所奉行的闭关自守经济政策对西班牙电话行业发展影响最大的因素，并着重阐述西班牙国家电话公司国有化的影响。本章最后分析了技术转移的因素：专利、市场和专业知识。

本章首先借鉴了主要来自商界的第一手资料以及西班牙专利商标局历史档案馆中的文件，这对于评估西班牙的创新能力和技术转移机制至关重要。

薄弱的国家基础：国际技术转移的障碍？

美国人亚历山大·格雷厄姆·贝尔（Alexander Graham Bell）的发明实验阶段刚一完成，他就在电话技术尚显冷清的氛围中开始了商业化行动。贝尔电话公司（Bell Telephone Company，BTC）对关键技术的控制几乎垄断了该行业在全世界的扩张，直到他的两项重要专利于 1893 年和 1894 年相继到期。[11] 贝尔电话公司继而试图通过授权不同地理区域的公司使用其技术和产品，而非直接参与，来避免额外的财政支出。因此，国际贝尔电话公司（International Bell Telephone Co.，IBT）和大陆贝尔电话公司（Contiental Bell Telephone Co.，CBT）于 1880 年成立，旨在在南美洲和欧洲大陆市场使用贝尔的专利。但实现这一目标有时需要收购集团其他子公司持有的专利权，在西班牙就出现了这种情况，19 世纪的西班牙电话技术发展缓慢，在技术领域高度依赖外国公司。[12]

西班牙的电话是由技术人员通过法国和拉丁美洲地区引入的。由于当时政府采取具有限制性的、矛盾和优柔寡断的政策，电话在国内的普及速度缓慢且范围有限，落后于其他发达经济体。1913 年，西班牙的电话普及率（即每 100 名居民中有 0.12 部电话）远远低于北欧（每 100 名居民中有 4.9 部电话）和中欧国家。

与欧洲其他地区一样，国际贝尔电话公司与其他外国公司一起在西班牙各个城市建立了分支机构网络，提供电话机和相关物料。[13] 各个机构在技术转移方面发挥了重要作用。作为监管者，政府掌握着转移技术的选择权，决议通过拍卖的方式将电话网络授予私营公司，将部分权利让渡给了私营企业家，还限制了规定设备规格标准化的文件的有效性，这意味着规范文件不再是有效的控制手段，首批安装设备的公司获得的先发优势也越发明显。[14]

另一个问题是20世纪初在西班牙几个地区建立了非国家公共实体，出现了权力下放和监管能力转移的情况。例如，在加泰罗尼亚，由该地区四个省组成的共同体（Mancomunitat）有权决定新设施的材料和设备类型，但现有技术和备件或技术援助的供应不足，严重影响了决定的实施。[15]

事实上，当时西班牙国内的技术和工业几乎没有应对这一问题的能力。一些西班牙科学家的发明仅限于辅助设备领域，自给自足的梦想仍未能实现。西班牙电气公司的危机给国内电话行业带来了致命打击，因为该公司曾试图将电力和电话材料混合铺设。[16]另一些西班牙公司，如西班牙电信电气公司（Telecommunicación y Electricidad SA，TESA），决定与国内运营商加强合作，但结果也不尽如人意。

从20世纪初开始，国外技术公司试图通过与西班牙国内的小公司合作的方式在西班牙市场立足，[17]这些小公司逐步在西班牙各大城市建立代理机构和代理人网络。然而，这些公司都无法克服规模小的问题，也无法解决由于网络增长缓慢和市场分散造成的不确定性。

第一次世界大战前夕，世界四大电气巨头——通用电气公司（GE）、西屋电气公司（Westinghouse）、西门子公司和德国通用电气公司（AEG），主导了电报和电话设备的生产。电话技术在第一次世界大战期间得到迅猛发展，但在战后时期，许多国家的首要任务是重建在战时被摧毁的基础设施。自动化也仍然是各个国家面临的一项挑战，因为当时的电话机主要是手工制造的。[18]中立国许多行业的公司利用敌对行动削弱了德国的行业地位。

1924 年签署的"长途电话协议"（Telephone Long Distance，TELOD）允许交换许可和市场限制，这是西班牙电话行业一个重要的里程碑。[19]在这些协议签订前不久，美国电话电报公司（AT&T）的制造部门、美国电信行业的领头羊西部电气公司（Western Electric）通过标准模式打入西班牙电信设备市场，即与西班牙合作伙伴创建了一家西班牙公司——西班牙贝尔电话公司（Teléfonos Bell SA），实现了把电气和电话设备行业合二为一的夙愿。该公司现在仍由美国管理。与此相对应，爱立信（Ericsson），一家瑞典电话制造公司，从 19 世纪起就在国际市场上有坚实基础，也在西班牙开展业务，[20]通过开设销售机构巩固了其在西班牙的地位。尽管如此，当该公司申请在西班牙扩展和推动电话系统现代化时，它的雄心勃勃的计划遭到了挫折，我们现在要讨论的就是这个话题。

国际市场在电话技术向西班牙转移的过程中发挥了关键作用。温和的保护主义以及缺乏像瑞典、英国、德国和日本等其他国家那种强大的产业，使得西班牙成为电信设备的主要进口国之一，而上述的国家由于同样或更低的贸易壁垒，能够成为主要的电信设备出口国。即使（进口国）有融会贯通技术的能力和获得的专业知识，也未能摆脱法律框架的约束、市场规模和缺乏弹性需求的问题，特别是跨国公司对专利的铁腕控制。[21]

总的来说，西班牙电信业第一阶段的特点是国内产业的薄弱和视野的狭隘，跨国公司通过对该行业进行蚕食，在西班牙市场占据一席之地，开展人力资本的培训，后来标准电信公司充分利用这些资源，成为未来许多年电信材料和设备行业发展的关键。

西班牙的技术转移渠道：跨国公司

20 世纪 20 年代初，当时的国际电话电报公司（ITT）还是一家干劲十足的小公司，在加勒比海地区也有一些业务，决定选择西班牙这个市场狭窄且十分分散的非核心国家成为它进军国际市场的试验场。这家北美公司获得了西班牙普里莫·德·里维拉政府的资助,通过新手段来改革、扩展和更新电话网络,因此于1924年成立了西班牙国家电话公司,以便实现这一特定目标。[22]国际电话电报公司和西班牙国家电话公司签署了一份合同,涵盖了诸多方面,如技术咨询、工程设计、监察、规划和"通信系统进步的交流"——这个模糊的表达可能指的是获得专利使用权。另一份合同是由西班牙政府和西班牙国家电话公司签署的。这份合同不仅决定了西班牙电话服务的未来,也决定了技术转移的未来,因为其赋予的特许权也代表了对电话材料和设备供应的垄断,这种模式在贝尔电话公司的系统中成效显著。从西班牙这个新的欧洲基地开始,国际电话电报公司展开了其在国际市场的业务,特别是在它收购了美国电话电报公司的国际设备制造部门(国际)西部电气公司后,将其更名为"国际标准电气公司"。

在20世纪20年代,纵向一体化和建立联合子公司战略催生了一个由15家公司组成的企业集团,在几个欧洲国家生产电话材料和设备。[23]当然,最初的核心部门是由(国际)西部电气公司在欧洲的工厂组建的,特别是伦敦的标准电话与电缆公司(Standard Telephones and Cables)以及比利时的贝尔电话设备制造公司(Bell Telephone Manufacturing Co.)。[24]国际电话电报公司收购了三家德国制造公司,并与通用电气公司合作,在柏林也成立了标准电气公司(Standard Elektrizitäts-Gesellschaft),该公司在通用电气公司出售其股票时被国际电话电报公司控股。[25]

由于完全掌控了西部电气公司强大的研发部门,而且是贝尔实验室的核心,美国电话电报公司才能持续地更新知识和创新。这意味着国际标准电气公司必须创建自己的研发基地,因此它首先在法国建立了电话设备公司(La Matériel Téléphonique,LMT)的实验室,然后在新泽西州建立了纳特利联邦电信实验室(Federal Telecommunications Laboratories of Nutley),最后是1945年在哈洛(Harlow)创建了标准电信实验室

（Standard Telecommunications Laboratories），1956年在斯图加特创建了标准电气洛伦茨中心实验室（Standard Electric Lorenz Central Laboratories）。[26]国际电话电报公司-国际标准电气公司（ITT-ISE）模式不仅提高了规划研究方案的能力，还提供了一个新的信息交流渠道和一个协调国际电话电报公司各地方实验室工作的媒介。国际标准电气还在欧洲开发了一些新的设备，包括旋转机电电开关、"PENTACONTA"开关和纵横开关系统。[27]

西班牙国家电话公司在进行电话系统的改造和扩容时，由于自身缺乏技术基础，不得不接受国际市场苛刻的条件。国际标准电气公司的西班牙联营公司是西班牙标准电气公司，于1926年在马德里成立，其研发模式与国际电话电报公司两年前在西班牙国家电话公司使用的模式并无二致。于是，美国资本和西班牙国内资本再度联手，在第二次工业革命的相关领域成立了一家拥有西班牙名称和商业地址的公司。由于垂直整合的实行，国际电话电报公司在设备的运营和生产方面加入垄断行列。另外，国际电话电报公司也充分利用了阿方索十三世（Alfonso XIII）政府于1907年和1917年颁布的旨在保护国家工业的民族主义政策。

正如现有公司的存在允许国际电话电报公司成立西班牙国家电话公司一样，西班牙标准电气公司的工业基础是通过收购西班牙贝尔电话公司[28]和一些位于马德里的旧工业厂房奠定的。因本地化因素，其生产分为两个工厂：位于西班牙北部海岸的马利亚诺（Maliaño，桑坦德省）工厂负责生产电缆销往拉美，而位于马德里的工厂则负责制造设备。[29]1930年起，马德里工厂生产能力得到提高，技术部门也随之成立，得以生产新型自动交换装置和用户定制设备，可以说是该公司应对西班牙市场和一些国际市场需求迈出的重要一步。带新型旋转机电开关"7-A1"的自动交换机因其安全性和灵活性而脱颖而出，即使在用户数量非常少的城镇也适用。较为复杂的设备是国外进口的，例如1929年在马德里安装的城际交换机，是在荷兰安特卫普（Antwerp）生产的。[30]西班牙标准电气公司因其在集团总销售额、利润和产能中的份额在5%～17%，在国际标准电气公司的联营公司中占据了重要地位。就销量而言，它位列第五，排在伦敦、安特卫普、巴黎和柏林的联营公司之后，且与巴黎的汤姆森－休斯顿电信公司（Compagnie des Téléphones Thomson-Houston）并列。[31]

严格地说，从该行业的发展前景来看，西班牙看似遵循了与其他国家类似的道路，但其实它没有遵循标准的欧洲PTT模式，即掌握电话设备的网络和监管机构的所有权[32]。事实上，由于体制和政治原因，西班牙不可能过于"离经叛道"；战后对国际组织的推动和有利的长途电话系统的技术革新，可以说都有助于推动欧洲标准化实践。长途电话国际协商委员会（Comité Consultatif International des Communications Téléphoniques à Grande Distance）的成立是一个重要的里程碑，它的任务之一正是建立一个名为"主要标准参考系统"（Master Standard Reference System）的共用系统，并采用美国电话电报公司的北美系统来实现所需设备的标准化。[33]

除了工业后备力量，新公司还招募了一批西班牙电话科技领域的顶尖专家，他们具有推动工业活动的能力。但真正巩固西班牙标准电气公司地位的是它掌控的隶属于国际电话电报公司的国际标准电气公司。西班牙标准电气公司与国际标准电气公司签订合同，授权前者在世界范围内使用后者的专利，[34]并要求伦敦和比利时子公司的专家协助西班牙员工工作。到1929年，所有新公司的技术人员都是西班牙人，并成立了一个技术部门。新公司的研发中心或研究实验室创建于1956年，是国际电话电报公司全球网络的一员，并成为把新技术发展引入西班牙电信领域的渠道。[35]至此，构成创新体系或国家风格的各种要素——国家、企业、知识和制造能力——都已就位。多年来这一工业基础不断扩大，以满足需求的数量和多样性。

国际冲击和本国的制约因素

因 1929 年华尔街金融危机，世界工业面临崩溃和重组的危机，电信行业也未能幸免。也许正是此次危机催生了新的国际组织，以寻求达成标准协议，建成新的设施和系统并创造新的市场机会。由此，于 1932 年马德里全权代表会议上成立的国际电信联盟（International Telecommunication Union，ITU）发起了一项艰巨的任务，旨在实现电信系统的标准化和现代化。[36]

竞争对手的联手过程和战略联盟影响了国际电话电报公司的企业集团，因此该集团于 1930 年获得罗马尼亚电话服务的特许权，并与爱立信公司联手，以运营商和制造商的身份打入国外市场。[37]

毫不奇怪，在那几年的艰难岁月里，设备从拥有更先进的科技知识、研究中心或实验室以及高水平工作人员的公司向下流动，流向较落后的公司。例如，在巴塞罗那—马洛卡线上的一个站点安装了一个最先进的无线电中继系统，该系统采用了国际电话电报公司工程师 M. 德洛赖纳（M. Deloraine）和 A.H. 里夫斯（A. H. Reeves，1938 年发明脉冲码调制器）在巴黎开发的设备，使该站点成为世界上第一个此类无线电中继站[38]。

西班牙电话材料和设备行业也未能逃脱 1929 年金融危机的影响。西班牙工业面临的主要困难之一是原材料和零部件长期短缺，而到了西班牙内战结束后，由于欧洲其他地区的敌对行为，这一状况一直未曾改善。[39] 因此企业只能充分利用其自身的设备，他们有时不得不拒绝新的电话订单，并被迫进口材料和设备。内战前，共和党政府采取了两个行动：第一，由政府列出一份优待清单；第二，由政府充当外企的中间人，但政府依旧无法解决资金流动困难的问题。国际标准电气公司在里斯本（Lisbon）的代表斯陶布（Staub）前往西班牙谈判无线电材料和设备的采购事宜一例，就印证了这一问题。[40]

可能是由于跨国的国际电话电报公司-国际标准电气公司的总体战略,运营商(西班牙国家电话公司)和制造商(西班牙标准电气公司)之间建立了双向合作体系。电话服务所需的许多零部件都是进口的,偶尔需要从国际标准电气公司购买。为此,西班牙国家电话公司必须要求政府发放进口许可证,提供足够的可兑换货币,并在货物抵达时进行分发;该行业的其他公司也充当中间商的角色。[41]

西班牙内战造成了国内人力资源和基础设施的巨大损失,许多大学遭到了灭顶之灾。1939年第二共和国解体后,佛朗哥统治时代开始,自给自足的政策让整个国家陷入萧条状态,国内物资短缺,在国际上也被孤立,一直持续到1959年才实行稳定计划。[42]虽有些细微的差别,佛朗哥的工业政策可以看作是第二共和国在1935年(长枪党发动叛乱前一年)所构想的失败项目的延续,换句话说,它也是共和国政府从20世纪初受到军事工程师和再生主义知识分子的启发开始实行的民族主义政策的延续。佛朗哥领导下的政策与法案以两种方式施行:监管和直接干预。《工业管理和国防法》(Industrial Regulation and Defence Law)允许政府进行工业活动和设置外资壁垒,同时规定政府有义务向公共行业提供国货,政府还可以通过国家工业研究所直接干预有关战略部门并培育新的产业。[43]

1945年,佛朗哥政权极端的民族主义倾向使得西班牙国家电话公司被收归国有。西班牙国家电话公司收购了西班牙标准电气公司一系列的股份,这是政府与国际电话电报公司签订的合同中规定的一项活动。根据此合同,西班牙国家电话公司承诺安装最先进的设备并进行创新。自动交换设备的扩展是基于西班牙已在使用的系统,直到技术进步后,才有了替代方案。

因为特定范围的设备都是进口的,尤其是无线电,所以有两点是不容忽视的。第一,企业间的流通在技术转移中起着重要作用。第二,运营商不仅从设备的调度中受益,而且还能从转移过程中学到知识,这对西班牙标准电气公司来说可能是一种优势。来自标准电话与电缆公司的一名工程师是高频语音传输专家,当西班牙国家电话公司开始在城际线路中应用高频时,他以顾问的身份加入了该公司的工程部,这就是个明证。[44]

技术转移渠道:专利、市场和专业知识

西班牙的情况确在许多方面都很特殊,但它真的是 20 世纪中期电话技术转移的特殊途径吗?如现有数据所示,自动旋转开关装置在世界市场使用广泛。显然,该装置是 1948 年在西班牙作为一种独特技术被采用的。但市场结构以 PTT 模式为基础的国家,如法国和其他欧洲国家,也有类似的情况。英国是个例外,因为英国国内公司受优惠待遇保护,不进口自动旋转开关装置。[45]

西班牙标准电气公司发展壮大的主要原因是它成了西班牙国家电话公司的材料和设备独家供应商。[46]尽管生产规模较小,但国家需求(陆军、海军和铁路)发挥了重要作用,联营公司本身在西班牙标准电气公司的客户群中占很大比例。公共服务领域内的新兴产业,如电台等,需要新的转接渠道,这就催生了一个新的国际电话电报公司的联营公司——西班牙海事航空无线电公司(Compañía Radio Aérea Marítima Española)。[47]

政府本来就是该公司的客户,现在又作为材料和设备生产的监管者,发挥了重要作用。首先,它要求公共服务部门内的特许经营者在国内市场购买材料,并宣布为满足国内需求需要保护电话材料行业,从而遏制了外国企业的竞争。[48]其次,政府顶住来自某些公司的压力,拒绝给予特许权,使其与竞争对手进行公平较量。例如,1926 年,也就是西班牙标准电气公司成立之年,爱立信公司提出通过政府合同保证国家订单,但遭到拒绝。尽管如此,政府偶尔会在没有进行竞标的情况下将某材料的供应权直接给某公司,并辩解称有关设备属于所涉公司的专属专利。[49]

西班牙国家电话公司在短期内无法实现在国内制造电话材料和设备的

既定目标。在成立的头五年里，该公司在西班牙囤积了很多的材料。总的来说，公司的政策意味着很大一部分原材料和半成品是在国内市场获得的，尽管成品对国外市场的依赖性更大。1936年，三分之二的半成品和近50%的订单来自国内市场。在1936年至1950年，西班牙国家电话公司逐渐脱离国外市场，那时，电话机生产几乎完全实现了国产化。[50]

专利代表着该行业技术转移的一种特许权渠道。在1926年至1950年的25年里，电信领域的跨国公司直接或间接通过其合伙人在西班牙注册了1773项专利。欧洲跨国企业西门子和爱立信注册的专利数量较少，只有74项；而国际标准电气公司，正如上文所说，通过其在美国和欧洲的实验室提高了研究能力，占专利注册总数的95.8%，其中95.43%通过西班牙标准电气公司获得。换言之，西班牙标准电气公司得益于与跨国企业的联系，得以系统且自由地使用了国际标准电气公司的专利。[51]因此，在国际标准电气公司中，通过授予专利建立了浓厚的知识交流氛围。第二次世界大战结束后，当自给封闭的经济政策达到顶峰时，西班牙标准电气公司注册的专利数量大幅增加——占1926—1951年所有注册的91.55%，[52]其中最突出的专利之一是第一台旋转号盘电话机（1923年）及其后期进一步发展，还包括几种设备装置。[53]最后，上文提到的另一个技术转移渠道是通过在伦敦、巴黎和安特卫普的实验室和工厂培训有前途的西班牙大学生，将专业知识从国际标准电气公司的子公司传到西班牙。[54]专家团队的最初的核心人员以及来自其他公司的西班牙专家，为设立技术部门提供了一个平台，随着时间的推移，该部门会成为一个研究中心。[55]这样一来，发明—创新—模仿—创新的循环就形成了闭环。

本章小结

本章追溯了第二次工业革命期间技术向西班牙转移过程中相对鲜为人

知的一面。我们没有把国际文献所研究的制度和转移渠道分开处理，而是将这两个因素结合起来考虑。我们的分析强调了同时参与技术转移且具有国家能力的不同行为体——人、公司和国家政策——之间的相互作用。我们还明确了国际机构和区域机构等其他相关机构的作用，并发现了它们不同的发展速度。起初，由于西班牙电信行业发展缓慢，进步不太明显，但即使在当时，技术转移也有助于培养人力资本也就是后来帮助在西班牙建立研究中心的专家和技术人员。这是国际电话电报公司通过其全球扩张战略所追求的目标之一。毫无疑问，随着西班牙国家电话公司获得国内电话网扩展和现代化的特许权，以及国际电话电报公司旗下的国际标准电气公司的成立，技术转移的节奏加快了。

  从那时起，西班牙电话设备行业的创新体系就走上了自我发展之路，与那些按照 PTT 模式实行公共垄断的国家有些许不同。西班牙通过纵向一体化，在跨国企业国际电话电报公司的支持下形成了电话设备行业。事实证明，西班牙市场结构与法国现有的市场结构相似，设备供应的近似垄断一直持续到 20 世纪 60 年代初，但与英国的市场结构不同，毕竟英国很快就摆脱了其惯常的供应商。

第十五章
"法国气动时钟天才"与西班牙无线电站

维克多·安托万·波普（Victor Antoine Popp，1846年出生于维也纳）于1878年前往法国首都，在世界博览会的奥匈帝国部分展示了一种通过压缩空气同步时钟的系统，他与发明者卡尔·阿尔伯特·迈霍费尔（Carl Albert Mayrhofer）和另一位合伙人共同拥有该系统的专利。经过演示，巴黎市议会于1881年授予波普的气动时钟总公司（Compagnie Générale des Horloges Pneumatiques）通过这一方法调整公共和私人时钟时间的权利，并于1886年授权波普（当时他已入籍法国）将压缩空气作为万能动力来源的权利。1889年，他还获得了市政特许权，使用压缩空气驱动当地电动发电机和电池储存来向该市特定的一个区域供电。波普作为巴黎空气压缩公司（Compagine Parisienne de l'Air Comprimé，前身为气动时钟总公司）的主管负责这一计划长达数年之久，然而，在1892年，为应付增长迅速的设备需求，曾经提供了大部分必要高额资金的德国银行控制了该公司，波普辞去了他的职务。然后，他从事压缩空气牵引工作，并与他的女婿詹姆斯·孔蒂（James Conti）一起设计了新的有轨电车，在技术方面获得了非常好的评价，但明显在运作上就不是那么成功了。在19世纪末的一段时间里，他似乎和他的儿子理查德（专注于小型汽车研发）和亨利（专注于摩托车研发）一起参与了持续发展的汽车工业，此后他将注意力转向了无线电报[1]。

本章论述了波普在完全不同的领域所做的工作。在20世纪的第一个十年里，无线电研究和波普的职业生涯一样显然很少受到关注，但他确实是第一个设想成立一家法国公司来挑战英国和德国公司的主导地位的人，尽管没有成功。格里塞特（Griset）的叙述虽然很简洁，但却是作者发现的最完整的。[2]其他著作，如蒙塔涅（Montagné）和莫诺-布罗卡（Monod-Broca）记录的关于爱德华·布朗利（Édouard Branly）和尤金·杜克雷特（Eugène Ducretet）的作品，[3]虽然对此事只是一笔带过，但也提供了非常有趣的数据。作者本人在一本关于西班牙早期无线电通信的小册子中记录了对波普的初步发现。[4]

毕苏茨基系统

1901年6月至7月，波普第一次参与了无线电报相关的活动。他赞助了一个名叫欧仁·毕苏茨基（Eugène Pilsoudski）的人在巴黎附近的韦西内镇（Le Vésinet）进行"地球电磁波"通信测试。据说毕苏茨基是俄罗斯帝国工程兵团的上校，最近在法国为他的系统申请了专利。[5]他推断，在地球表面下传播的电磁波因不受地面上障碍物的影响，所以应该能够传播很远的距离。他使用了尤金·杜克雷特提供的商业设备，发射和接收天线的是水平电偶极子，离地面约两米，两端接地，其中一个直接接地，另一个通过电容器接地。尽管两栋别墅之间仅大约500米，距离很短，无法证明任何推断的合理性，但可能是由于波普的个人吸引力，这个实验在媒体界备受关注。7月1日，他设法并成功在韦西内镇召集了一批国内外媒体

第十五章 "法国气动时钟天才"与西班牙无线电站

的记者和一些知名人士，其中包括法国邮政和电报管理局的监察长维洛特（Villot/Willot），显然监察长对这次试验赞赏有加。在宴会上的祝酒词中，毕苏茨基宣称："事实证明，赫兹波作为无线电报的高效传播媒介，可以穿过地球——它们在地球上的传播（至少在理论上）是无限的——也可以在其他星球传播。"[6]

我们翻阅的当时所有巴黎报纸都持这种乐观态度，除《辩论报》（Journal des Débats）外，亨利·德·帕维尔（Henri de Parville）在他的每周科学副刊[7]中持更为谨慎的态度。他和《自然》（La Nature）的作者都提醒读者，1898年斯勒比（Slaby）和阿科（Arco）提出了一个类似于毕苏茨基的方案，彼时驻扎在中国的德国军队也使用了这个方案。他担心这个实验证明不了什么，"可能是偶然在无意中建立起了一个普通的无线电报"。[8]在报道中，《电气照明》（L'Éclairage Électrique）也表达了一些保留意见，并希望波普兑现他在宴会做出的承诺，在巴黎和布鲁塞尔之间进行测试。[9]两位杰出的电气工程师就更不客气了：埃米尔·瓜里尼（Émile Guarini）写道，尽管他使用了一个非常灵敏的相干器和一个非常强大的发射器，他复刻了这个实验，但结果才传播了不到20米，[10]而且根据爱德华·奥皮塔利耶（Édouard Hospitalier）在的杂志文章中所说，在韦西内镇所看到的也证明不了什么。[11]另外，多梅尼科·马佐托（Domenico Mazzoto）在他1905年的著作中描述了"波普-毕苏茨基"系统，书中没有评价其性能，只是简单地说发明人已经提出用它来探测矿物，当矿物存在时，其导电性将阻断发射器和接收器之间的通信。[12]

法国无线电报电话公司

每日报道上的反复宣传让波普相信，公众对无线电报有好感，这有助于开发基于新技术的商机。1901年7月17日，他和另一位名叫吕西安·罗

237

切特（Lucien Rochet）的发起人一同向公证人提交了一份非营利公司章程，公司名为"法国无线电报电话公司"（Société Française de Télégraphes et Téléphones sans Fil），他们共同享有20万财产权益及所有权。波普的"学习、研究和工作"加上罗切特的"关注和努力"，使他们最终成功创建了新公司，他们和费尔南·皮若诺（Fernand Pigeonneau）一同成立了董事会。[13]波普写道，这个决定是受到了爱迪生在电气工业初期所做工作的启发。他认为爱迪生成功的基础，除了个人价值外，

> 主要是他有足够的资本召集一些有能力的合作者组成工作团队，研究和测试所有的新发明，最大限度地利用它们，使它们适用于工业用途，并最终通过创建大型公司加以利用。

这些话摘自1901年8月11日出版的《矿业杂志》（Journal des Mines）上的一则关于该公司的长篇广告，该杂志是由矿业基金会出版的一本面向投资者的杂志，该基金会以每股30法郎的价格购入了法国无线电报电话公司的4万股股票，期望获得巨大的收益。文中包含了一些有趣的消息，例如，毕苏茨基的系统在韦西内镇继续进行测试的同时，在巴黎塞纳河畔的圣日耳曼（Saint-Germain）进行着其他测试。这些测试刚刚证实，"赫兹波不是在水体中传播，而是沿着水面传播，要么从一个河岸传播到另一个河岸，要么沿着河道传播"。除此之外，法国无线电报电话公司成功与发明相干器的"关键人物"爱德华·布朗利合作[14]。据说，布朗利正致力于"创造一种新的、更灵敏、更坚固的无线电导体"，而法国无线电话电报公司持有其专有权，从而确保"公司优势超过马可尼（Marconi）或任何其他公司"。

法国无线电报电话公司首次记录在案的活动是9月18日和19日在跨大西洋客轮"加斯科涅"号（Gascogne）上的一个无线电站和另一个海岸无

线电站之间进行的常规的无线电报演示,演示地点在敦刻尔克(Dunkirk)附近的马洛莱班(Malo-les Bains)赌场的露台上。《费加罗报》(Le Figaro)租了这艘船,为了让他们的读者有机会从这个城市前面的海上观看沙皇尼古拉二世(Tsar Nicholas Ⅱ)访问法国时组织的海军阅兵式。活动参与者们还可以看到无线电报的运行和用于收发信息的情况。该演示可能并非事先计划的,因为《费加罗报》在首次公布海上演示的消息后6天才公布了相关信息,而且这一活动是由波普本人提出的,他一定是看到了一个让乘客了解这一发明的好机会,而这些乘客中不乏富有和有影响力的人。[15] 从《费加罗报》出版的编年史来看,这次演示在某种程度上是由波普一家人完成的,因为波普负责马洛莱班赌场的无线电站,而他的儿子理查德在妻子和年幼女儿们的帮助下操作船上的无线电站。该报纸没有提及他所使用的设备,却刊登了部分由船上无线电站传送的信息,其中一条是其特使的长篇报道,这可能是最早将无线电用于新闻目的的案例之一。[16]

9月22日的《矿业杂志》又发表了两篇商业新闻。第一篇叙述了在敦刻尔克的演示情况,并补充了法国军队最近在兰斯(Reims)的演习期间无线电报实验的成功案例,[17] 得出的结论是"无线电报和电话正越来越广泛地被应用",尽管购买零件要花31.25法郎,但法国无线电报电话公司也会盈利。第二篇继续鼓励投资者,向他们保证毕苏茨基的系统优于所有其他现有的系统,因为它不需要非常高的天线。像在韦西内镇这样的短距离试验将被法国无线电报电话公司叫停,转而尝试建立马赛—阿尔及尔(Marseille-Algiers)的线路,如果成功的话,将立即尝试从法国到美国发送电报。这位作者继续着他天马行空的梦,列出了一长串"法国线路",这些线路将取代世界各地现有的海底电缆,并使法国免于向开发这些电缆的公司(主要是英国公司)支付大笔费用。"法国无线电报电话公司将打破两家马可尼公司的垄断,为陆军和海军提供专门的法国装备……该线路可谓是一箭双雕,既能为国效力,又能赚得盆满钵满"。

布朗利和理查德·波普的帮助

《矿业杂志》1901年9月的一则广告是最后一次提到波普和毕苏茨基之间的交集的信息来源。据军方消息称,毕苏茨基将于10月28日至11月2日在莫斯科和圣彼得堡进行地下系统测试,届时英国和法国工程师也会参加。[18]波普很快向爱德华·布朗利求助,因为这位学者在此之前似乎没有表现出任何想将他的发现商业化的倾向。1901年末,法国无线电报电话公司的两则广告称布朗利为其"技术和科学委员会"主席。其中一则广告出现在一份年度出版物上,[19]另一则广告是推销80000个零件,每个30法郎,认购截止到该年12月5日。两则广告之所以为人所知是因为它引起了奥皮塔利耶在其杂志上的愤怒评论。他写道,在波普和毕苏茨基的体系中,"没有什么东西,绝对没有任何东西可以证明这种呼吁公众购买的行为是合理的",他也暗示说,尽管每日报道"欣喜若狂",但韦西内镇的实验也没有证明有什么东西值得购买。此外,他表示很遗憾地看到布朗利的名字竟然会与一个"极具神秘感"的企业联系在一起,并很庆幸杜克雷特没有参与其中。[20]

布朗利在答复中没有明确否认两则广告中所称的他的职位,而是指出他在公司中没有扮演财务或管理角色,只接受了"严谨的科学和咨询合作"。[21]尽管如此,1902年2月8日,法国无线电报电话公司获得了他的新型相干器的专利,[22]所谓的"三脚架"(Trépied),这是由两个金属圆盘组成的,其中一个上面固定着三根金属棒,组成一个小三脚架,金属棒的顶端略微氧化,放在另一个由抛光钢制成的圆盘上。据称,新的设备比其以前金属锉制成的设备更敏感、更稳定,也更容易"结合丧失"(恢复到不导电状态)。两天后,它的发明者把设备交给了法国科学院(Académie des sciences),[23]并在媒体上得到了一定的关注,尤其是《费加罗报》,该报发表了戈蒂埃（Gautier）的一篇长篇文章。[24]5月9日的第二项专利是一个包含"三脚架"的完整接收器，[25]也于5月26日提交给科学院。[26]最后，法国无线电报电话公司于7月30日提交了一份对"三脚架"专利的补充文件（认证）。

除了和布朗利合作，波普还得到了他儿子理查德的帮助。他对无线电报的奉献成果包括：一本出版于1902年（可能是在夏天）的普及小册子，[27]以及同年10月13日，他以自己的名义申请了3项专利，涉及"无线电记录器""隔离高压电线的天线系统"和"风暴记录仪"。[28]

据了解，在1902年5月或6月，波普在法国滨海自由城（Villefranche-sur-Mer）进行了一些测试，以比较"三脚架"和普通相干器的性能，当时有一位美国海军军官在场。他先在陆地上，然后在"纳什维尔"号巡洋舰（USS Nashville）上使用杜克雷特无线电站，与"吕西斯忒拉忒"号（Lysistrata）蒸汽游艇上的"罗什福尔"站（Rochefort）通信，在不稳定的平台上使用新装置的难度不小，所以测试结果并不令人满意。[29]

不过，同年里，"三脚架"似乎在法国无线电报电话公司在陆地上实施的其他试验中取得成功。在巴黎市中心不同区域设有4个无线电站，旨在播送预定的用户新闻。其中一个设在马德莲广场（Place de La Madeleine）总部，另一个设在证券交易所附近，还有两个安置在报社办公室。为了补充固定网络，在一辆汽车上设了另一个站台，以现场播报赛马等特别活动。纽约的一家技术杂志介绍了所有设备的部分细节，并配有一张照片，照片中有一根30米高的桅杆安装在马德莲教堂旁边的屋顶上。[30]

拉阿格的沿海无线电基电站

在上述有关"三脚架"的文章中，戈蒂埃告诉我们，法国无线电报电话公司向政府提交了两个正在审议的项目：一个是"准备在沿海地区的所有灯塔和信号灯一带设立无线电站点,在沿海地区建立一个连续的通信区和安全区";另一个是"用无线电把突尼斯(Tunisia)南部和乍得湖(Lake Chad)连接起来,并从这里继续通向加达梅斯(Ghadamès)、加特(Ghât)、图阿雷格(Tuareg)和撒哈拉乃至整个非洲大陆"。[31] 1902年5月12日,该公司请求商务部部长及邮电部副部长批准在英吉利海峡的海岸上建立两个无线电试验站。6月30日,该公司被批准在拉阿沃(La Hève)和巴尔夫勒(Barfleur)设立两个试验站,但在听取了海军的意见后,又要求法国无线电报电话将地点改在格利内角(Cap Gris-Nez,位于加莱海峡的蛋白石海岸)和拉阿格(La Hague)海角。10月9日,一家报纸刊登了位于该海角的无线电站的图纸,上面有一个大漏斗形状的天线,报道上说它已近完工,与同样在建的格利内角的天线相同。报道还称该无线电站作为一项实验设施竟然会连接到电报网络,且公众电报的费用将是每字60生丁(法国货币单位)。[32] 11月6日,据报道,商务部部长、邮电部副部长和海军总参谋部的一名军官共同访问了该公司位于巴黎马德莲广场21号的办公室,并衷心祝贺波普和布朗利取得的实验结论以及设备演示成功。[33] 11月25日,在政府尚未正式认可所要求的更改地点的情况下,设在拉阿格海角的无线电站正式启用。

几天后,在巴黎大皇宫举行的汽车展览会上,法国无线电报电话公司展示了其配有无线电报发射台的车辆,并借此机会与另外两个相距5千米的小型无线电站一起在展区的最外围展示了无线电站之间的联系。公众还可以看到安装在拉阿格的设备和一些即将安装在格利内角的设备,还有一个风暴预警装置和一门防冰雹的小炮。[34] 大约与此同时,波普在一次采访中谈到拉阿格海角无线电站的优点,也承认该站台没有传输许可,只能接收讯息。他还介绍了他的公司雄心勃勃的计划,呼吁政府注意无线电报成为国家垄断的风险。他说:"在这样的情况下,通常我们不太可能拒绝被授予像海底电缆公司的那种特许权。"[35]

考虑到所有情况，包括邮电部副部长发表的重申国家对电报关系的垄断的新闻公报，[36] 波普可能没有预料到几天后会发生什么。12 月 18 日，当局查封了拉阿格海角无线电站，称它曾被用来与德国跨大西洋邮轮"德国"号（Deutschland）通信联系，违反了本国法律，即禁止在未经政府授权的情况下借助电报设备或任何其他方式建立任何远程通信。[37] 这无疑助长了最初在报纸上散布的这是一起间谍活动的谣言。[38] 但当报纸刊登了波普第一时间发布的为其公司辩护的信函后，事情的性质才得以明晰。他提到 5 月 12 日的申请书、随后的授权以及与海军接触后收到的改变地点的要求，并补充道，在做完这些后，他对继续在拉阿格海角开展工作充满信心。此外，他还说，政府一直在了解情况，并敦促他完成安装工作——部长们在 11 月来访时也这样做了[39]——因为他们想要"尽快了解该系统的范围和预期效果"。法国无线电报电话公司并不想偷偷"篡夺国家的垄断地位"，而是进行实验，"首先受益的"就是"科学、工业和政府"。[40]

在法庭上

据一位消息人士透露，尽管该公司请求恢复拉阿格海角站的试运行[41]，但电报管理部门仍坚持其指控，于是 1903 年 5 月 4 日在瑟堡（Cherbourg）进行了庭审。波普和他的几名工程师被指控在拉阿格海角建立了一个秘密无线电站，并在未经许可的情况下用它传输信号，布朗利、戈蒂埃、皮格诺和桑特利（Santelli）为被告出庭做证。法官裁定波普和其中一位名叫勒斯克（Loeske）的工程师有罪，[42] 并象征性地对他们处以 50 法郎和 16 法郎的罚款，[43] 因为根据判决，尽管考虑到"他们可能对当时的真实情况产生了虚幻的希望"，且他们也出于善意，但还是不能完全免除他们的责任，只能从轻发落。[44]

同月，波普在巴黎再次出庭，与公司董事会的另外两名成员一起面临隐藏股票发行和转让的指控，原因是他们把公司当成一个有限责任公司，非法处理了公司部分非营利事务。在一次裁决中，法官回顾了瑟保的庭审，认定被告违反了1893年的公司法，但承认在司法解释上有困难，他们接受了善意原则的辩护，并对每位被告罚款25法郎。[45] 1903年4月6日举行的股东大会决定该公司成为有限责任公司，并将旧股份与新股份以2∶1的比例进行置换。[46] 授权资本定为300万法郎，总部还是设在马德莲广场。[47]

长篇广告

《高卢报》(*Le Gaulois*) 1903年8月19日刊载了整整四页的广告副刊，标题为"法国无线电报"，描述了有关法国无线电报电话公司上述变化的信息，并充分说明了拉阿格海角实验失败后公司的发展方向，该报道图文并茂，一开始就长篇大论地提到了法国当局对该公司的态度，如何从欢迎转为敌对，与马可尼公司在英国受到的待遇形成鲜明相比。还提及马可尼是"布朗利的模仿者"，如果法国政府不想"放弃其阻碍和随意的制度以掩盖自己无能"，就有必要对马可尼在世界范围内蔓延的垄断行为采取行动。因此，法国将重新发挥应有的作用，法国无线电报电话公司将是第一个合作的公司，为自己和其股东获得"大量参与建立海上无线电站点的好处"。[48]

文章继续探讨了无线电技术在农业领域的应用，这是可以在"无须官方公章的情况下进行的活动之一，因为它没有侵犯其权利或主张"。实际上，该公司已经多次测试了相关设备，并成立了首家子公司——吉伦特农业合作社"保卫文化组织"(Société Girondine Agricole pour la Défense des Cultures，通过布朗利-波普系统)，[49] 该设备是其他地区即将推出的类似产品的原型。不仅用于保护葡萄园，在通信领域，该公司也在希腊、西班牙、挪威和荷兰等国家找到了商机，在这些国家，"目光短浅且混乱的官僚主义"没有阻碍其发展。

第十五章 "法国气动时钟天才"与西班牙无线电站

因此，该公司有能力向其股东保证"在很短的时间内能得到很多分红和不断增长的收入"。在6月26日的最后一次股东大会上，公司表达了对未来的信心，在构成资本的3万股股票中，持有22112股的477名股东一致通过了预算和提出的各项议案。副刊最后附有截至1902年12月31日的审计报告摘录、截至1903年7月31日的一些海外业务数据，以及一份以每股105法郎的价格股票申购表格。

新征程

方便起见，我们查阅了法国无线电报电话公司在《高卢报》广告中所做的宣传材料，并尽可能与从其他来源获得的稀缺信息进行核实。

对于无线电报在农业方面的应用，法国无线电报电话公司一直致力于预测风暴，在这方面，读者应该记得理查德·波普的一些专利；后来他的父亲和布朗利又联名获得了一项专利。[50] 预测风暴是为了保护农作物免受冰雹的影响，用合适的炮轰炸云层避免形成冰雹，或者在田地上空制造烟雾云来减轻或中和冰雹的影响。远处的闪电触发相干器，闭合了包括接收器或继电器在内的电池电路，发出响铃。通过"易于操作的辅助装置"，操作员能够知道风暴是正在奔袭而来还是正在消退，以便发出预警。为了制造烟雾云，需要先用感应线圈点燃已放置在地上的可燃材料。在霜冻时，线圈会检测到温度急剧下降而自动激活。如上所述，这些设备在1902年的汽车展览会上展出，也参与了1903年的农产品大赛（Concours Agricole），共和国总统和农业部部长对该设备均表示满意。[51] 根据《高卢报》的副刊报道，在波尔多（Bordeaux）、波默罗（Pomerol）、布拉讷（Branne）和其他地点宣讲演示之后，法国无线电报电话公司在吉伦特（Gironde）地区设立了5个预警站，随后在巴黎的法国农业协会（Société des Agriculteurs de France）的大会上发表了演讲。[52] 戈蒂埃在他的年度评

›245

估中提到了这一应用,并附有一张照片,标题为"风暴预警装置(布朗利 - 波普系统)"。他写道,在"波默罗、圣埃斯泰夫(Saint-Estèphe)、布拉讷和其他地方"都有"精彩的"站点演示。[53]

关于在希腊的工作进展,《高卢报》副刊转载了一些报刊发表的 1903 年 7 月 7 日来自雅典的快讯。[54] 报道称,法国无线电报电话公司的工程师已到达,并补充说正在安装 4 个无线电站:一个在法里罗(Faliro),[55] 另一个在一艘军舰上,还有两个是为军队服务的便携式设备。在公司截至 12 月 31 日的站点名单中,戈蒂埃只去了"阿切洛斯"号(Achelous)战舰和"法里罗附近的卡斯泰拉(Castella)海岸"的站点。[56] 1903 年,杜克雷特在雅典的代表写信告诉他,希腊政府提供了一艘装配有电力系统的小型战舰,让工程师勒斯克在那里给他们演示。[57]

在西班牙,《高卢报》副刊报道了法国无线电报电话公司与西班牙的无线电报和电话股份有限公司(Telegrafía y Telefonía sin Hilos SA)达成的一项协议,据该协议,后者让波普成为其董事会成员,并为布朗利 - 波普的专利和相关手续支付了 25 万比塞塔。[58] 此外,法国无线电报电话公司将提供西班牙公司所需的设备,首先是把位于塔里法(Tarifa)、休达(Ceuta)、巴伦西亚和巴利阿里群岛(Balearic Islands)的站点全改用法国系统,[59] 然后在大西洋沿岸和海军舰艇上设立站点,以及另外两个为国王服务的站点,与位于圣塞瓦斯蒂安的米拉马尔宫(Miramar Palace)和皇家游艇"吉拉尔达"号(Giralda)进行通信联系。戈蒂埃的站点清单中只包括这两个站点,但根据当地资料,米拉马尔宫从未安装过无线电站,只有"吉拉尔达"号上安装过,是在 10 月 8 日向国王演示后,作为西班牙公司送给国王的礼物留在船上的。那天,这艘游艇载着阿方索十三世(Alfonso XIII)、波普和西班牙无线电报和电话股份有限公司的其他高管,从圣塞瓦斯蒂安海岸航行了 25 英里,并与岸上一个安装在汽车上的小型无线电站进行通信联系。[60]

《高卢报》称,挪威刚刚预订了两个无线电站用于实验,荷兰已经允许在阿姆斯特丹的海上兵工厂和须德海（Zuider Zee）的坎彭（Kampen）各建一个无线电站，以便在其殖民地建立无线电站。戈蒂埃将挪威电站设在罗弗敦群岛（Lofoten Islands），并写道，荷兰无线电站最新的测试表明，可以使用"三脚架相干器"以每分钟15个字的速度向100千米外（海上80千米加上陆上20千米）发送无线电信号，而且只需25瓦的功率。[61]

失 败

1904年，一家报纸在一篇关于日俄战争的报道中提到，法国无线电报电话公司向俄罗斯帝国提供了信号范围为50千米的便携式军用通讯站，并在中国东北地区建立了固定的军事站以确保由于线路破坏而难以正常进行的电报通信变得畅通。[62]

目前还没有找到《高卢报》对这项行动或其他行动进一步发展的报道。西班牙直到1908年才订购沿海无线电站设备，其海军和陆军于1904年从德国无线电报公司（Gesellschaft für drahtlose Telegraphie）购买了第一批无线电报设备，并在好几年专门使用其品牌"德律风根"（Telefunken）。至于希腊，再次引用杜克雷特公司代表的证词，他们所进行的试验没有说服力，因为8千米的距离不可能通信成功。就算商业计划成功了，公司的运营也不长久，因为不满足本国政府的订购需求。法国无线电报电话公司于1904年7月30日宣布破产。[63] 布朗利已经在前一年的8月离职。[64]

真的有布朗利－波普系统吗？

关于这一点，似乎应该了解下这个短命公司（1901—1904）的技术。除了法国科学院汇刊记录了布朗利的"三脚架相干器"和接收器，在专业出版物中首次提到该公司的系统是在上述埃米尔·瓜里尼关于法国无线电报电话公司的文章中。这位无线电先驱写道,这家以"法国优先"(France d'abord)为座右铭的公司已经把资本的寻找范围扩大到了比利时,到处张贴广告,承诺将"创造奇迹,获得15%甚至更多的红利,并在陆地上实现相隔数千千米的通信"。他表示,这一切都归功于"三脚架"的使用,"根据一些期刊报道,这种接收器比由金属锉制成的相干器灵敏许多倍(据说是40倍)",这一结论得到了当时一些作者的证实,如马韦尔(Maver)或科林斯(Collins),他们在自己的书中详细描述了这一体系:[65] 撇开相干器不谈,发射器和接收器是非常基本的,但它们缺乏调谐元件,这个问题非常突出。然而,马韦尔指出,在格利内角和拉阿格海角的站台有"布朗利设计的调谐系统,能够接收不同波长的电波",但其细节"尚不得而知"。这和哈勒(Hale)在他的论文中所描述的差不多,[66] 尽管他设法并成功发布了一张标题为"拉阿格海角合成装置"的照片。波普本人在无线电站被没收前不久接受了前文提到的戈蒂埃采访,以"著名的调谐装置,关于这些装置已经说了很多,但永远也不嫌多,因为它们本身就是奇迹"结束了对无线电站各部分的列举。

因此,实际上这个系统被记载的次数有可能比文献中发现的要多。1902年3月,奥皮塔利耶讽刺地写道,如果他的小道消息是准确的话,"斯勒比-阿科系统"(由德国通用电气公司制造)是一个以"法国优先"为座右铭的大型法国民营公司(由毕苏茨基、波普和斯勒比-阿科系统组成)想在法国引进的装置。[67] 西班牙海军军官拉蒙·埃斯特拉达(Ramón Estrada)和欧亨尼奥·阿加奇诺(Eugenio Agacino)在一年半后观看了"吉拉尔达"号游艇的演示,他们只在其书的第一版中描述了演示中使用的天线[68],但没有看到设备的其他部分,因为波普要求他们保证不透露该系统所依据的"科学秘密"。后来他们在闲暇时看到了该无线电站,并在第二版中写道,除了"三脚架"的使用和其他一些细节外,它与斯勒比-阿科系统类似。杜克雷特在希腊的知情人士告诉他,那里正在测试的站点设备是从德国通用电气公司购置的。

新公司

"愿它长眠"是奥皮塔利耶在报道法国无线电报电话公司倒闭时为它写的墓志铭。[69]但新公司准备东山再起。第一个是成立于1905年5月5日的东方无线电与电气应用公司（Compagnie Orientale des Radiogrammes et d'Applications Électriques），这是一家有限责任公司，注册资本为10万法郎，总部位于马德莲广场21号。[70]它继续开展其前身于1904年在罗马尼亚开始的业务。[71]据记载，自1905年夏天以来，布朗利-波普系统的两个站点一直在运行，为黑海的航运服务，一个在康斯坦察（Constanța），另一个在"罗马尼亚"号（Romania）上。[72]1909年，又有另外4艘船只在那里使用波普的无线电设备。[73]

1906年2月6日，波普在马德莲广场以42.5万法郎的注册资金成立了另一个有限责任公司，即通用无线电与电气应用公司（Compagnie Générale des Radiogrammes et d'Applications Électriques），其章程允许它在法国和国外运营，"但不包括横跨位于欧亚大陆的土耳其、希腊、罗马尼亚、保加利亚、塞尔维亚、黑山和埃及"，这些国家可能是东方无线电与电气应用公司的主营地区。[74]

在1907年的头几个月，一家法国公司（可能是通用无线电与电气应用公司）在摩洛哥一些城市的沿海地区购买了土地，并开始建造无线电站。[75]然而，1906年的阿尔赫西拉斯会议（Algeciras Conference）商定，会议上的缔约国应通过公开程序竞标，并由摩洛哥政府的马赫赞（makhzem）①授予的合同来执行公共工程，这一程序旨在保证自由竞争。[76]作为该倡议的负责人，亨利·波普（Henri Popp）辩称他没有违反规则，因为阿尔赫西

---

① 马赫赞是摩洛哥和1957年以前的突尼斯的管理机构，以君主为中心，由王室贵族、高级军人、地主等组成。

拉斯会议中提到了"公路、铁路、港口、电报和其他",但没有明确提及无线电报,但法国很快就面临来自欧洲签署国的抗议,特别是德国。为了解决这一冲突,法国计划在亨利·波普的指导下成立一个国际公司,资本由法国、英国、德国和西班牙平摊,一旦成立,它就会向摩洛哥政府提出申请。公司临时章程于4月8日签署,但显然合作伙伴对此事失去了兴趣,于是波普于9月21日在丹吉尔(Tangier)成立了摩洛哥电信公司(Société Marocaine des Télégraphes),启动资金为60万法郎,主要由法国资助。

在得到正式授权之前,这些站点的工作似乎就已经开始了。最初的计划是在大西洋沿岸的四个城市丹吉尔、卡萨布兰卡(Casablanca)、摩加多尔(Mogador,现索维拉)和萨菲(Safi)设点,但原定用于萨菲的设备取代了在卡萨布兰卡事件①中被毁的设备,而分配给摩加多尔的设备最终给了拉巴特(Rabat)。因此,丹吉尔、拉巴特和卡萨布兰卡的无线电站最先投入使用。摩洛哥政府从一开始就表明打算保留无线电报的垄断权,从摩洛哥电信公司购买了这些无线电站,将其运营权交给公司,并聘请亨利·波普为工程师,苏丹②于1908年4月26日批准了此事。[77]

不久之后,亨利·波普于6月15日被任命为摩洛哥电报局局长,年底在摩加多尔又多了一个新的无线电站在工作,在他1910年5月英年早逝之前,所有的无线电站都开通了国际业务。[78]

法国无线电报与电气应用公司

1908年3月17日举行的通用无线电与电气应用公司特别股东大会决定将公司更名为"法国无线电报与电气应用公司"(Compagnie Française de

---

① 1907年的卡萨布兰卡事件是指在当时的法属摩洛哥卡萨布兰卡市发生的一系列抗议和骚乱事件。
② 苏丹,伊斯兰国家的最高统治者。

Télégraphie sans Fil et d'Applications Électriques），其资本高达250万法郎。[79]那几天，该公司还同意发行股票，但外界也持有一些保留意见。[80]这一次，《费加罗报》负责发文鼓动潜在投资者。1909年2月，该报纸发表了一篇文章，对波普、他的孩子们和法国无线电报与电气应用公司大加赞赏。[81]5月又发表了一篇比较中肯的文章。这篇文章在最后呼吁那些对虚幻的国外商机失望的人把钱投给一家"有保障"的公司，这样他们还能履行"某种爱国责任"，保持法国在一个"起源于法国并具有世界意义"行业中的优势。[82]这篇文章的后面，还有一篇关于摩洛哥车站交通良好发展的报告，并且在同一期刊里，一篇图文并茂、标题为"无线电通信"的副刊也对此赞赏有加，阐释了这种技术的操作和应用，并提到了该公司及其子公司计划中和已完成的工作。其中一张照片甚至可以让人回想起公司前身的鼎盛情景，展示了1903年波普在"吉拉尔达"号的无线电站为当时在场的国王阿方索十三世进行演示的情形。

西班牙沿海无线电站

《费加罗报》副刊还展示了法国无线电报与电气应用公司机动军事设备活动（副刊展示了图片，尽管并没有提到任何买家），此外，该报提到该公司正在进行的业务除上文提到的在罗马尼亚和摩洛哥的业务，还在西班牙有新业务。[83]其子公司西班牙无线电报公共服务特许经营公司（Compañía Concesionaria del Servicio Público Español de Telegrafía sin Hilos）在1908年4月8日举行的竞标会上作为唯一的竞标者，在中标后与政府达成协议，在1909年9月之前建造24个沿海无线电基站，并运营近22年。两个基站是所谓的一级站，信号覆盖范围为1600千米，分别位于加的斯和特内里费岛（Island of Tenerife）；其余属于二级站（信号覆盖范围为400千米）或三级站（信号覆盖范围为200千米），分布在伊比利亚半岛沿岸、巴利阿里群岛和加那利群岛。

由波普担任主席的西班牙无线电报公共服务特许经营公司集中建设加的斯和特内里费岛及大加那利岛（Gran Canaria）的无线电站，得到了其首府拉斯帕尔马斯（Las Palmas）城市议会的补贴，从而成为一级站而不是按之前指定的三级站标准建造。这三类无线电基站，连同维哥（Vigo）和巴塞罗那之间的无线电（该公司单方面规划的最长无线电距离），都是为了与从西班牙大陆到加那利群岛（有望在日后与巴西实现无线连接）、英格兰（已经与北美连接）和地中海的海底电缆竞争。但这些无线电站从未运行过，因为达不到西班牙政府的标准。西班牙政府在三次同意延长交货期后，于1911年8月24日批准将合同转让给由西班牙无线电报公共服务特许经营公司和马可尼无线公司（Marconi's Wireless Telegraph Company）组成的新公司。不得不提的是，计划建设的沿海无线电基站最终只建造了9个，另外还有一个最初没有列入计划的位于马德里附近的阿兰胡埃斯的基站。约瑟夫·贝特诺（Joseph Bethenod），1910年成为法国无线电公司（Société Française Radioélectrique）的创始人之一，他设计了加的斯、特内里费岛和大加那利岛的第一批无线电站。关于无线电站的结构，或者马可尼公司的工程师是否重新使用了其中的零件，我们一无所知。唯一能说的是，最后悬架在西班牙无线电报公共服务特许经营公司建造的4个高大的金属塔上的巨型天线与《费加罗报》副刊上的草图不同。

本章小结

关于法国无线电报与电气应用公司的最后一条新闻出现在1910年初，涉及该公司最近完成的一些移动设备，因为洪水，公司正在将这些设备交给当局处置。[84]次年3月，该公司破产的消息不胫而走。[85]维克多·波普1912年10月16日在巴黎去世之前[87]，仍找时间从事了其他研究工

第十五章 "法国气动时钟天才"与西班牙无线电站

作，如电炉[86]。基于对他生活的研究，笔者几乎可以肯定的是，尽管他有许多专利，但他没有受过正规的科学或工程训练，与其说他是一个工程师，不如说是一个企业家，而且是相当不择手段的那种，但却拥有坚强的意志和非凡的说服力。在1926年的一次演讲中，法国通用无线电报公司（Compagnie Générale de Télégraphie sans Fil）的主管保罗·布勒诺（Paul Brénot）曾提到波普，认为他尽管不完美，但依旧是无线电报业的先驱。他还赞扬了英国和德国政府对他们国家的早期无线电业提供的援助，并阐释了法国的情况："这个成长中的行业在法国不仅经历了一种遏制政策，还经历了干扰政策。"[88]

第十六章
佛朗哥时期大坝的技术倒退

本章深受艾亚尔（Aiyar）等人2008年撰写的论文启发，该论文解释了前工业化社会的技术倒退案例。另外，我们试图对比不同工业化社会的模式。为此，有必要阐明"技术倒退"这一概念及其发生的先决条件（具体见本章第2节）。这些条件笼统来说是：一个社会必须在第一次工业革命期间经历了技术发展、人力资本的重大损失和导致封闭经济（自给自足）的普遍体制桎梏。体制桎梏与霍尔（Hall）和琼斯（Jones）所定义的"社会基础构架"（social infrastructure）完全对立，他们认为，社会构架是指使个人能够积累知识和技术、使企业能够占有其生产和资本成果的政府机构和政策（Hall & Jones，1999）。

所有破坏自身社会构架的专制独裁政权都或多或少经历过技术倒退。而严格来讲，满足上述条件的国家只有1939—1951年佛朗哥统治下的西班牙，1975—1979年波尔·布特（Pol Pot）统治下的柬埔寨（de Walque，2006），以及1978—1985年霍查（Hoxha）统治下的阿尔巴尼亚。[1]本章以西班牙为例，第3节讨论了产权方面的体制桎梏；第4节阐述了有关技术倒退的宏观经济学；第5节探究了如何打破制度僵局；最后在第6节呈现了水电大坝的案例研究。通过这些研究，我们发现，所有在1956年以前建造的大坝需要的工期更长，大坝较为低矮，溢洪道也比20世纪30年代设计的要窄。最后一节是我们得出的结论。

模 型

技术进步的概念与文化进步、发展和工业革命的概念有关。它是一种积极的愿景，涉及生产力的提高和用于维持生产力的技术知识的长期积累。兰德斯（Landes，1998）和莫基尔（Mokyr，2002）等学者的研究成果就是很好的例子。他们将理论模型建立在一种知识存储量可能停滞但绝不会减少的、一直创新或不断适应的社会之上（Nelson & Phelps，1966；Olsson，2000；Romer，1990）。然而，分析结果应验了熊彼特的瓶颈（bottleneck）定律（图16.1）和罗森伯格（Rosenberg）的技术不平衡（technological imbalance）理论。[2]这意味着阻碍生产力增长的冲击是存在的。大卫（David，1985）、阿瑟（Arthur，1994）和休斯（Hughes，1983）研究了这些观点，并提出了路径独立（path independence）、锁定（lock-in）和反向突出（reverse salients）的概念。埃杰顿（Edgerton）进一步提出了旧式冲击（Shock of the old）和克里奥尔式技术（creole technology）（即在远离经济中心的社会中重新使用被弃之物）。停滞和旧式冲击都涉及相对落后的问题（图16.1）。一些经济体发展得比其他经济体更快，这就要讲到卡德韦尔定律（Cardwell，1972），它指出：一个国家的创造力只能维持短暂的时间。各种法律和制度迟早会减缓或叫停技术创新，[3]但是技术倒退真的会发生吗？

产生冲击的因素有三个：缺乏生产要素，即自然资源、机械和人力资本；制度桎梏，即意识形态和文化桎梏、权力分配不平衡、法律框架缺失；

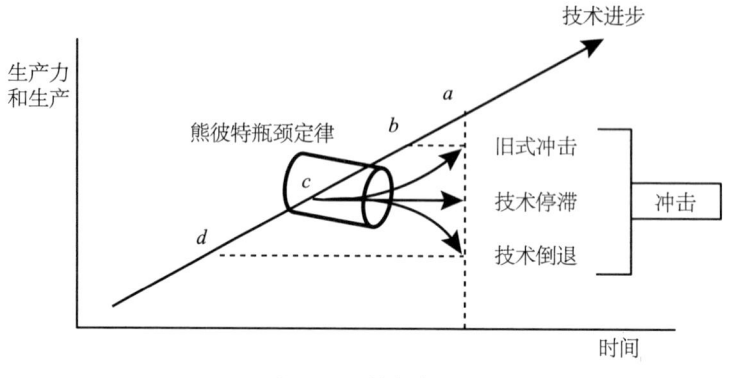

图 16.1 技术冲击

技术无法适应现有因素。但是技术倒退不止于此，它相当于摧毁经济的自然或生态灾难，破坏性巨大的战争或致命的瘟疫。这些因素是导致前工业化经济体倒退的典型原因，但并非导致工业化经济体倒退的原因（Aiyar et al., 2008）。工业化社会发生技术倒退是由于受到普遍的制度桎梏和暂时的人力资本严重短缺。只有这样才能解释生产效率和产量的下降。图 16.1 中，a 是技术发展的最佳水平，b、c 和 d 是受到不同类型冲击时的技术发展水平。我们以西班牙为例来研究这些问题。

体制桎梏：1932—1936 年

1931 年，西班牙正式成立第二共和国。同年年底通过了新宪法，对财产权进行了三项修订。第一，任何未被使用的财产都可以在支付补偿金后被征用；第二，明确提出将公共服务国有化的可能性，第三，教皇负责的宗教团体将被解散。

土地产权桎梏：对贵族地主家庭影响，以费尔南·努涅斯家族为例

自 1970 年马莱法基斯（Malefakis）的研究成果发表以来，第二共和国的土地改革一直是西班牙历史学的主要课题之一。马莱法基斯 1970 所作的研究摘要可在罗夫莱多的研究（Robledo，2008）中找到。改革始于1932年颁布的法律：大庄园地区的土地被临时征用，有关劳动的法案被修改以防地主垄断。然而，这项法律不足以推动再分配改革，而右翼政党又拒绝修改该法律。最终，当右派在1933年掌权后，该法律再也无法执行。该法律带来的主要的变化是，工人可以就其工资进行协商，工资也增加了。较大型的农场必须上涨工资，除非他们雇佣佃农而不是雇工。可这并非易事，因为工会要确保雇佣工人数量来减少失业人数。这就导致了体制桎梏（图16.2）。

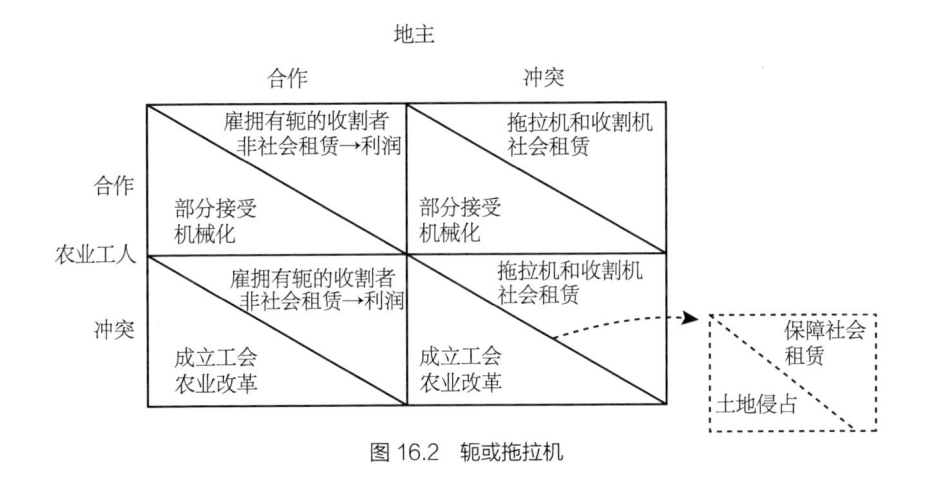

图 16.2 轭或拖拉机

为了解释图16.2描述的平衡博弈，我们有必要以当时西班牙一个大地主为例进行研究。[4]贵族地主费尔南·努涅斯（Fernán Nuñez）在被征用土地的贵族名单中排名第六，在多个省拥有大量的土地财产，且大部分收入与土地租金和农产品销售有关（Robledo & Gallo，2009）。雇工和地主没有达成一个两全其美的协议。大地主可以通过雇用自带工具和骡子的牧民以及雇工（尤其是打谷工）耕种土地来持续获利，却不得不接受不断上涨的工资成本。另外，雇工也不得不适应一定程度的机械化（图16.2左上方框）。政党交替执政不利于巩固契约与合作精神。工资成本是在经济萧条的背景下增加的，地主意识到，合作意味着失去对当地社会的政治和经济控制（没有社会租赁）。在这种情况下，机械化变得十分诱人，不仅是为了改善收益情况，也是将机器当作对工人的警示（可以替代劳工）。与此同时，雇工选择加入工会，并相信一场强有力的土地改革很快就会来临（图 16.2 左下角和右上角方框内分别显示了土地工人和地主的立场）。

地主和雇工双方都明白，成立工会、采用机械化和社会租赁会使双方产生冲突而不是合作（见图 16.2 左下方框）。最后，地主决定买拖拉机。1936 年左派重新掌权后，土地改革开始了。雇工或短工逐渐代表国家夺得土地。而地主通过政治手段作出回应：激化政党间对土地权的矛盾，以保证自己的社会租赁（见图 16.2 中虚线框）。

能源运输权桎梏：以电力卡特尔为例

高压电网是国家打算进行国有化的公共服务领域之一。当时，电力公司坐拥高压网络，形成了地区垄断。然而，当里科瓦约（Ricobayo）的大型水电站投入运营时，这些公司被迫形成寡头垄断，消化过剩产量，否则政府将对电网进行管控（见图 16.3）。为了免受国家干预，1934 年，电力公司联合组成了卡特尔。在工业化国家中，政府控制着他们的国家电网（Bartolomé，2007：111-113）。自 1933 年以来，美国在田纳西河流域管理局（Tennessee Valley Authority）率先试点，而后者也实现了美国广大地区的电力生产和资源管理国有化。

在西班牙，1933 年颁布的电力法赋予国家工商部管理电力供应的权力，而国家公共工程部则拥有管理配电系统的权力。自 1934 年以来，电力卡特尔一直控制着市场发展（Pueyo，2007：83）。政府对此采取措施，计划建立一个独立的法人机构，名为"西班牙国家电网"（Red Eléctrica Nacional，REN），干预私营电网。工业总督察维护国家控制高压电网的权力，并成立了一个由政府领导和控制的综合委员会。这一制度借鉴了美国 1935 年通过的《联邦电力法案》（*Federal Power Act*）中规定的"美国制度"，即联邦电力委员会将20%的电力线路归国家所有，并支持公司之间建立联系。（Pechman，1994）。

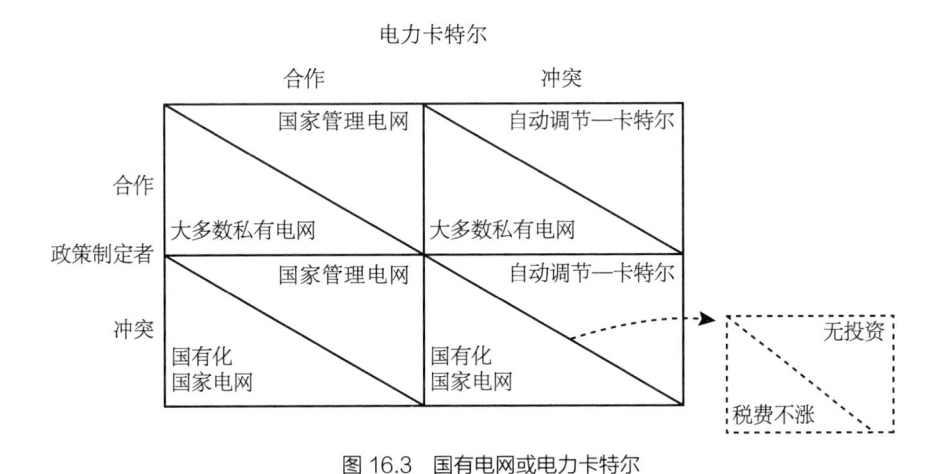

电力卡特尔

	合作	冲突
政策制定者 合作	国家管理电网 / 大多数私有电网	自动调节—卡特尔 / 大多数私有电网
政策制定者 冲突	国家管理电网 / 国有化 国家电网	自动调节—卡特尔 / 国有化 国家电网 → 无投资 / 税费不涨

图 16.3　国有电网或电力卡特尔

如果电力卡特尔接受国家电网，将电网控制权移交给政府，而保留大部分电网的所有权，双方合作会带来平衡（见图16.3左上方框）。但卡特尔不想失去对电网的控制，也不想失去任何所有权，因此选择与国家电网发生冲突（见图16.3的右下方框）。这一冲突导致了电力网络投资率低，也对技术进步（例如，铁路电气化）产生了负面影响。卡特尔决定利用现有的发电站，直到国家不再保障他们对电网的所有权和绝对私人管理，将税费维持在1935年的水平（见图16.3中的虚线框）。

科教产权桎梏：征用对于耶稣会的影响

1931年《宪法》第38条规定，教育应是世俗且大众的，但它允许传播宗教教义，没有明确禁止宗教团体从事教育。然而，该宪法第26条解散了耶稣会。这两个过程是同时开始的。提高普遍世俗教育质量的计划被保守地方议会否决，因为地方议会捍卫的是宗教学校的地位。同时，国家开始剥夺耶稣会的所有权，后者失去了它的大学和研究中心（Puig & López,

1994；Verdoy，1995）。政府内部对于解散耶稣会也意见不一。

1932年底，保守党议员阻止了教育改革；20世纪初围绕科学建立的社会契约被打破了（见图16.4）。格利克（Glick，1986）对当时和20世纪初以来的西班牙科学状况进行了研究，他认为当时已经达到了一种制度平衡，即达成了真正的社会契约，使科学免受所有政治争端的影响。当时的格言是："工作质量是评价科学家和他们所在的机构的唯一标准"。这促进了科学的普遍进步。解散耶稣会的行为打破了这一科学契约，并导致了体制桎梏，阻碍人们在普及国家世俗教育方面达成一致（见图16.4右下方框）。

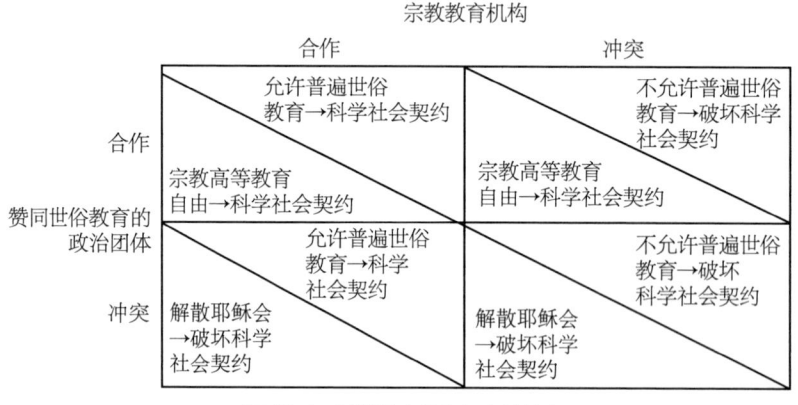

图16.4 科学社会契约与宗教教育

宏观经济证据

很多体制的桎梏可以在法庭上推翻，但也可以通过议会立法来解决。正如1936年2月，左派掌权后加强了解除封锁的法律，并支持世俗教育、分配性土地改革和国家对电力供应网络的控制。然而，在这些法律生效之前，西班牙发生了军事政变。这导致了一场带有强烈政治镇压成分的内战。1936年至1940年，有429909人死于战争和镇压。如果把1951年以前的时期都包括在内，死于镇压的共和党人估计为114266人。[5]死于反抗的前线受害者约为 34843 人,并在后方进行大屠杀。除了死亡人数外,还有 142098 人被迫流亡。仅在 1939 年,至少 13 万名政治犯锒铛入狱。

战争、镇压和流亡的共同影响,造成了 1940 年西班牙人力资本损失约 69.7 万人。除去在战斗中丧生的人,受镇压的人数达 42.4 万,其中 90% 是共和党人。这意味着 1940 年西班牙的人口减少了近 2.77%,劳动力减少了约 10%。

罗塞斯(Rosés,2008)研究了西班牙内战的宏观经济后果,得出的结论是:与前后发生的其他国家内战相比,西班牙内战是最具破坏性的战争之一,该国花了相当长的时间才从中恢复过来。直到 1951 年,西班牙才恢复到了 1935 年的收入水平,1956 年后,西班牙的经济才呈现合理的增长态势。简而言之,4 年的战争和镇压造成了 16 年的经济损失。战争期间,西班牙国内生产总值(GDP)以每年 6.5% 的速度下降,是同时期经历内战的国家国内生产总值平均降幅的三倍。战后,西班牙经济在恢复到战前水平之前,其增长率也比同时期经历内战的国家平均增长率低三分之一。

如果我们把全要素生产率(TPF)作为技术发展的近似值,我们会发现西班牙 1940 年至 1950 年的全要素生产率停滞在 1935 年的水平上。另外,尽管资本货物在 1946 年已经恢复,但工业机械直到 1950 年才恢复到 1935 年的水平上。想要明白出现这种倒退的缘由,就得着眼于人力资本所受到的损害。工作量方面,西班牙直到 1944 年才回升至 1935 年的工作时长,并且直到 1951 年该时长都一直停滞不前。政府进一步进行政治压迫,禁止妇女从事一些职业。工作要素的质量比其数量所受的影响更大。1939 年至 1940 年,劳动力质量下降了 10%,直到 1957 年才有所恢复。

由于政治压迫主要集中在社会中素质较高的阶层,因此劳动力质量很难恢复到以前的水平。总的来说,若是以教育程度来衡量 1936 年的劳动力质量水平,那么该水平直到 1956 年才得以恢复。3 年的战争造成了公众受教育年限的降低,但比起镇压,其影响微不足道。4 年内人力资本的损失

（占总人口的2.77%，和劳动力的10%）花了16年才得以恢复。这意味着每1年的战争和镇压都使4年的教育成果付诸东流。

桎梏的缓慢解除

受镇压更严重的两个群体分别是公立学校教师和土地工会成员。1940年之前的镇压导致没有任何社会团体捍卫非世俗的通识教育和土地改革。为了维持镇压，政府不得不为警察和军队提供大量的公共开支，削减了教育经费。罗塞斯（2008）经过计算得出，如果国家军费开支能回落至战前水平，国内生产总值将提前4年，即在1947年回升。这是实现社会和平所需的经济成本。西班牙军队和警察在内战后的几年里发挥的作用是避免打破体制桎梏造成麻烦。

1945年《西班牙初等教育法》授予了天主教会近乎全部的垄断权，并限制了人们受教育的机会，这或多或少可以说明恢复人力资本并非易事。这项法律一直沿用到20世纪50年代中期，直到1964年，西班牙才恢复普通初等教育制度。在随后的几年里，西班牙又恢复了30年前由第二共和国批准的制度。西班牙在1970年通过了《普通教育法》，实现了一定程度的稳定（Ruíz de Azua，2000）。

土地改革问题也在20世纪中叶得到了解决。由于耕地和产量减少，西班牙生活水平开始下降。与此同时，初步估计有超过100万人口从城镇流向农村（Nicolau，1989；Reher，2003）。雷厄（Reher）和巴列斯特罗斯（Ballesteros）指出，造成这种情况的原因是实际工资下降，1953年的工资水平与1939年相差了56.4%。不过很快工资水平又回升了（Leal et al.，1986；Ortega & Silvestre，2006）。到1950年，所有的反对声音都消失了，没有人再为改革辩护，农业也不再是经济中极其重要的活动。因此，土地改革问题几乎不复存在了。1951年后，政府放开了农业，取消了固定价格政策，并在 1952 年至 1953 年通过了《小农场集中法》(*Law of Concentration of Smallholdings*)、《改造和移民计划》(*Transformation and Colonisation Project*)以及关于更好地利用农田的《申报法》(*Law of Declaration*)。出台这些法律都是为了取代不必要的土地改革。

政府并没有与整个电力卡特尔以及为其提供资金支持的银行为敌。唯一受到政府干预的公司是巴塞罗那电车、电灯和电力有限公司（Barcelona Traction，Light and Power Company，BTLP），因为该公司多数股东是外国人。此外，只要有足够的能源，政府就可以采取以国有企业为基础的自给自足的产业政策。要达到这一目的，一方面需要建造水坝获得水力发电，另一方面需要建造火电站燃烧劣质煤。然而现实不尽如人意，直到 20 世纪 50 年代中期，一直存在官方设限、能源短缺和停电等问题（见表 16.1）。

表 16.1　1944—1957 年的用电限制占预计总需求量的百分比

年份	1944	1945	1946	1947	1948	1949	1950	1951	1952	1953	1954	1957
百分比（%）	8.6	23.3	8.9	7.1	11.0	24.8	14.7	6.5	1.5	5.3	6.7	2.2

资料来源：苏德里亚（Sudrià，1990：172）。

能源行业必须走在经济发展的前面：如果预测到经济增长，必须提前数月甚至数年对能源生产和运输产能进行投资。如果在生产和运输方面储备能力不足，那么设备就会超负荷运作，导致效率损失和成本增加：设备瘫痪、维修缺乏、维护成本增加和运输损失。短期和中期内唯一的解决办法是施加能源限制。

1935 年的电力储备量在 1939 年至 1943 年一直下降，直到 1951 年才恢复（MIC，1951）。内战结束后，政府和公司都没有制定任何计划来维持电力储备。直到 1943 年，也只进行了修复，唯一的例外是 1940 年扩建西班牙水电站（Hidroeléctrica Española）和 1943 年扩建属于杜埃罗瀑布水电公司（Saltos del Duero）的比利亚尔坎波（Villalcampo）水坝项目（Gómez

Mendoza，2006：423）。电力储备量是通过对电力生产的年变化率估算得出的（见表16.2）。

表16.2 西班牙发电量的年增长率

时间段	水力发电	火力发电站	国内发电总增长均值
1929—1935	7.0	3.8	6.2
1935—1940	1.9	−1.4	1.1
1940—1946	1.8	2.3	1.9
1946—1954	6.9	9.2	7.4

注：其他形式发电情况略
资料来源：巴托洛梅（Bartolomé，1999）和普埃约（Pueyo，2007：117）。

1935年到20世纪40年代末，发电量增长速度远低于用电需求，用电需求继续以1935年之前的速度增长（Pueyo，2007：139）。这导致了发电站和电网的超负荷工作，从而使情况越来越恶化。结果，运输业损失达到近27%（Rivas，1951：182）。缺少装机容量意味着20世纪40年代对于发电站和电网的过度使用以致无法进行维护和修理的地步。这就导致了官方限电之外的故障停电。建筑技术也在退步，本可以3年内建成的东西，现在需要5年。[6]

人们认为这是因为设备使用和更新成本要高于政府定价。但从国家和电力卡特尔的体制平衡角度来看，这是一种难解的死结。只要卡特尔不增加投资，国家就会冻结电价（1936年时执行基于1935年经济指标的电价）。另外，只要政府继续申明它不会控制电网，卡特尔就不会增加投资。1934年的协议使卡特尔实力大增（Díaz Morlán，2006）。这种情况一直持续到1944年底。甚至政府也在内部文件中承认，冻结电价阻止了私人投资，但它也指出，互联电力网络尚未协调，国家在这方面想做出的任何干预行为都将与各公司冲突，因为这些公司想实现区域独立垄断。他们提出的干预措施是建立互联电力网，统一并提高电压，甚至建立一个中央配电所。[7]

如果国家控制了电网,电力公司将失去其区域垄断地位,卡特尔将溃不成军。因此,他们决定不投资,国家冻结了电价并威胁要将电力部门国有化(图16.3)。国家计划让国有控股的西班牙国家工业研究所成为该部门在节点互联和系统开发方面的监管机构。他们还计划征用在建的发电站和未使用的连接点,并建立一个以燃烧国家煤炭为基础的电力生产公司。政府甚至起草了关于电力部门国有化程度的报告(Sudrià,2007:41)。1944年初,卡特尔与政府代表会面,试图打破僵局(Gómez Mendoza,2007:443)。他们达成的协议是:卡特尔将建立一个所有公司都持有股份的信托机构,接管电网的整合工作,作为回报,政府将电费提高。政府对此表示同意,但要求给他们一些时间来做详细研究。他们要做的是拖延时间,并准备好以生产商的身份加入信托机构。3个月后,当卡特尔准备建立信托机构时,西班牙国家工业研究所公开了他们建立火电站的计划。卡特尔对此没有做出任何反应,国家便继续实施该计划。1944年7月19日,议会通过了一项法案,提议在电力区域划分土地,并提前强制互联以应对限制。卡特尔仅用了两周时间就建立了一个名为"电力企业协会"(Unidad Eléctrica SA,UNESA)的信托机构。卡特尔公司没有时间在电力消耗地区附近增加产量,因此协会花了6个月的时间改善互联互通,因为这是短期内唯一的解决办法(UNESA,2005:57)。1944年12月2日,国家通过了一项法律,任命电力企业协会为电网协调方。与此同时,协会接受上市公司在将来加入新的信托基金。国家和电力企业协会还同意开始就电价问题进行谈判,前提是各公司启动其投资方案。协会和卡特尔直到1951年才达成关于电价的协议,且该协议直到1953年才生效。既然体制僵局已经打破,为什么电力公司还要花这么长时间来提高产能呢?

对此有两种解释。第一种是因为人力资本缺乏而出现了技术倒退(见图16.1中 d 点),这一点我们将在本章最后一节中讨论。另一种解释不认同技术倒退的说法。如果我们不接受发生了技术倒退,那么就只能解释为体制桎梏导致各公司在 1939 年到 1944 年的 6 年间没有进行任何投资。由于发电站从规划到建设需要 3～5 年的时间，所以直到 1948 年或 1949 年才会有结果（见图 16.1 中 c 点）。表 16.1 和表 16.2 显示，从 1951 年开始，限制有所放松，装机容量在 20 世纪 40 年代末有所增长，特别是由上市公司控制的火电容量。但是与其他国家相比，西班牙火力发电站建设速度较慢，原因之一是西班牙进口建筑材料较为困难，特别是涡轮机和发电站这样的资本商品。这其中有几个原因：①国家试图阻止外国投资，从而控制西班牙公司的股份；②国家垄断了货币，用来为国有公司而不是私营公司购买设备；③火力发电站更容易建造，但美国由于 1944 年以来对石油供应进行大规模封锁，导致其可变成本高；④第二次世界大战刚刚结束，国际市场上设备短缺；⑤组成卡特尔的公司利益诉求各不相同。

这是可以通过体制稳定来解决的技术停滞问题，还是只能通过积累新的人力资本来解决的技术倒退问题？维亚里瓜（Villaryegua）大坝的案例将给出答案。

维亚里瓜大坝

在本节，我们将使用艾亚尔等人（2008：136）采用的数据来进一步修改图 16.1。如果我们承认，战争每持续一年，就会造成四年的人力资本教育损失，那么直到 1951 年，人力资本的数量和质量才能得以恢复，这使得西班牙生产出的人力资本与其 1935 年时生产出的人力资本在数量和质量上相近。然而，事实并非如此。我们可以在图 16.5 中找到答案。1940 年，人口下降 2.77%，导致技术发展状况倒退到 d 点的高度，也就是 1935 年时的技术水平。虚线代表假设的原本西班牙技术的应发展状况，实线代表由冲击造成的新发展状况。人力资本受到 2.77% 的冲击，技术知识和技能水平下降 1.83%，实际影响在 e 点。[8] 因此，1.83% 是一个指标，表明在受到人力资本损失带来的冲击时，技术知识和技能水平所拥有的抵抗能力。一方面，该指标增长是因为1940年后世界其他地区的技术已经进步了。西班牙虽然只引进了少量技术，但人力资本具有适应能力，减少了人力资本损失造成的负面影响。另一方面，1936年后，设备规模扩大导致了商业成本增加。也就是说，虽然技术效率提高了，但规模也更大了。公司很难消化增加的成本。[9] 1940年，西班牙经济的技术水平位于 e 点，这本是西班牙在1937年就应该达到的技术水平（虚线上的 e' 点）。西班牙技术水平从 e 点开始恢复，在1951年达到 f 点。那一年，如果不是因为人力资本的损失，西班牙本来能够顺利按照美国1936年的标准建造大坝（f' 点）。然而，1951年 f 和 f' 依旧没有重合（即 f 与 f' 有差值）。也就是说，即使没有战争和镇压，西班牙在1951年仍然没有能力顺利建造它本来可以轻松建造出来的东西。

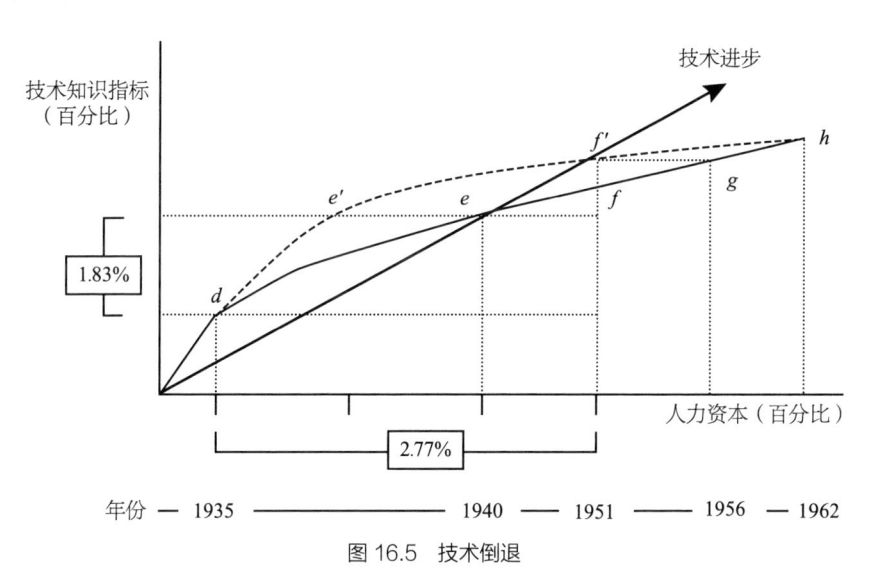

图 16.5 技术倒退

水坝可以在许多方面进行比较，其溢流能力能够很大程度反映水坝的特点和质量。多年来，美国的新科登（New Corton）大坝（1906年）一直是最大溢流记录的保持者，其泄洪道每秒溢出的水量可达3000立方米，最大的一条达到每秒 5700 立方米，而这一记录直到 1936 年才被胡佛大坝（Hoover Dam）的一条以每秒能溢出 11300 立方米的水量的溢洪道打破（Schnitter，1994）。就溢流量而言，1934 年至 1939 年，杜埃罗瀑布（Saltos del Duero）系统成功突破了每秒 5000 立方米溢流量的大关。这是来自瑞士、德国、意大利和西班牙的技术人员和专家所参与项目的一部分。它结合了瑞士和美国等国家的技术，前者利用土石坝来临时容纳大量持续的水流，后者则利用大型水库来存储。在里科瓦约，人们决定建造一座没有溢流道但有大型侧溢洪道的大坝。这个想法很新颖，但是有风险，不过从生产角度来看，该做法有利可图。然而，在没有增加溢洪道建设的投资的情况下，建造一个能够溢流的结构本身就是一个错误。因此，尽管它在 1935 年开始运行，但经过了多年改造才能够达到埃斯拉河（River Esla）每秒 5000 立方米的流量。无论如何，里科瓦约大坝的例子表明，在修建大坝方面，西班牙技术十分成熟。一旦拥有了这些技术能力，该公司就会推进其建设维亚里瓜大坝的计划。这座大坝有 80 多米高，每秒溢流量可达 8000 立方米（Muriel，2002：245）。然而，在 1940 年至 1941 年，他们打消了这个念头。他们认为不可能进行施工（他们当时处于 e 点）。因此他们决定建造两座仅 50 米高的大坝取而代之，第一个是比利亚尔坎波大坝，于 1942 年开始建造，1949 年完工；第二个是卡斯特罗（Castro）大坝，1949 年比利亚尔坎波大坝完工后才开始建造，于 1952 年完工。也就是说，他们花了十年时间完成了一个相比于维亚里瓜大坝平平无奇的项目。这就好像他们知道他们的技术水平本可以达到了 f' 点，但下降到了 d 点，只能从 e 点重新开始，无法建造维亚里瓜大坝。1940 年，该公司担心找不到有能力建造比利亚尔坎波大坝的西班牙工程师和工人，也担心无法雇用外国劳工。材料短缺严重：当他们规划建设比利亚尔坎波大坝所需的设备数量时，甚至回收了 8 年前建造里科瓦约大坝完工时废弃的材料，这些材料因为过时而没有被出售（Chapa，2002：144；Martínez，1962：795）。除此之外，水泥价格也上涨了，并由国家定量配给（Rodríguez，1993：86），唯一的有利条件是劳动力的相对成本不断下降，因此机械化方面取得的所有进展前功尽弃。

直到 20 世纪 50 年代中期，杜埃罗瀑布水电公司才回到正轨。它在 1952 年至 1956 年建造了绍塞列（Saucelle）大坝。绍塞列大坝高 83 米，每秒溢流量为 13300 立方米，由现代化机械建造，工人以及每台机器的生产率与世界其他地方差距不大。现在该公司技术水平已经到了 g 点。图中实线和虚线之间的差距正在缩小，但直到 1962 年阿尔德达维拉（Aldeadávila）大坝建成后才完全消失，该大坝高 133.5 米，每秒溢流量为 12500 立方米。使该公司技术水平达到 h 点，与其欧洲竞争对手处于同一水平。

本章小结

1931 年至 1935 年，杜埃罗瀑布水电公司拥有的技术和专业知识足以建造 90 米高的里科瓦约大坝，然而 7 年后，它只能建造 50 米高的比利亚尔坎波大坝。这无关地基，也无关项目本身，仅仅是因为该公司失去了技术能力。无独有偶，档案显示西班牙水电公司也遇到了同样的问题。我们还可以在西班牙的汽车行业、铁路桥梁建筑行业或电话公司找到类似的情况。通常的解释是，出现这些情况是因为西班牙在 1936 年至 1939 年遭受内战，其闭关锁国政策一直持续到了 1953 年，并在 1944 年至 1951 年受到了国际封锁。但只有人力资本受损才会导致全面倒退，而制度因素（闭关自守和国际封锁）只会引起技术的停滞。

贡献者

导言　安东尼·罗克·罗泽尔（Antoni Roca-Rosell）

第一章　胡安·埃尔格拉·基哈达（Juan Helguera Quijada）

第二章　伊琳娜·古泽维奇（Irina Gouzevitch），德米特里·古泽维奇（Dmitri Gouzevitch）

第三章　安东尼·罗克·罗泽尔，卡莱斯·普伊赫-普拉（Carles Puig-Pla）

第四章　纳迪亚·费尔南德斯·德·皮内多（Nadia Fernández De Pinedo），大卫·普雷特尔（David Pretel），J. 帕特里西奥·塞兹（J. Patricio Sáiz）

第五章　曼努埃尔·席尔瓦（Manuel Silva）

第六章　伊莎贝尔·比森特·马罗托（Isabel Vicente Maroto）

第七章　亚历克斯·桑切斯（Alex Sánchez）

第八章　安赫尔斯·索拉（Àngels Solà）

第九章　埃斯特韦·德乌（Esteve Deu），蒙特塞拉特·利翁奇（Montserrat Llonch）

第十章　米克尔·古铁雷斯－波奇（Miquel Gutiérrez-Poch）

第十一章　努里亚·普伊赫（Núria Puig）

第十二章　霍安·卡莱斯·阿拉约·马努本斯（Joan Carles Alayo Manubens）

第十三章　弗兰塞斯克·X. 巴尔卡·萨洛姆（Francesc X. Barca-Salom）

第十四章　安赫尔·卡尔沃

第十五章　赫苏斯·桑切斯·米尼亚纳（Jesús Sánchez Miñana）

第十六章　圣地亚哥·洛佩斯（Santiago López）

注　释

导　言

感谢安赫尔·卡尔沃邀请我撰写这篇概述，并感谢他对本文提出的意见和建议。

本部分是西班牙科学创新部的研究项目（项目编号：HUM2007-62222/HIST）和加泰罗尼亚自治区政府的研究项目（项目编号：2009 SGR 887）成果之一。

[1] Edgerton（1998, 2007）.

[2] 参见 López Piñero（1979）。

[3] 参见 Garcia-Tapia（1997, 2003）。

[4] Roca-Rosell（1993）.

[5] Garriga and Rubió（1930）.

[6] 有关加泰罗尼亚电力工业的发展，见 Alayo,（2007）。

[7] Alonso-Viguera（1944）.

[8] Foronda（1948）.

[9] Del Castillo-Riu（1963）.

[10] 其众多贡献中，参见 Caro-Baroja（1988）。

[11] Rumeu de Armas（1980）. 除本书收录的古泽维奇（Gouzevitch）和其他作者发表的文章外，近期有很多研究贝当古的文章，见 Chatzis, Gouzévitch and Gouzevitch（2009）。

[12] Sáenz-Ridruejo（1990, 2005）.

[13] Garrabou-Segura（1982）. 这位作者将其职业生涯都献给了农业史研究，其间也从事工程史研究。

[14] López-Piñero（1979）.

[15] López-Piñero et al.(1983)。
[16] 加西亚-塔皮亚（Garcia-Tapia）也从事蒸汽机技术研究，并对技术史进行反思，他也在本书发表了文章。见 Garcia-Tapia(1992, 1994)。
[17] 见《巴塞罗那工业工程学校论文集》（全19卷）(*Documentos de la Escuela de Ingenieros Industriales de Barcelona*)(https://e-revistes.upc.edu/handle/2099/82)。另见 Lusa(1994a, 1994b, 1996); Lusa and Roca-Rosell(1999, 2005)。
[18] 此刊网络版：https://e-revistes.upc.edu/handle/2099/5。
[19] Alberdi(1980)。
[20] Capel et al.(1988)。
[21] Arroyo(1996); Capel(ed.)(1994); Casals(1996); Cartañá(2005)。
[22] Olivé(2004); Sánchez-Miñana(2004)。
[23] Maluquer de Motes(ed.)(2000). 例如，见 Nadal(1975)and Nadal and Carreras(eds)(1990)。
[24] 见 Thomson(1992, 1998, 2003)。
[25] Calvo(2002, 2008)。
[26] Vernet(1975, 1978)。
[27] Camarasa; Roca-Rosell(1995); García Ballester(ed.)(2002); Verneta and Parés(eds)(2005-2009)。
[28] Silva-Suárez(ed.)(2004-2009)。

第一章

[1] 关于恩塞纳达工业间谍政策的最完整报告，可以从 Gómez Urdáñez(1996)中找到。
[2] 关于该世纪工业间谍的经典参考资料来自 Harris(1997)。
[3] 转述 Lafuente and Peset(1985)的说法，1749年以后，我们进入了真正的"技艺军事化"，因为引进新技艺方面所做的大部分努力都是为了实现军事目标。
[4] 关于恩塞纳达时代间谍行动的组织、技术和后勤方面，Taracha(2001)至关重要。
[5] 这两套指令的文本可在 Lafuente and Peset(1981: 249-260)中找到完整的转录。
[6] 关于豪尔赫·胡安的谍报之旅，除 Lafuente and Peset(1981)外，还可以参阅 Morales Hernández(1973)和 Gómez Urdáñez(2006)。
[7] Merino Navarro(1981: 50)。
[8] 关于所谓的"英国系统"(Sistema inglés)的技术特点，请参考 Merino Navarro(1981: 49 et seq. and 374)。
[9] 关于乌略亚的行程，请参考 Merino Navarro(1984)和 Helguera Quijada(1995)。
[10] 最重要的是，乌略亚必须弄清楚最近对西班牙出口生丝的禁令是否对里昂地区丝绸的生产产生负面影响。
[11] 几年后，乌略亚利用上述报告中收集到的情报写了一篇关于海军的论文，该论文在两个多

世纪没有出版。见 Ulloa（1995：45），特别是之后的内容。
［12］对这些谍报之旅的总体看法和准确的参考资料可以在 Helguera Quijada（1988）中找到。
［13］迫使恩里基前往伦敦的命令很可能是计划变更的原因。
［14］恩塞纳达将雷奥米尔的工作交给胡安和乌略亚，以便他们能够评估其在工业实践中应用的可能性。然而，在承认其科学价值的同时，他们声称它几乎没有什么实际意义，也不相信它能帮助解决废铁再生利用的问题。
［15］关于实心铸造工序，参见 Helguera Quijada（1986）。
［16］埃斯拉瓦的决定背后，可以看出胡安·德尔·雷伊中将的积极影响（他在恩塞纳达被解职后，仍负责战争事务部秘书处的制炮事务）。

第二章

［1］与贝当古有关的书目目前共 500 多条。1996 年以前的作品，详见目录：CEHOPU（1996），*Betancourt：Los inicios de la inginería moderna en Europa* Madrid：Ministerio de Obras Públicas, Transportes y Medio Ambiente. 主要参考书目：Main reference works：A. Cioranescu（1965），*Agustin de Betancourt：su obra technica y cientifica*. Tenerife：La Laguna de Tenerife；A. Rumeu de Armas.（1980），*Ciencia y tecnología en la España ilustrada：La Escuela de Caminos y Canales*. Madrid：Colegio de Ingenieros de Caminos, Canales y Puertos；A. Bogoliubov（1973），*Un héroe español del progreso：Agustín de Betancourt*. Madrid, Seminarios y Ediciones；A. Cullen Salazar（2008），*La familia de Agustín de Betancourt y Molina：Correspondencia íntima*. Las Palmas de Gran Canaria：Domibari。

［2］A. Betancourt A. *Memorias de las reales minas de Almadén*，1783. 3v. Biblioteca Nacionalde España, Madrid：Mss/10427-10429.

［3］见 A. Betancourt y Molina（1990），'Memoirs of the Royal Mines of Almadén, 1783', in I. González Tascón and J. Fernández Pérez（eds）, ed. facsímil, Madrid：Comisión Interministerial de Ciencia y Tecnología；Idem [2009], *Memorias de las Reales Minas del Almadèn*, 1783. [Almadén]：Fundación Almadén, Fco. Javier Villegas。

［4］在少数的例外情况中，需要提及 J. 埃尔格拉·基哈达（J. Helguera Quijada）和 J. 托雷洪·查韦斯（J.Torrejon Chaves）的开创性著作，见 A. Hernández Sobrino and J. Fernández Aparicio,（2005），*La bomba de fuego en Almadén*. Almadén：Fundacion Almadén-Francisco Javier de Villegas。

［5］I. González Tascón and J. Fernández Pérez, J.（1990），The Almadén mines and amalgamation techniques in Spanish-American metallurgy, in I. González Tascón and J. Fernández Pérez（eds），A. Betancourt y Molina, A. *Memoirs of the Royal Mines of Almadén*, 1783. Ed. facsímil. Madrid：Comisión Interministerial de Ciencia y Tecnología, pp. 31-9；J. Sánchez Gómez（2005），'Minería y metalurgia en España y la América hispana en tiempo de IIlustración：

El siglo XVIII', in M. Silva Suárez (ed.), *Técnica e ingeniería en España, vol. III*: *El siglo de las Luces: De la industría al ámbito agroforestal*. Zaragoza: Institución 'Fernando el Catolico', Prensas Universitarias; Madrid: Real Academia de Ingeniería, pp. 237-80; L. Mansilla Plazaand R. Sumozas García-Pardo (2008), 'La ingeniería de minas: de Almaden à Madrid', in M. Silva Suárez (ed.), *Técnica e ingeniería en España*. vol. V: *El Ochocientos: Pensamiento, profesiones y sociedad*. Zaragoza: Institución 'Fernando el Catolico', Prensas Universitarias; Madrid: Real Academia de Ingeniería, pp. 81-126.

[6] 关于他的传记，见 J. Helguera (1999), 'Tomás Pérez Estala y la introducción de la primera máquina de vapor en las Minas de Almadén a finales del siglo XVIII, in M. Gutíerrez (ed.), *La industrializació i el desenvolupament econòmic d'Espanya: [Homenaje] Dr Jordi Nadal*. vol.2. Barcelona: Univ. de Barcelona, pp. 827-44。

[7] 弗雷讷位于加莱海峡（旧埃瑙特省）北部地区的瓦朗谢纳（Valenciennes）区。正是在那里，1720年2月，在北方发现了第一个低挥发性煤矿。

[8] Helguera J. (1999: 833).

[9] "既没有改革者的精神，也没有规划者的魄力，因为我没有前者的使命，也不具后者的天赋"。见 A. Betancourt *Primera Memoria Sobre las aguas existentes en las Reales Minas de Almadén en el mes de julio de 1783 y sobre las máquinas y demás concerniente a su extracción*. texte facsímile, f. 2 v。

[10] 威廉·鲍尔斯（约1721—1780），爱尔兰科学家，《西班牙自然历史与地理导论》（*Introducción a la historia Natural y a la geografía física de España*, Madrid, 1775）的作者；伯纳德·德·朱西厄（1699—1777），《关于在西班牙开采阿尔马登矿井的观察》（*Observations sur qui se practique aux mines d'Almaden en Espagne pour en tirer le Mercure...*）一文的作者，该文发表于 *Mémoires de l'Académie Royale des Sciences* (1719, pp. 349-62)。

[11] 例如，见约翰·雅各布·费伯斯（Johann Jacob Ferbers）的 "*Beschreibung des Quecksilber Bergwerks zu Idria in Mittel Grahn*" 和艾蒂安·德·让萨纳（Etienne de Gensanne）的 "*Traité de la fonte de mines par le feu du charbon de terre*"。

[12] 阿古斯丁·贝当古以及他的父亲和哥哥何塞是拉古纳（Laguna）国家之友经济协会的成员。阿古斯丁的家族也能追溯到1402年加那利群岛的殖民活动。

[13] 该例子可见于 Cantelaube, J. (2005), *La forge à la Catalane dans les Pyrénées ariégeoises. Une industrie à la montagne, XVIIe et XIXe siècles*. Toulouse: CNRS-Framespa-Université Toulouse Le Mirail。

[14] J. Helguera Quijada and J. Torrejon Chaves, J. (2001), 'La introducción de la máquina de vapor', in F. J. Ayala-Carcedo (ed.), *Historia de la Tecnología en España*, t. 1. Barcelona: Valatenea, pp. 241-52; J. Helguera Quijada, J. (1998), 'Transferencias de tecnología británica a comienzos de la revolución industrial: un balance del caso español, a través del sector energético', in J. L. García Hourcade, J. M. Moreno, Y. and G. Ruiz Hernández

（eds）. *Estudios de Historia de las Técnicas，la Arqueología industrial y las Ciencias*. V. I.–VI Congreso de la Sociedad Española de Historia de las Ciencias y de las Técnicas. Salamanca：Junta de Castilla y León，1998，pp. 89-106.

[15] A. Hernández Sobrino，and J. Fernández Aparicio（2005：43-71）.

[16] A. Rumeu de Armas（1980：36）.

[17] 见 A. Thépot（1998），*Les ingénieurs des mines du XIXe siècle：Histoire d'un corps technique d'Etat. T. I：1810–1914*. Paris：Editions ESKA, pp. 23-4。

[18] A. Bonet Correa（1988），'Un manuscrito inédito de Agustin de Betancourt sobre la purificación del carbón'，Fragmentos，12，13，14，pp. 279-85.

[19] F. Crabiffosse Cuesta（1996），'El *horno* de Agustin de Betancourt：Ciencia, tecnica y carbon en la Asturias del siglo XVIII'，in CEHOPU，*Betancourt：Los inicios de la ingenieria moderna en Europa*. Madrid：Ministerio de Obras Públicas，Transportes y Medio Ambiente，pp. 71-7；CEHOPU；CEDEX，*Betancourt：Los inicios de la ingenieria moderna en Europa：Textos de los paneles*. Madrid：Ministerio de Fomento，pp. 29-30.

[20] *Charbon（Le）de terre en Europe occidentale avant l'usage industriel du coke*（1999），in P. Benoît and C. Verna（eds）. Turnhout：Brepols，1999.

[21] F. Crabiffosse Cuesta（1996），p. 77.

[22] 或按照贝当古的拼字法为"Yar"。这种书写方式使得以"I"（例如 Yrlanda=Ireland）或"J"开头的外国名字，在历史著作中大量出现阅读错误。参见例如 Rumeu de Armas，A.（1980），贝当古笔下"已故的雅尔先生"（il difunto Mr Jars）被误认为是法尔（Fars）。事实上，这是安托万·加布里埃尔·雅尔（1732—1769），著名的3卷《金属冶炼之旅》（*Voyages métallurgiques*，1774—1781）的作者。

[23] 艾蒂安·德·让萨纳，矿业工程师和冶金工程师，在相关领域撰写了大量著作。

[24] A. Bonet Correa（1996：283）.

[25] 这个版本的《愚蠢的智慧和智慧的愚蠢》（*Narrische Weissheit und weise Narrheit*）确实罕见。我们可以查阅的一些参考资料显示1782年为出版年份。

[26] 阿奇博尔德·科克伦（Archibald Cochrane），第九代邓多纳尔伯爵（Count of Dundonald，1748—1831），化学家和企业家，碱、英国树胶和白铅的生产商；在卡尔罗斯建造了用于蒸馏焦油的蒸馏器。见 A. Cochrane（1983），*The Fighting Cochranes：A Scottish Clan over Six Hundred Years of Naval and Military History*. London：Quiller Press，pp. 419-23。有关邓多纳尔伯爵在什罗普郡的作品，请参见 B. Trinder（2000），*The Industrial Revolution in Shropshire*. Chichester；Sussex：Phillimore & Co.Ltd.：Shropwyke Hall，pp. 92-5。

[27] Betancourt y Molina，A. de（1990），Tercera memoria ...，ff. 36-7，pp. 262，265.

[28] 原文为"una refinería de petróleo que ha sido instalada recientemente cerca de la ciudad y está organizada según un plan que ha enviado desde París el conde de Aranda y que creo es similar al que ideó Lord Dundonald"。引自 F. Crabiffosse Cuesta（1996），p. 77。

［29］A. de Bethencourt y Molina（1792），Catálogo De la colección de Modelos, Planos y Manuscritos que de orden del Primer Secretario de Estado ha recogido en Francia Don Agustín de Betancourt y Molina, Manuscript, Real Biblioteca（Madrid），II/823, f. [4v.-5r.]; published in Antonio Rumeu de Armas（1990），*El Real Gabinete de maquinas del Buen Retiro: Origen, fundacion y vicisitudes: Una empresa técnica de Agustin de Betancourt: Con el facsimile de su catalogo inédito, conservado en la biblioteca del Palacio Real, asi como un estudio sobre las maquinas e indice por Jacques Payen.* Madrid: Fundacion Juanelo Turriano, Castala; J. López de Peñalver, J.（1991），in J. Fernández Pérez and I. González Tascón（eds）*Descripción de las Máquinas del Real Gabinete.* Madrid: Comisión Interministerial de Ciencia y Tecnología.

［30］J. López de Peñalver（1991: 84）.

［31］J. López de Peñalver（1991: 49, 135, 138-9），pp. 49, 135.

［32］对这两个目录的"采矿"内容的详尽研究正在进行，其结果将由伊琳娜·古泽维奇（Irina Gouzévitch）在她关于贝当古的专著（2011年出版）中介绍。

［33］J. M. de Lanz and A. de Betancourt y Molina（1808），*Essai sur la composition des machines: programme du cours élémentaire des machines pour l'an 1808 par M. Hachette.* Paris: Imprimerie Impériale; Ed. facsímil in J. M. de Lanz, and A. de Betancourt y Molina（1990），*Ensayo sobre la composición de las máquinas.* Madrid: Colegio de Ingenieros de Caminos, Canales y Puertos.

［34］见 f. ex.: CEHOPU（1996），p. 247。

［35］对这种合作仍有待进一步研究。关于它的细节，见W.H.迪金森（H. W. Dickinson, 1921—1922），"18世纪工程师的草图簿"，载于 *The Newcomen Society for the Study of the History of Engineering and Technology Transactions*, vol. 2: 1921-1922, London: Courier Press, Leamington Spa, 1923, p. 132-40. W. 雷诺兹（W. Reynolds）草图簿的描述，其中有8个条目与贝当古有关。

［36］该学校最初的名称来源于"Korpus inženerov putej soobšeniâ"（交通与通信部工程兵团），因而该学校名称全称可译为"Institut Korpusa inženerov putej soobšeniâ"（交通与通信部工程兵团学校）。

［37］矿物学课程，包括采矿技术的基础知识，在1816—1817年由J.雷西蒙特（J.Résimont）讲授。见 A. Larionov（1910），Istoriâ Instituta inženerov putej soobšeniâ Imperatora Aleksandra I za pervoe stoletie ego suŝestvovaniâ: 1810-1910. SPb, p. 58。

［38］关于其中一位人物有一个趣闻：一个法国人声称他发明了"水硬性石灰"，一种类似于白榴火山灰的材料，为此他索要奖金。当贝当古检查出这种假的"败"榴火山灰（原文如此！）时回答：它是败榴火山灰，败榴火山灰……我的天啊，这真像败榴火山灰，就像我屁股后面的天空。见 Boguslavskij（1879），'Istoričeskie rasskazy i anekdoty', *Russkaâ starina*, 26. 1879, p. 115。

[39] I. Značko-Âvorskij I. (1963), Očerki istorii vâžuših vešestv: ot drevnejših vremen do serediny XIX veka. M.; L.: Izd-vo AN SSSR, pp. 405-8.

[40] I. Značko-Âvorskij I. (1961), 'Deâtel'nost' Antuana Rokura de Šarlevilâ v Rossii', *Voprosy Istorii Estestvoznaniâ i Tehniki*, 11, p. 126.

[41] 原文为 "Mon Général, Vous avez désiré sur les mortiers en Russie des expériences analogues à celles que j'avais faites en France pour l'application des procédés de Mr. l'ingénieur Vicat; votre ardent amour pour les choses utiles, vous fesant (sic!) souhaiter que l'empire de Russie jouisse de suite des bienfaits, de l'une des plus importantes découvertes modernes. Je dois aux moyens que Votre Excellence a mis à ma disposition, ainsi qu'à l'amitié éclairée de mes deux collègues, MM. Lamé et Clapeyron, d'avoir pu faire en peu de temps un grand nombre d'expériences sur les chaux en Russie"。见 A. Raucourt de Charleville (1822), *Traité sur l'art de faire de bons mortiers et notions pratiques pour en bien diriger l'emploi...* SPb, p. [7]。

[42] 原文为 "A la mémoire de M. le lieutenant-général Augustin de Bétancourt, y Molina...; Souvenir respectueux d'affection et de reconnaissance de l'auteur"。见 Raucourt de Charleville A. (1828), *Traité sur l'art de faire de bons mortiers et d'en bien diriger l'emploi...* 2e éd. Paris: De Malher, p. [V]。

[43] A. Raucourt de Charleville (1822), pp. I-IV, 96-7.

[44] I. Značko-Âvorskij. (1954), 'K istorii razvitiâ otečestvennoj cementnoj promyšlennosti', *Trudy po istorii tehniki*, 8, pp. 109-11.

[45] M. Volkov (1830), *Izloženie pravil sostavleniâ izvestkovyh cementov*, SPb.

[46] http://fr.wikipedia.org/wiki/Dorure.

[47] O. Čekanova and A. Rotač (1994), *Ogûst Monferran*. Leningrad: Strojizdat, p. 60; O. Čekanova (1994), *Ogûst Monferran*. SPb: Strojizdat, p. 38.

[48] G. Butikov G. (1990), *Gosudarstvennyj muzej-pamâtnik 'Isaakievskij sobor'*. Leningrad: Znanie, p. 18.

[49] 1788年11月，贝当古在前往英国之前画了一幅双动式水泵的草图。最近，德米特里·古泽维奇（Dimitri Gouzevitch）在拉奥罗塔瓦（La Orotava）的家庭档案中发现并确认了这一情况。见 I. Gouzévitch, 'Matthew Boulton and Augustin Betancourt: Enlightened Entrepreneur Face to Philosophical Pirate (1788-1809)'。该文将出现于2011年会议的书中出版的书 'Where Genius and the Arts Preside': Matthew Boulton and the Soho Manufactory 1809-2009 (Ashgate), 25 p. 中。本专题将在伊琳娜·古泽维奇的上述专著"贝当古在英国的第一次旅行"一章中详细研究。

[50] 见 M. Gouzévitch (2009), 'Aux sources de la thérmodynamique ou la loi de Prony/Betancourt', *Quaderns d'Historia de l'Enginyeria*, 10: special issue Agustin de Betancourt y Molina (1758-1824), 119-47。

第三章

本章为西班牙科学与创新部的研究项目（项目编号：HUM2007-62222/HIST）和加泰罗尼亚政府的研究项目（项目编号：2009 SGR 887）成果之一。

［1］"Santponç"这个名字有几种写法。由于加泰罗尼亚语在1714年后受到限制，因此没有语法规则，它被写为"Sanpons""Santpons"或"Sanponts"。根据目前加泰罗尼亚语的发音规则，在1870年西班牙语姓名注册完成以前登记的所有名字，都应按照现代语法规则拼写。关于桑庞斯，见 Agustí,（1983：73-96）；Nieto（2001）；Roca-Rosell（2005）。

［2］对桑庞斯来说，"简化"意味着"改进"。

［3］桑庞斯家族档案由来自加泰罗尼亚北部奥洛特的佩雷·巴兹尔（Pere Basil）保存。

［4］Lligall 207/1, Fons Baró de Castellet, Biblioteca de Catalunya, Barcelona.

［5］见巴塞罗那皇家科学和艺术学院的"桑庞斯"论文，皇家科学和艺术学院档案馆。

［6］当时，"fabricante"一词可以指公司的所有者或技术监督。桑庞斯可能指的是第二层意思。参见 Thomson（1990）。

［7］转载于 Roca-Rosell and Puig-Pla（2007：347-58）。

［8］关于学术艺术家，见 Puig-Pla（2000）。另见法拉特（Faralt）的论文，皇家科学和艺术学院档案馆。

［9］Puig-Pla, 'L' establiment dels cursos（1996：133）。

［10］*Diario de Barcelona*（1 April 1805）。

［11］半岛战争后，一些模型丢失或损坏。1814年9月，委员会想要从铸币局收回一些碎片，例如铸币用的螺旋压凸机和磨坊模型，巴塞罗那图书馆－贸易委员会档案馆（BC-JC）中的141号盒子，文件编号：lligall cvi, 6, 64-65。

［12］巴塞罗那图书馆－贸易委员会档案馆中的141号盒子，文件编号：lligall cvi, 6, 59。

［13］阅读这份手稿有困难。在西班牙语中，它可以读作"tapón"。

第四章

［1］有关古巴制糖技术的相关著作请参见：J. H. Galloway（1989），M. Moreno Fraginals（1964），A. Dye（1998），N. Derr（1986），S. W. Mintz（1985），D. Denslow（1988），M. Fernández（1988），H. B. Hagelberg（1974），G. R. Knight（1985），A. Méndez（1964），C. Scott（1984），D. Turu（1981），F. Charadán（1982），A. Sánchez-Tarniella（2002）or C. Schnackenbourg（1984）。

［2］关于技术和殖民主义之间的关系，已有多部著作和文章论述。其中特别有价值的是：Michael Adas（1990），*Machines as Measure of Men*：*Science*，*Technology*，*and Ideologies of Western Dominance*. Albany，NY：Cornell University Press；Daniel R. Headrick（1998），*The Tentacles of Progress. Technology Transfer in the Age of Imperialism*，*1850-1940*. Oxford；Ian

Inskter (1991), *Science and Technology in History: An Approach to Industrial Development*. New Jersey; or Jeniffer Tann (1997), 'Steam and sugar: the diffusion of the station and steam engine to the Caribbean sugar industry 1770-1840', *History of Technology*, 19, 63-84.

[3] Manuel Moreno Fraginals (1964), *El ingenio, complejo socioeconómico cubano*. La Habana, 1964; Manuel Moreno Fraginals (1982) *Between Slavery and Free Labor*. Baltimore; Stanley L. Engerman (1965), *The Political Economy of Slavery: Studies in the Economy and the Society of the Slave South*. New York; David Eltis and Stanley L. Engerman (2000), 'The importance of slavery and the slave trade to industrializing Britain', *Journal of Economic History*. 60, 123-44; R. Fogel and S. L. Engerman (1995), *Time on the Cross: The Economics of American Negro Slavery*. New York; Sidney W. Mintz, (1985), *Sweetness and Power: The Place of Sugar in Modern History*. New York.

[4] Alan Dye (1998), *Cuban Sugar in the Age of Mass Production. Technology and the Economic of the Sugar Central, 1899-1929*. California; Stuart George McCook (2002), *States of Nature, Science, Agriculture, and Environment in the Spanish Caribbean, 1760-1940*. Austin; Jonathan Curry-Machado (2009), 'Rich flames and hired tears: sugar, sub-imperial agents and the Cuban phoenix of empire'. *Journal of Global History*, 4, 33-56; Reinaldo Funes (2008), *From Rainforest to Cane Field in Cuba. An Environmental History Since 1492*. Chapel Hill; Reinaldo Funes and Dale Tomich (2009), 'Naturaleza, tecnología y esclavitud en Cuba. Frontera azucarera y revolución industrial, 1815-1870' in, J. A. Piqueras (ed.) *Trabajo Libre y Coactivo en Sociedades de Plantación*. Madrid, pp. 75-117; Pedro M. Pruna (1994), 'Nacional science in a colonial context. The Royal Academy of Sciences of Havana, 1861-1898'. Isis, 85, 3, 412-26.

[5] 参见：Jonathan Curry-Machado (2007), 'Privilege scapegoats: the manipulation of migrant engineering workers in mid-nineteenth-century Cuba'. *Caribbean Studies*, 35-1, 207-45, 尤其参见 'Rich flames ...', 34-5。

[6] 这里的"国家创新体系"理解为对制度、教育、创业、政治和社会文化环境中技术变革的分析，出处见：Christopher Freeman (1987), *Technology and Economic Performance: Lessons from Japan*. London。另见 Bengt-Ake Lundvall (1988), 'Innovation as an interactive process: from user-producerinteraction to the national system of innovation' in, G. Dosi, C. Freeman, R. R. Nelson and G. Silverger (eds), *Technical Change and Economic Theory*. London, pp. 349-69。

[7] 关于专利制度的国际化参见：Edith T. Penrose (1951), *The Economics of the International Patent System*. Baltimore。另见 Eda Kranakis (2007), 'Patents and power. European patent-system integration in the context of globalization', *Technology and Culture*, 48. 689-728。

[8] 参见：J. Patricio Sáiz (1999), *Invención, patentes e innovación en la España contemporánea*. Madrid. 另见 J. Patricio Sáiz (2002), 'The Spanish patent system (1759-1907)'. *History of*

Technology, 24, 45-79; and José María Ortiz-Villajos.

［9］我们遵循乔纳森·库里-马查多在"Rich flames..."中第54—56页的主要假设。

［10］截至1791年，古巴是世界上最富有的蔗糖生产品。

［11］Pierre Chalmin（1983），*Tate & Lyle, géant du sucre*. Paris, p. 13. 也可参见 J. H. Galloway（1989），*The Sugar Cane Industry: A Historical Geography from Its Origins to 1914*. Cambridge:, pp. 95-6.

［12］关于蔗糖消费，见Alexander von Humbolt（1826），*Essai politique sur l'île de Cuba*, Paris: 2, pp. 56-62; J. Canga Argëlles（1834），*Diccionario de hacienda, con aplicación a España*. Madrid, p. 1, Word azúcar; A. Fernández García（1971），*El abastecimiento de Madrid en el reinado de Isabel II*. Madrid, 114-15; Manuel Martín y Antonio Malpica（1992），*El azúcar en el encuentro entre dos mundos*. Madrid, 145.

［13］在许多情况下，古巴政府决定自行其是，允许外国中立国船只靠岸补给。殖民政府的利益，主要是古巴土地所有者的利益，与中立的英裔美国船东的利益不谋而合。见 J. H. Coastworth（1967），'American trade with European colonies', *William and Mary Quarterly*, 24, 2, 252.

［14］1783年，哈瓦那港允许来自美国的船只进港。允许这种贸易的法规从1790年1月21日皇家法令颁布之日开始生效，直到1804年废止。

［15］1780年10月12日的皇家命令允许与外国进行贸易，以向哈瓦那提供产品。见 Archivo Nacional de Cuba（AHN），Intendencia General de Hacienda, leg. 377, exp. 26. 另见 Nadia Fernández de Pinedo（2001），'Commercial relations between the USA and Cuba in times of Peace and war, 1803-1807', *Illes E Imperis*, 4, 5-23。

［16］在绝大多数情况下，中立国是英国和美国。National Archives of the United States, T. 20 'Despatches from USA consuls in Havana, 1783-1807'.

［17］Felix Erenchun（1856），*Anales de la isla de Cuba*. La Habana, 1, 266; and Manuel Moreno Fraginals（1995），*Cuba/España España/Cuba: una historia común*. Barcelona, pp. 154 and 162.

［18］Ramón de la Sagra（1831），*Historia económico-política, estadística de la isla de Cuba*. Havana, p. 88.

［19］"古巴代表们对该岛贸易限制的关税法提出的申诉"（马德里，1821年）1796年4月8日，哈瓦那商会请求取消什一税，1804年4月22日皇家议会通过了该法案。

［20］Vicente Vázquez Queipo（1845），*Informe fiscal sobre fomento de la población blanca en la isla de Cuba*. Madrid, p. 70.

［21］Nadia Fernández de Pinedo（2002），*Comercio exterior y fiscalidad: Cuba (1794–1860)*. Bilbao; Chapter 2.

［22］拉蒙·德拉·萨格拉1821年至1835年间住在哈瓦那。在这期间，他一直负责植物园，自1824年以来一直担任农业学院植物学首席教授。1827年至1831年，他在哈瓦那创立了

《科学、农业、商业和艺术年鉴》。他还撰写了《古巴岛物理、政治和自然史》（14卷）。1835年返回西班牙，1837年和1854年成为议员。见 Jordi Maluquer de Motes（1977），*El socialismo en España*. Barcelona：201-35。

[23] Ramón de La Sagra 'Breve idea de la administración del comercio y de las rentas y gastos de la isla de Cuba'（[1835] 1981），*Hacienda Pública Española*, 69, 426. 另见 J. de la Pezuela（1863），*Diccionario geográfico, estadístico, histórico de la Isla de Cuba*. Madrid：p.2 and p. 51。

[24] Julio Le Riverend（1978），*Breve historia de Cuba*. La Habana：p. 37。

[25] 关于克里奥尔人的开明改良主义，请查阅 José A. Piqueras（2005），*Sociedad civil y poder en Cuba*. Madrid：pp. 65-72。

[26] 1795年最初名称为农业和商业协会（Consulado de Agricultura y Comercio）。

[27] 第一个经济协会是1787年的古巴圣地亚哥经济协会，与之没有太大的相关性；1791年，以弗朗西斯科·阿兰戈－帕雷尼奥为核心的甘蔗种植园主们创建了友好国家经济协会。

[28] 哈瓦那的第一个公共图书馆。

[29] Jacobo de la Pezuela（1863），*Diccionario geográfico, estadístico, histórico de la Isla de Cuba*. Madrid：p. 3 and 437.

[30] Memorias de la Sociedad Económica de Amigos del País. 参见 Izaskun Álvarez Cuartero（2000），*Memorias de la ilustracion：las sociedades económicas de amigos del país en Cuba, 1783-1832*. Bilbao. 经济协会翻译了一些技术书籍，如德·科尔博（De Corbeaux）、杜特隆·德·拉·库蒂尔（Dutrône de la Couture）和德罗纳（Derosne）的书。

[31] 第一次探险发生在1795年，由弗朗西斯科·阿兰戈－帕雷尼奥和卡萨·蒙塔尔沃（Casa Montalvo）伯爵率领，他们在11个月的时间里游历了葡萄牙、英国和英属殖民地（牙买加、巴巴多斯）。1828年，在拉蒙·阿罗扎雷纳（Ramón Arozarena）和佩德罗（Pedro）的领导下，又一次远征牙买加。1834年，亚历杭德罗·奥利维安（Alejandro Oliván）前往英国、牙买加和法国。1848年，J. 拉·托雷（J. la Torre）前往美国。见 ANC, Real Consulado, Junta de Fomento, leg. 94, n. 3, 966 and n. 3, 962。

[32] Gert J. Oostendie（1984），'La burguesía cubana y sus caminos de hierro, 1830-1868'. *Boletín de Estudios Latinoamericanos y del Caribe*, 37, 114.

[33] Heinrich E. Friedlander（1944），*Historia económica de Cuba*. La Habana：p. 237 and *Affaires étrangères*, Paris, *Correspondance consulaire*, La Havane, 11, fs. 405-23.

[34] '*El consorcio de accionistas, generalmente llamados "los pocos", fue dominado por las familias Alfonso-Aldama, Poey, Cespedes y Drake' in*, Gert J. Oostendie（1984），'La burguesía cubana...', 103-4.

[35] Angel Bahamonde, G. Martínez and L. E. Otero（1993），*Las comunicaciones en la construcción del Estado contemporáneo en España. 1700-1936* Madrid.

[36] Conchita Burman and Eric Beeman（1998），*Un vasco en America, José Francisco Navarro Arzac*. Madrid, pp. 158 and 162.

| 注 释 |

[37] 托马斯·爱迪生文件. 5/09/1881 Document of Incorporation of Edison Spanish Colonial Company, ref. XX19; William J. Hausman, Peter Hertner and Mira Wilkins (2008), *Global Electrification: Multinational Enterprise and International Finance.* Cambridge:, pp. 77, 78.

[38] 医生佩德罗·阿兹勒（Pedro Azlor）因其建造的一座新工厂，被西班牙女王伊莎贝拉一世授予第一项发明专利权，记载于 Nicolás García Tapia (2001), 'Los orígenes de las patentes de invención' in, F. Ayala Carcedo (ed.) *Historia de la tecnología en España.* Barcelona, II, 89-96, 91. 关于16世纪和17世纪的发明和引进新技术的特许权，还可参见 Nicolas García Tapia (1990), *Patentes de invención españolas en el Siglo de Oro.* Madrid。

[39] 参见 Nicolás García Tapia, 'Los orígenes ...' 90。

[40] 参见 J. Patricio Sáiz (1995), *Propiedad industrial y revolución liberal. Historia del sistema español de patentes (1759-1929).* Madrid。

[41] Royal Decree of the 16 September 1811 (Gaceta de Madrid, 24 September 1811), Decree of 2 October 1820 (Archivo Histórico Nacional, Estado, Leg. 164), and Royal Decree of 27 March 1826 (Decretos del Rey Nuestro Señor D. Fernando VII y Reales Resoluciones y Reglamentos generales expedidos por las Secretarías del Despacho Universal y Consejos de S.M., T. X.).

[42] ANC, Real Consulado, Leg. 204, Exp. 9, 007 y 9, 008.

[43] 参见 Biblioteca Nacional, *Sig.* H. A. 17, 303。

[44] 参见1820年8月3日的议会辩论，以通过同年专利法令（*Diario de Sesiones de Cortes, Congreso*, 1820, August, n. 30, 367）另见1833年7月30日《皇家宪章》序言。

[45] 发明专利15年的年费超过一名合格工人的年收入（参见 J. Patricio Sáiz, *Invención, patentes* ..., pp. 133-7）。

[46] 概要参见 J. Patricio Sáiz, 'The Spanish patent system ...', 表1。

[47] 极少数情况下，西班牙专利商标局的档案中才会出现一项同时拥有西班牙本土、古巴、波多黎各和菲律宾4个专利权的发明。参见例如 OEPM, Historical Archive, privilegios n. 413, 414, 415 and 416 (G. Williams) or privilegios n. 796, 797, 798 and 799 (F. J. Einar Fabrum) or privilegios n. 993, 994, 995 and 996 (J. Brandeis). 因此，所有这些都被授予外国人以保护制糖技术。

[48] 参见1849年1月31日的通知（*Colección Legislativa de España*, T. XLVI）。

[49] 1878年7月30日法条（*Colección Legislativa de España*, T. CXIX）。它将发明专利有效期延长至20年，并保持了5年的引进期限；将强制性工作期限延长一倍至两年；通过累进年度配额管理新的支付系统，从而降低垄断成本；保证了国外先前专利的优先权，并允许少量增加。详情参见 J. Patricio Sáiz, 'The Spanish patent system ...', section II.

[50] *Colección Legislativa Española*, T. CXXIV. 见第6和第8条。

[51] 1897年1月12日颁布的皇家法令，《马德里公报》（*Gaceta de Madrid*）1897年2月7日。

[52] 古巴国家档案馆和古巴工业办公室的档案。

[53] 发展委员会、皇家爱国协会和其他机构的成员告知了专利申请的情况,他们要求专家编写搜索技术报告。1841年至1846年期间德罗纳和凯尔申请他们的几项专利时就是这种情况(ANC, Gobierno Superior Civil, Leg. 1475, Exp. 58, 365 and Junta de Fomento, Leg. 206, Exp. 9, 172)。在西班牙半岛,以前没有此类审查,或者比较容易通过。

[54] 参见Jordi Nadal(1992), 'Cataluña, la fábrica de España. La formación de la industria moderna en Cataluña', in J. Nadal(ed.)*Moler, tejer y fundir. Estudios de historia industrial*. Barcelona, pp. 84-154。

[55] Alan Dye, *Cuban Sugar* ..., p. 27.

[56] Manuel Moreno(1976), *The Sugarmill. The Socieconomic Complex of Sugar in Cuba*. New York, pp. 113, 141 and 142.

[57] 关于古巴制糖业早期引进蒸汽动力机械、真空锅、离心机和现代压榨机的信息,参见Manuel Moreno Fraginals, *The Sugarmill*..., pp. 81-127和Nadia Fernández de Pinedo(2003), *Comercio Exterior y Fiscalidad: Cuba, 1794–1860*. Bilbao, 233-161;关于19世纪末和20世纪初的技术发展,参见Alan Dye, *Cuban Sugar* ...。

[58] 关于"精英"专利的理念和专利权的价值,参见Ian Inkster, 'Patents as indicators of technological change and innovation'(2003), *Transactions of the Newcomen Society*, 73, 201-5。

[59] Antonio Bachiller(1856), 'Breve ojeada sobre los progresos de la agricultura y su estado actual', *Memorias de la Sociedad Económica de la Habana*. La Habana, 1856); Manuel Moreno, *The Sugarmill* ..., pp. 111-12.

[60] J. A. Leon(1848), *The Sugar Question. On The Sugar Cultivation in the West Indies*. London, pp. 19-25; Reinaldo Funes and Dale Tomich, 'Naturaleza, tecnología ...', 108-9.

[61] C. Derosne and J. L. Cail(1844), *De la elaboración del azúcar y de los nuevos aparatos destinados a mejorarla*. Havana, pp. 15-22.

[62] 关于德罗纳-凯尔公司,参见M. Stephen Smith(2005), *The Emergence of Modern Business Enterprise in France, 1800–1930*. Cambridge, MA, p. 210。

[63] ANC, Gobierno Superior Civil, Leg. 1, 476, n. 58, 365, June 1842.

[64] Jonathan Curry Machado, 'Rich flames...', 39; A. Ramos Matei(1985), 'The role of Scottish sugar machinery manufacturers in the Puerto Rican plantation system, 1842-1909', *Scottish Industrial History* 8, 1, 20-30; Manuel Moreno, *The Sugarmill*..., 102, 103, 112 and 113.

[65] Ian Inkster, *Science and Technology in History*..., p. 161.

[66] Alan Dye, *Cuban Sugar*..., pp. 10-14.

[67] 目前已经有核查过的从1875年开始的胡里奥·比斯卡龙多(Julio Vicarrondo)的《商业日记》(见*Register of patent operations*, Elzaburu Agency Private Records, Madrid)以及1826—1903年间西班牙专利商标局专利文件中保存的原始授权书。

［68］胡里奥·比斯卡龙多在1875年之前曾在西班牙殖民地担任美国和英国商人的代表。他的专利事务所创立于1875年，名为"盎格鲁－西班牙总代理和委员会"，提供各种专利服务。19世纪80年代，胡里奥·比斯卡龙多事务所（Julio Vizcarrondo house）成为一家全职专利代理机构。1884年，比斯卡龙多成为英国专利代理人协会和法国专利代理人协会的外籍成员。

［69］胡里奥·比斯卡龙多商业日记，埃尔扎布鲁私人代理公司记录，马德里。1887年的专利业务登记册。

［70］OEPM, Historical Archive, *privilegio* n. 6,915.

第五章

［1］A. Cámara Muñoz（2004），'La profesión de ingeniero: los ingenieros del rey', in M. Silva Suárez, (ed.), *Técnica e ingeniería en España*, vol. I, *El renacimiento*, Real Academia de Ingeniería. Zaragoza: Institución Fernando el Católico y Prensas Universitarias de Zarargoza, pp. 125 - 64（2nd edn: *El enacimiento. De la técnica imperial y la popular*, 2008, pp. 129-68）. 由于在上述合集的不同卷中有几章被引用，因此它们被简写为：M. Silva Suárez. (ed.), *T and I en España*, RAI/IFC/PUZ。

［2］2002年，N.加西亚·塔皮亚（N. García Tapia）提供了一组这一类别的专业人员中区分描述（不是按照分类法），见'Los ingenieros y sus modalidades', in J. M López Piñero (ed.) *Historia de la ciencia y de la técnica en la corona de Castilla*（vol. III）. *Siglos XVI y XVII*. Valladolid: Junta de Castilla y León, pp. 147-59, 20。多年前，J.M. 洛佩斯·皮涅罗（J. M. López Piñero）对（除了炮兵之外的）军事、机械、艺术和科学工程师做了区分，指出与建筑大师和建筑师之间的差异总是相当模糊的，见 *Ciencia y Técnica en la Sociedad Española de los siglos XVI y XVII*. Barcelona: Labor Universitaria, 1979。

［3］这是在建筑师兼皇家工程师胡安·德·埃雷拉（Juan de Herrera）的启发下创建的，他负责完成埃斯科里亚尔修道院的设计和施工，见 M. I. Vicente Marotoand M. Esteban Piñeiro（2005），*Aspectos de la ciencia aplicada en la España del Siglo de Oro*. Valladolid: Junta de Castilla y León. 路易斯·塞尔维拉（Luis Cervera）认为，如今我们理解的数学，"就其科学意义，与埃斯科里亚尔修道院在建筑学的意义一样伟大"，见 Juan de Herrera（1584），*Institución de la Academia Real Matemática*. Madrid: Guillermo Droy (ed. and facsimile reproduction by J. Simón Díaz y L. Cervera Vera 1995, *Instituto de Estudios Madrileños*, Madrid)。关于当时其他相关教学机构的愿景，见 M. Esteban Piñeiro（2008），'Instituciones para la formación de los técnicos', in M. Silva Suárez (ed.), *El renacimiento. De la técnica imperial y la popular*, op. cit., pp. 169-206。

［4］根据皇室命令，教学将"以更易于学习和交流的方式"进行，见 J. de Herrera（1584），Institución de la Academia Real Matemática, Madrid。

［5］整体情况，可见 M. Silva Suárez. (2005), 'Del agotamiento renacentista a una nueva illusion', in M. Silva Suárez. (ed.), *El siglo de las luces. De la ingeniería a la nueva navegación*, vol II of *T and I en España*, RAI/IFC/PUZ, pp. 7-31. 有关主要机构的讨论，见 M. Silva Suárez, 'Institucionalización de la ingeniería y profesiones técnicas conexas: misión y formación corporativa', in the same volume, pp. 165-262。

［6］M. Sellés, M. (2005), 'Navegación e Hidrografía', and J. Simón Calero (2005), 'Construcciones, ingeniería y teóricas en la construcción naval', in M. Silva Suárez, (ed.), *T and I en España*, vol. II, RAI/IFC/PUZ, respectively: pp. 521-54 and 555-604.

［7］H. Capel, J-E Sánchez, and O. Moncada (1988), *De Palas a Minerva. La formación científica y la estructura institucional de los ingenieros militares en el siglo XVIII*. Barcelona: CSIC/Ediciones del Serbal, Barcelona.

［8］J. F. Forniés Casals and M. Moral Roncal, 'Las reales sociedades económicas de amigos del país: docencia, difusión e innovación técnica', in M... (ed.), *T and I en España*, vol. III, De la industria al ámbito agroforestal, RAI/IFC/PUZ, pp. 311-55.

［9］福斯托·德卢亚尔-祖维塞（Fausto de Elhuyar y Zuvice）与他的兄弟胡安何塞（Juan José）一起发现了钨锰铁矿（1783年）。卢亚尔曾是贝尔加拉学院的教授，他来到墨西哥，被任命为新西班牙皇家矿业学院的院长。他吸引了一些以前阿尔马登矿业学院的学生和一些在斯赫姆尼茨受教育的学生。其中包括安德烈斯·德尔·里奥（Andrés del Río），1801年钒的发现者（被他称为"棕铅"），此人于1794年底抵达墨西哥。这所新西班牙学院是当时美洲最重要的工程学院，并得到了德国地理学家和博物学家亚历山大冯洪堡的赞扬。

［10］关于建立这一系列机构和其他重要科学和技术机构的综述，详见 M. Suárez, M. (2005), 'Institucionalización de la ingeniería y profesiones técnicas conexas: misión y formación corporativa', in M. Silva Suárez (ed.), *El siglo de las luces: de la ingeniería a la nueva navegación*, vol II of *T and I en España*, RAI/IFC/PUZ, pp. 165-262。

［11］A. Escolano Benito A. (1988), *Educación y economía en la España ilustrada*. Madrid: Ministerio de Educación y Ciencia, p. 9.

［12］Nadal, J. (1988): 'Carlos III, un cambio de mentalidad', in *España, 200 años de tecnología*, Barcelona, p. 19.

［13］本节和下一节简要总结下列文献：M. Silva Suárez, (2007), 'Sobre la institucionalización profesional y académica de las carreras técnicas civiles', in Silva Suárez, M. (ed.), *El ochocientos. Profesiones e instituciones civiles*, in *T and I en España*, vol. V, RAI/IFC/PUZ, pp. 7-79. 本卷详细介绍了19世纪西班牙主要技术和科学民间机构的创建和发展，详见 L. Mansilla Plaza and R. Sumozas: 'La ingeniería de minas: de Almadén a Madrid'; F. Sáenz Ridruejo: 'Ingeniería de caminos y canales, también de puertos y faros'; J. M. Prieto González: 'La Escuela de Arquitectura de Madrid y el difícil reconocimiento de la capacitación técnica de los arquitectos decimonónicos'; P. J. Ramón and M. Silva Suárez:

'El Real Conservatorio de Artes（1824-1887）, cuerpo facultativo y consultivo auxiliar en el ramo de industria'; J. M. Cano Pavón: 'El Real Instituto Industrial de Madrid y las escuelas periféricas'; G. Lusa Monforte: 'La Escuela de Ingenieros Industriales de Barcelona'; V. Casals Costa: '*Saber es hacer*. Origen y desarrollo de la ingeniería de montes y la profesión forestal'; J. Cartañà i Pinén: 'Ingeniería agronómica y modernización agrícola'; E. Ausejo: 'La enseñanza de las ciencias exactas, físicas y naturales y la emergencia del científico'; and S. Olivé Roig y J. Sánchez Miñana: 'De las torres ópticas al teléfono: el desarrollo de las telecomunicaciones y el Cuerpo de Telégrafos'. 在同一本书的前一卷中, 有三章是关于军团的, 见 J. I. Muro Morales 'Ingenieros militares: la formación y la práctica profesional de unos oficiales facultativos'; C. J. Medina Ávila: 'La actividad científica y técnica del Real Cuerpo de Artillería en la España del XIX'; F. Fernández González: 'España cara al mar: ingenieros y técnicos para la armada y el comercio marítimo' [in M. Silva Suárez（ed.）（2007）, El Ochocientos, Pensamiento, profesiones y sociedad, in *T and I en España*, vol. IV, RAI/IFC/PUZ].

[14] 这与19世纪三次卡洛斯战争中的第一次内战相对应。这场战争通常被认为是摄政女王派（摄政女王克里斯蒂娜、费尔南多七世的遗孀的支持者）和卡洛斯派（费尔南多七世的兄弟唐·卡洛斯的支持者）之间的战争。事实上, 这是自由主义者（摄政女王派）和专制主义者（卡洛斯派）之间的一场新型政治对抗。

[15] J. L. Peset, S. Garma, S. and J. S. Pérez Garzón,（1978）, *Ciencias y enseñanza en la revolución burguesa*. Madrid: Siglo XXI, p. 5.

[16] L. Mallada, *Los males de la patria y la futura renovación española*, Madrid, 1890.

[17] 西班牙的"工业工程师"应被叫做"为了工业的工程师", 最初是指机械和化学工程师, 1907年电气工程师也被纳入范围。

[18] 工业工程专业和研究是根据1850年颁布的皇家法令, 由部长塞哈斯洛萨诺（Seijas Lozano）负责实施的。

[19] 但在另一方面, 还需要与"例行公事的巨人们"作斗争, 见 S. Garma, D. Flament and V. Navarro（eds）（1994）, *Contra los titanes de la rutina. Encuentro de investigadores hispano-franceses sobre la historia y filosofía de las matemáticas*. Madrid: Comunidad de Madrid/CSIC。

[20] 请注意, 建筑师并没有被纳入这个框架中。

[21] 据称, 这场由军士们发动的叛乱所宣扬的自由激进主义源于加的斯1812年的宪法。矛盾的是, 这带来的必然结果是, 1836年公共教育总计划（也称作里瓦斯公爵计划）未能发挥作用, 在近十年的时间里, 它阻止了教育系统的自由改革, 直到1845年皮达尔计划颁布（如上所述, "温和的十年"指在1844年至1854年）。

[22] 实际上, 在工程师和建筑师普通预科学校停止运作时, 其排他性并没有出现过。

[23] 20世纪和21世纪之交, 一种新的教学模式应运而生, 接近安东尼·罗加·罗塞尔（Antoni Roca Rosell）1996年提出的"实验室工程"（见 'L' engignyeria *de laboratori*, un repte del nou-cents', *Quaderns d'Història de l'Enginyeria*, I, 197-240）。

[24] Silva Suárez, M. (2007), 'El Ochocientos: de la involución post-ilustrada y la reconstrucción burguesa', in M. Silva Suárez (ed.), *El ochocientos, pensamiento, profesiones y sociedad*, in *T and I en España*, vol. IV, RAI/IFC/PUZ), pp. 7-104 (particularly: pp. 81-91). 有关非军事工程师的不同观点, 其中部分人受雇于国家, 而另一部分人未受雇于国家, 可见: M. Silva Suárez and G. Lusa Monforte (2007), 'Cuerpos facultativos del Estado vs. profesión liberal: la singularidad de la ingeniería industrial', 与上面同一期刊, pp. 227-90。

[25] 要了解全球情况, 见 J. M. Román y Arroyo (1993), *Tres escuelas y veinte promociones de ingenieros aeronáuticos*. Madrid: E.T.S. Ingenieros Aeronáuticos y C.O.I. Aeronáuticos, Madrid, 1993。

[26] 最后这篇是对之前"应用学校"(Escuela de Aplicación, 1909 年)研究的补充, 该校被视为西班牙电信学科高等研究的起点。

第六章

本章的研究得到了西班牙教育与科学部资助的 "15 世纪至 18 世纪早期现代西班牙的数学及其技术应用: 机构和知识传播" 项目(项目编号: HUM2007-63273/HIST)的支持。

[1] J. L. Casado Soto (1988), *Los barcos españoles del siglo XVI y la Gran Armada de 1588*. Madrid.

[2] J. M. Martínez Hidalgo (1992), *Las naves del descubrimiento y sus hombres*. Barcelona.

[3] M. I. Vicente Maroto (2008), 'La construcción naval' in M. Silva Suárez (ed.), *Técnica e ingeniería en España*, vol. I. El Renacimiento. Zaragoza.

[4] E. Lopes de Mendoça, E. (1971), *Estudos sobre navios portugueses dos séculos XV e XVI*. Lisbon: "caravel" 一词在 1255 年首次被记录下来, 直到 1754 年才被印刷, 直到 1766 年才有手稿。

[5] J. L. Rubio Serrano (1991), *Arquitectura de las naos y galeones de la flota de Indias* (2 vols). Málaga.

[6] F. Fernández González (1992), *Astronomía y navegación en España, siglos XVI al XVIII*. Madrid.

[7] 巴赞家族、海军承包商和海员致力于改进船舶设计, 从长者阿尔瓦罗·德·巴赞开始为查理一世服务, 见 R. Cerezo Martínez (1988), *Las armadas de Felipe II*. Madrid。

[8] Rubio Serrano, op. cit.

[9] Fernández González, op. cit.

[10] 西班牙王室以两种方式建造船舶: 直接建造船舶或与造船商签订合同。在后一种情况下, 国王规定将支付的条件和固定吨位的价格。很多例子可以证明这类合同对造船商的毁灭性打击, 特别是当皇室推迟付款或造船商不得不支付比其合同所需要提供的材料更多的费用时。

[11] 拉万纳对西班牙和葡萄牙哈布斯堡国王服务的研究，见 I. Vicente Maroto and M. Esteban Piñero（eds）(1991)，*Aspectos de la ciencia aplicada en la España del Siglo de Oro*. Salamanca。

[12] 德·奥赫达和佩德罗·洛佩斯·德·索托都是造船专家，他们在1595年左右为皇家建造了类似的船只，在坎塔布里亚为德奥赫达建造了类似的船舶，在里斯本为洛佩斯·德·索托建造了合同。见 Vicente Maroto（2006），'Agustín de Ojeda y la construcción de navíos a finales del siglo XVI', in I. Vicente Maroto, I. and M. Esteban Piñero（eds），La ciencia y el mar. Valladolid, pp. 311-44。

[13] I. Vicente Maroto (2006)，'Don Juan de Silva, conde de Portalegre, Capitán General del Reino de Portugal'，*Rumos e escrita da história. Estudos em homenagem a A. A. Marques de Almeida*. Lisbon: 2, pp. 541-55。

[14] G. Pérez Turrado (1992)，*Las armadas españolas de Indias*. Madrid。

[15] C. Rahn Phillips (1991)，*Seis galeones para el rey de España. La defensa imperial a principios del siglo XVII*. Madrid。

[16] 文献表明，最好的火麻纤维来自拉里奥哈（La Rioja）地区和阿拉贡王国。

[17] 大量的文献证明皇家监督员和会计为验证测量（arqueamiento）的准确性所做的努力，以避免可能的欺诈行为。

[18] Casado Soto, op. cit.; C. Rahn Phillips (1987), 'Spanish ship measurements reconsidered. The *Instrucción náutica* of Diego García de Palacio'. *The Mariner's Mirror* 73, August, 293-6; E. Trueba (1988), 'Tonelaje mínimo y arqueo de buques en Sevilla（siglo XVI）'. *Revista de Historia Naval*, 20, 33-59。

[19] Casado Soto, op. cit., pp. 58-71. 该文献对16世纪伊比利亚大西洋沿岸的船舶计量学进行了广泛的研究。文章认为，"tonelada"和1590年前的"tonel"体积一样，等于8立方肘尺；1肘尺为0.57468米，一单位"tonelada"体积为 $8 \times (0.57468)^3 = 4.59744$ 米^3。

[20] 布罗切罗是一位杰出的海军军官，也是战争部委员会的议员。他在他的海军问题演讲中提出了如何解决他在西班牙海军中发现的问题，见 'Discurso sobre la marina'（Discourse on the navy），Colección Vargas Ponce, t. 11, doc. 7, pp. 124-31, Museo Naval, Madrid。他还致力于改进海军建筑，并支持1607年、1613年和1618年的法令。

[21] Archivo General de Simancas, Guerra Antigua, leg. 640, Brochero's proposal of March 3, 1605.

[22] F. Contente Domingues, 'El rigor de la medida: unidades de medida linear y de arqueo en la construcción naval ibérica en los inicios del siglo XVII', in Vicente Maroto and Esteban Piñero（eds），(eds), op. cit., pp. 371-81.

[23] "蒙塔涅斯"（montañés）一词指的是桑坦德人；文艺复兴时期的作家通常学习古典作家，采用对话形式写作，以方便读者理解他们的论点。见 I. Vicente Maroto (1998)，*Diálogo entre un vizcaíno y un montañés sobre la fábrica de navíos*. Salamanca。作者认为，该书是在

1630 年左右由佩德罗·洛佩斯·德·索托撰写的，此人在 16 世纪末担任里斯本的皇家审计长，同时也是一位经验丰富的造船商。

[24] J. L. Casado Soto., 'Razones y sinrazones para el estado de opinión sobre la construcción naval española en el Renacimiento', 载于 Vicente Maroto and Esteban Piñero（eds）, op. cit., pp. 431-44. 桑坦德坎塔布里亚海事博物馆馆长卡萨多·索托（Casado Soto）出版了几部作品，挑战 16 世纪英国海军凌驾于西班牙之上的标准观念。

[25] J. Bernard（1968）, *Navires et gens de mer à Bordeaux*（vers 1400-vers 1500）. Paris：1968.

[26] J. L. Casado Soto（2002）, 'Construcción naval y navegación', in L. García Ballester（ed.）, *Historia de la ciencia y la tecnología en la corona de castilla*, vol II. Valladolid：pp. 433-501.

[27] D. Goodman（2001）, *El poderío naval español. Historia de la armada española del siglo XVII*. Barcelona.

[28] Casado Soto, op. cit. 尽管无敌舰队战败，卡萨多·索托仍主张无敌舰队船只的适航性：西班牙的 25 艘船中只有 4 艘战损，而北欧制造的 27 艘乌尔卡圆身帆船中有 11 艘战损，地中海克拉克帆船有 11 艘战损。

[29] 西班牙船舶的建造一直没有计划，直到 1712 年的公报条例颁布，这种情况才有所改变。见 F. Fernández González（1992）, *Arte de fabricar reales. Edición comentada del manuscrito original de don Antonio de Gaztañeta Yturribalzaga*, 2 vols. Barcelona。

第七章

[1] 关于马歇尔"工业区域"的概念，参见 Becattini（1979）（2000）and（2002）。将工业区域定义为"本地生产系统""集群""创新体系"和"内生工业开发区域"的新定义可参见 Becattini *et al.*（2003）, Cooke（2002）, Bellandi（2003）and Lescure（2004）。

[2] 2006 年赫尔辛基第十四届国际经济史大会的其中一次会议主题为"工业化的地域动态"。在此之前，在贝桑松（Besançon）和纳沙泰尔（Neuchatel）举行了两次主题为"1750—2000 年欧洲工业区域"（Les territoires de l'industrie en Europe, 1750-2000）的国际会议。

[3] 关于对西班牙工业化区域方面的研究兴趣，其史学基础可参见 Pollard（1981）（1994）and Hudson（1989），详细内容可参见 Nadal and Carreras（1990）, Germán *et al.*（2001）, Domínguez（2002）, Paluzie *et al.*（2002）, Tirado *et al.*（2003）, Rosés（2003）and Tirado *et al.*（2006）。

[4] Tirado *et al.*（2006：60）.

[5] Parejo（2006）.

[6] 关于这个问题的参考书目数量有限。理论层面可参见 Feldman（1994）。历史层面参见 Maluquer de Motes（2000）关于"创新环境"主题的著作，以及最近一期《历史、经济与社会》（*Histoire, Economie, Société*, 2007/2）的"创新的空间逻辑（19—20 世纪）"[Les logiques spatiales de l'innovation（XIXe-XXe siècles）] 专刊。

[7] 关于早期的纺纱实践，参见 Delgado（1990：166-8），Thomson（1994：283 and 285），and García Balañà（2004：57-9）。
[8] 关于这家公司，参见 Sánchez（1987），Thomson（1994），Okuno（1999）and García Balañà（2004）。
[9] 关于 1783 年至 1796 年间的特殊情况及其与纺纱业扩张的关系，见 Sánchez（2000a）。
[10] 事实上，在 1787 年，该公司决定关闭其"工厂"，并放弃在这些地区的纺纱业。
[11] 从 18 世纪 80 年代中期开始，纺纱业成为商机，吸引了越来越多的商人。该公司本身也承认了这一点，并提到"在本省内陆建立的贸易商和工厂的数量正在增加"。BC. Fondo Gónima, L. 12, Llibre de resolucions（1783-1794），session of 8 October 1787.
[12] 1783 年至 1789 年间，该公司共生产了近 170 吨棉花。见 Okuno（1999：67-8）。
[13] BC. Fondo Gónima, Box 44/5, Representation to the King in July 1785.
[14] Torras（1994：31）。
[15] Solà（2004：267-8）。
[16] 在 19 世纪初，无论是公司数量还是对技术变革的贡献，巴塞罗那仍然在该行业的发展中发挥着关键作用。第一批到达西班牙的纺纱机在此亮相。1807 年，这座城市拥有整个加泰罗尼亚最多的纺纱机（至少有 349 台珍妮纺纱机、43 台水力纺纱机和 14 台走锭纺纱机）。
[17] 关于进入加泰罗尼亚的新机器的介绍，参见 Sánchez（2000a）（2000b），Solà（2004）and Thomson（2003a）（2003b）（2003c）。
[18] 关于欧洲的技术转让和英国技术人员发挥的作用，参见 Berg and Bruland（1998），Chassagne（1991），Harris（1998）and Jeremy（1991）（1996）（1998）（2004）。
[19] Calvo（2010）。
[20] 关于政治冲突和棉产业现代化之间的关系，参见 Sánchez（2000a）。
[21] 起初，一些重要加泰罗尼亚商人的政治流亡人士促成了技术转让的新阶段，他们在流亡国外期间——尤其是在法国阿尔萨斯——找到了技术创新的最新资料。
[22] 19 世纪 30 年代，这些机器主要从马赛港和热那亚港通过海路运抵巴塞罗那。法国和比利时的机器来自法国，英国的机器来自意大利。很少有运载机械的船只直接从英国港口抵达巴塞罗那。关于早期的蒸汽机和新的纺纱机，参见 Raveux（2005a）（2005b）。
[23] Ferrer（2004：341）。
[24] García Balañà（2004：155-61）。
[25] Berg（1987：261-2），Berg et al.（1983：11-13）and Reddy（1984：51-7）。
[26] Lazonick（1990：80 onwards）。
[27] 关于加泰罗尼亚早期的使用珍妮纺纱机的纺纱工厂，参见 García Balañà（2004）Chapter 3。
[28] Sánchez（1989：87）。
[29] 1829 年，巴塞罗那使用这种机器的 40 家制造商中，75% 的制造商只有不到 10 台机器。参见 Barcelona Manufacturers' Register 1829, published in Graell（1911：422-3）。

[30] 1841 年的数据，参见 Ferrer（2004）。

[31] 巴塞罗那很少使用水力作为纺纱机的动力，水力纺纱机也是由马提供动力。在曼雷萨，当河流流量减少到水力纺纱机无法正常运转时，可以使用特殊杠杆手动为这些机器提供动力。参见 Solà（2004: 77）。

[32] García Balañà（2004: 213-14）.

[33] 巴塞罗那的塞拉和托鲁埃拉公司的情况就是如此，这两家公司在 1799 年拥有 23 台英国机器和 35 台普通纺纱机；相同情况的科迪纳、达尔茂、马蒂塞拉诺等公司，它们在曼雷萨的一家工厂就拥有 19 台英国纺纱机和 32 台普通纺纱机。

[34] 在巴塞罗那，唯一可以用来驱动机器的水源是雷赫·孔普塔尔（Rech Comptal）灌溉渠。这条水渠水流量有限，无法提供大量水能。因此，该市主要棉纱生产商之一哈辛托拉蒙（Jacinto Ramón）在 1805 年最先安装蒸汽机并用机器从该水渠泵水，以驱动他的英国纺纱机（Agustí 1983: 105-33）。

[35] 关于走锭纺纱机相对于水力纺纱机的优势，参见 Tunzelman（1978）和 Cohen（1985）。根据后者的说法，在 19 世纪 30 年代的英国，走锭纺纱机和水力纺纱机的锭数比为 12：1。1841 年加泰罗尼亚的数据相同。

[36] 1833 年，加泰罗尼亚有 36 家工厂配备了水力驱动纺纱机，其中很大一部分应该是走锭纺纱机。但我们不知道确切的机器数量或种类。我们所知道的是，一些工厂在 1820 年就已经安装了这些机器，例如在赫罗纳附近的圣欧亨尼娅镇（Santa Eugenia），霍安·鲁尔（Joan Rull）有 1 台 144 锭、5 台 216 锭、2 台 240 锭的走锭纺纱机，以及 6 台可连续的纺纱机（240 锭到 289 锭不等）。

第八章

本章是西班牙科学与创新部资助的项目"当代加泰罗尼亚经济活动的重建（19—20 世纪）"（项目编号：HAR2008-01988/Hist）部分成果。

[1] Calvo, 'Sulla via italiana', 65-96.

[2] La Force, *The development*, 70.

[3] 萨拉苏亚（Sarasúa）已经证明，这是王室在促进丝纺摇纱和捻纱现代化时的目的之一。为了推广沃康松机械化纱锭，开明的改革派建立了一个官方机构，以扩大女工的参与。参见 Sarasúa, 'Technical innovations', 25-7, 31-5; 另见 Sarasúa, 'Una política de empleo'。

[4] Santos, Cara y cruz, 127, 139.

[5] 我非常感谢贝内特·奥利娃（Benet Oliva）为我提供关于巴塞罗那针织技术发展第一阶段的重要新信息，这些信息扩展并阐明了我们基于下列专家的研究掌握的知识：Molas, *Comerç i estructura*, 98, and Kamen, Narcís Feliu, 12-20.

[6] Norbury, 'A note on knitting and knitted fabrics', 185-6. Derry and Williams, *A Short History of Technology*, 158. Dubuisson, 'Bonneterie', 229-32.

[7] Molas, *Comerç i estructura social*, 98.

[8] Puig Reixach, *Les primeres*, 36. Calvo, 'Sul la via d'Italia', footnote 85. 靠近法国边境的普奇塞达镇（Puigcerdá）禁止商人开设雇用法国工人的丝绸针织机制造厂，因为当地没有掌握这项技术的工匠。参见 Calvo, 'Sulla via dell'Italia', footnote 87。

[9] Molas, *Los gremios barceloneses*, 514.

[10] Camon, 'Una escuela de constructores', 121-4.

[11] Camon, 'Una escuela de constructores', 122.

[12] Molas, *Los gremios barceloneses*, 514.

[13] Derry and Williams, *A Short History of Technology*, 158.

[14] González Enciso, *Historia económica*, 257.

[15] Arxiu Històric de Protocols de Barcelona, Josep Alvareda 1714, 208.

[16] Virós, "Llenguatge i tecnologia", 199-202. 1771年曼雷萨丝绸行会的条例提到了多梭织带机的存在。

[17] 这些机器主要集中在安达卢西亚（格拉纳达、科多尔瓦、塞维利亚、哈恩和马拉加），以及巴伦西亚、塔拉韦拉、圣地亚哥、巴塞罗那、雷乌斯和曼雷萨。参见 Miguel, *Perspicaz mirada*, 68, 283, 289-91, 294。

[18] Bejarano, *La industria de la seda en Málaga*, 47. 作者没有指出使用了哪种能源。

[19] Iradiel; Navarro, 'La seda en Valencia en la edad media', 196. Díez, 'La crisis gremial', 146, nota 20.

[20] Díez, 'La crisis gremial.', 146, note 20. 它们使用畜力驱动。

[21] Buxareu, *Diario de los viajes hechos en Cataluña*, 107, 11.

[22] Peñalver, *La Real Fábrica*, 53.

[23] Peñalver, *La Real Fábrica*, 53.

[24] Capella and Matilla, *Los cinco gremios*, 146-7. Peñalver, *La Real Fábrica*, 45-220.

[25] Capella and Matilla, *Los cinco gremios*, 145-7.

[26] Capella and Matilla, *Los cinco gremios*, 134-44.

[27] Calvo, 'Sulla via dell'Italia'.

[28] Morral; Segura, *La seda a Espanya*, 34.

[29] Santos, *Cara y cruz*, 189. Lapayese, *Tratado del arte de hilar*, 37-8, 45-6.

[30] Morral; Segura, *La seda a Espanya*, 34. Lapayese, *Tratado del arte*, 37-8, 45-6.

[31] Sarasúa, 'Technical innovations', 30.

[32] Capella and Matilla, *Los cinco gremios*, 164-73.

[33] Capella and Matilla, *Los cinco gremios*, 171.

[34] Miguel, *Perspicaz mirada*, 298-299, 336.

[35] Calvo, 'Transferencia internacional', 118.

[36] Calvo, 'Transferencia internacional', 118.

[37] Calvo, 'Transferencia internacional', 118.

[38] Calvo, 'Transferencia internacional', 120. Santos, *Cara y cruz*, 220.

[39] Calvo, 'Transferencia internacional', 120.

[40] Solà, *Aigua, indústria i fabricants a Manresa*, 38.

[41] Buxareu, *Diario de los viajes hechos en Cataluña*, 101, 111.

[42] Calvo, 'Constructores sin fábrica', 31. Fontanals, 'La contribución...', 176-9.

[43] Biblioteca de Catalunya, Junta de Comerç.

[44] Calvo, 'Transferencia internacional', 123.

第九章

[1] 关于经济发展和技术变革的关键因素，参见 Mokyr（2005）；Bernard and Jones（1996）；Rosenberg（1994）；Arthur（1989）；Solow（1985）；Cooper（1972）；Gerschenkron（1962）；Rostow（1959）。关于人力资本的作用和发明过程的发展水平，参见 Reis（2004）；Von Tunzelmann（2000）。关于发展中国家的创新问题，请参见：Inkster（2007），Tuma（1987），Bruland（1989）。关于纺织机械的生产和发展过程，参见 Farnie（1991）。

[2] 与其他发达欧洲国家相比，在整个19和20世纪，西班牙的人均专利申请数量一直垫底。参见 Ortiz-Villajos（2004：185）and Sáiz（2002）。

[3] Sáiz（2005：852-4）。

[4] 1936年至1954年期间包括西班牙内战和随后的闭关自守时期。

[5] López and Valdaliso（1997）。

[6] 工程学校很晚才建立，数量少，需求也很少。参见 Lozano（2007）。

[7] Nuñez（2005：57）。

[8] Ortiz-Villajos（1999）。

[9] 1925年至2009年，西班牙的人均纺织品消费量在欧洲排名第十。见 Nadal（1985：96）。

[10] Nadal（1991：62）。

[11] Saxonhouse and Wright（2000：30）。

[12] Nadal（ed.）（2003），table II.4.1.11。

[13] Nadal and Maluquer de Motes（1985）；Soler（1997）。

[14] 1952年，西班牙棉产业中使用的机器，大多数都已过时，制造于西班牙内战之前。1941年后安装的纺纱机只占到环锭纺纱机总量的21.9%以及动力织机的10.2%。大多数机器安装的时间早于1941年，已经使用30余年（57.2%的非自动织机安装在1920年之前）。Instituto Nacional de Estadística（1954：21 and 28）。

[15] Martín Aceña（1984）。

[16] Nadal（1975）。

[17] Deu and Llonch（2008：21）。

| 注 释 |

[18] Becattini *et al.*(2009).

[19] Archivo Histórico de Sabadell(AHS), *Matrícula de la Contribución Industrial y de Comercio*, 1875-1935.

[20] Deu(1995); Deu(2000).

[21] 参见 *España comercial*, año(1914)3, nr 2, 15-2-1914, p. 6-10; *Industria e Invenciones*, año(1913)30, 14, 4-10-1913, pp. 137-8; *El Eco de la Industria*, año(1913)16, 22, 30-10-1913, p. 350-2; *Cataluña Textil*, vol. 7, monographic supplement of n 86, November 1913, and vol. 8, nr 88, January 1914, p. 1-3; and *Le Moderne Industrie Tessili. Revista Italo-Espagnola-Portoghese dedicata a l'America Latina*, año(1914)2, 31-03-1914. 在外国出版物中，我们应该注意到英国的出版物：《曼彻斯特卫报》《纺织记录报》和《纺织水星报》，以及《泰晤士报》的财经增刊；法国的《纺织工业》和《纺织业展望》；意大利的《棉纺公告》；德国的《莱比锡纺织工业月刊》和《巴伐利亚工商业报》；美国的《纺织与毛棉新闻》。他们都在同年10月或11月的期刊上报道了这项新发明。

[22] 这场争论带来很多史学上的影响，因为与英国相比，西班牙纺织业一直使用骡机是导致其技术落后的原因之一。参见 Saxonhouse and Wright(1984: 519)。

[23] *Anuario Financiero y de Sociedades Anónimas de España*(1924).

[24] Fundació Bosch i Cardellach, *Archivo Casablancas*, 'Escritura del contrato de cesión de patentes a Louis Motte Van de Berghe'.

[25] Farell(1961).

[26] *Cataluña Textil*(1935: 8-9).

[27] Cámara Oficial de Comercio e Industria de Sabadell(1942).

[28] Fundació Bosch i Cardellach, *Archivo Casablancas*, 2 letters of Josep Noguera addressed to the textile engineer from Sabadell, Joan Farell Domingo, dated 12-3-1974 and 18-4-1974; 'Red de agencias comerciales de Casablancas Ltd.', 1960 and 1970.

[29] AHS, 'Matrícula de la Contribución Industrial y de Comercio, 1915-1935', 'Estadística del paro forzoso, 1921, 1924 y 1927', 'Padrón de vecinos, 1924' and 'Censos electorales, 1924-1936'.

[30] Cámara Oficial de Industria de Barcelona(1934)and Instituto Industrial de Tarrasa(1935).

[31] 数据来源于1928—1935年西班牙专利局数据库（Oficina Española de Patentes y Marcas）。

[32] Espacenet, international database of patents.

[33] 该公司叫做范斯廷基斯特公司（Vansteenkiste Company）；成立于1928年，大萧条期间遭受重创。

[34] Simó(1984: 269-71).

[35] *Weefautomaten Picañol Naamloze Vennootschap*(1979).

[36] Rothwell(1976).

[37] *Destino*(1962).

[38] *Picanol*, *History*(2006).

第十章

缩略词

ACD：西班牙国会档案馆。

AHPM：公证员历史档案馆（马德里）。

AHCA：阿诺亚历史档案馆。

OEPM：西班牙专利商标局。

WPTR：《世界纸业贸易评论》。

本章是西班牙科学与创新部霍尔迪·卡塔兰（Jordi Catalán）主持的研究项目"出口工业区的起源与发展，1765—2008：从经济史的视域分析"（项目编号：HAR-2009-07571）的部分成果。

[1] Bruland（1989）.

[2] Bruland（1998）.

[3] Berg；Bruland（1998：1）.

[4] 参见 Gutiérrez（1999）。

[5] 桑福德（Sanford）是一名机械师，被布莱恩·唐金公司派往法国。

[6] Magee（1997a：241-2）.

[7] Nadal（1988：33）.

[8] Archivo del Consejo de Diputados：Sección General, Legajo 112, Exp. 3°, Bill for the introduction of foreign paper.

[9] 夏贝尔的工厂制造了在1842年重建时安装在曼萨纳雷斯埃尔雷亚尔（Manzanares El Real）的机器、巴利亚多利德、萨拉曼卡以及可能安装在特鲁埃尔和萨拉戈萨的机器。瓦拉尔的车间生产了拉杰尔南德斯（赫罗纳）的第二台机器，以及拉斯卡夫里亚（马德里）、埃尔卡特利亚尔（塔拉戈纳）和比利亚尔戈多德胡卡尔（阿尔巴塞特）的机器。阿尔弗雷德·莫泰奥（Alfred Motteau）为拉埃斯佩兰萨（吉普斯夸）、拉奥罗拉（赫罗纳）、拉克里斯蒂娜（庞特韦德拉）和拉萨尔瓦多（吉普斯夸）制造机器。

[10] 1879年安装在莫拉塔德塔胡尼亚（Morata de Tajuña）的机器是由H. 达特兰德（H. Dautrebande）和F. 蒂里（F. Thiry）制造的（*Crónica de la Industria*, 31-I-1880, n° 152, p. 18）。

[11] 拉斯卡弗里亚工厂的合伙人威廉·桑福德（William Sandford）有义务"每年至少在工厂工作3个月，不是连续的，而是在最适合生产的时间，毫无保留地教导和指导工人进行所有操作"（AHPM, Protocol 24.965, fol. 575）。

[12] 例如，在阿尔科伊，一些法国人从事造纸业务其他人从事辅助工业或模具制造商。

[13] 1820年，来自卡佩利亚德斯（Capellades）的手工造纸工表示他们希望"与其他地区一

起（能够）带来被认为必要的工人，即使他们可能是外国人，这样他们就可以教我们制作各种纸张"[AHCA, Notariales, Capellades（13）, Francesc Pujol i Bordas（Capellades）, f. 100]。在19世纪20年代初期，法国造纸商的到来有记载，但人数不多。让-康斯坦·泰亚（Jean-Constant Taya）来自法国重要造纸商孟戈菲（Montgolfier）家族的小镇昂纳伊（Annonay）。

[14] Benaul（2003）, Raveux（2005：172）, Deu; Llonch（2008）and Benaul（1995）.

[15] *Ilustración Española y Americana*, XVI, n° 31, 16-VI-1872.

[16] 弗洛雷斯在申请特许专利权时表示，这台机器"在国外被称为弗尔特机，于1867年在巴黎世界博览会的符腾堡机库中展示"（OEPM, Privilegio 4.689）。

[17] Clara（1978：156）.

[18] 特别有趣的是工业工程师马金·拉多斯（Magín Llados）署名的关于木浆生产的文章。

[19] 我们应该提到由伊格纳西奥·卡尔博（Ignacio Carbo）署名的题为"西班牙的造纸业"（La industria papelera en España）的系列。

[20] *Diario de Barcelona*, 25-II-1842, pp. 7–9. 关于运河，见 Benaul（2003：285 and 289）.

[21] Benaul（1989：82）.

[22] Carrión（2010：88）.

[23] 1854年，巴塞罗那一家重要机械厂的老板瓦伦丁·埃斯帕罗（Valentin Esparo）与巴黎的瓦拉尔（Varrall）公司合作安装了一台机器，这台机器就是长网造纸机。La Gerundense（1857：9）.

[24] 见 Nadal（1992）.

[25] Martinez Quintanilla（1865：308）.

[26] Moreno（1998：248-50）.

[27] AHPM, Protocolo 24.965, fols. 571r.-584v.

[28] 孟戈菲家族与造纸业有着密切的联系。Germán（1994：77）.

[29] Sancho（2000）.

[30] Catalán（1991：131-2）.

[31] Ministry of Industry and Trade. Directorate-General for Industry（1944）.

[32] *WPTR*, 30-VII-1909, LII, n° 5, p. 184.

[33] Cabrera（1994：39）.

[34] Bretan（1999）. 35. 1908年，有人说该镇的工厂"造纸机械是在阿尔科伊制造的"（*WPTR*, 3-IV-1908, vol. XLIX, n° 14, p. 577）。

[35] 1908年，阿尔科伊工厂使用当地制造的布料（*WPTR*, 3-IV-1908, vol. XLIX, n° 14, p. 577）。

[36] Bureau of Foreign and Domestic Commerce（1915L 144）.

第十二章

[1] Benito Navarro y Abel de Beas（1752）, *Physica eléctrica o compendio: donde se explican los*

maravillosos phenomenos de la virtud eléctrica, Sevilla.

［2］Jaume Agustí（1983），*Ciència i tècnica a Catalunya en el segle XVIII*. Barcelona：Institut d'Estudis Catalans, p. 35.

［3］Pere A. Fàbregas（1993），*Josep Roura y Estada*（1787-1860）, p.123.

［4］*El Porvenir de la Industria*（1876）, p. 139.

［5］Francisco de Paula Rojas（1881），*La luz eléctrica y sus aplicaciones al alumbrado público y particular, á la márina, á la guerra, á las fábricas y talleres*. Barcelona：Espasa Hnos, p.46.

［6］*El Porvenir de la Industria*（1883）, p.142.

［7］Joan Carles Alayo（2007），*L'electricitat a Catalunya*. Lleida：Pagés Editors, p. 71.

［8］A. Heuberger（1943），in AEG, *50 años de actuación en España*. Madrid：AEG, p. 16.

［9］José M. García（1986），*Primeros pasos de la luz eléctrica en Madrid y otros acontecimientos*. Madrid：Ediciones Fondo natural, p. 71.

［10］A. Heuberger（1943），in：AEG, *50 años de actuación en España*. Madrid：AEG, p. 17 and p. 25.

［11］Joan Carles Alayo（2007），*L'electricitat a Catalunya*. Lleida：Pagés Editors, p. 893.

［12］E. Agacino（1900），*Cartilla de electricidad práctica*. Cádiz：Tipografia Gaditana, p. 269.

［13］Joan Carles Alayo（2007），*L'electricitat a Catalunya*. Lleida：Pagés Editors, p. 237.

第十三章

［1］阿根廷经济学家劳尔·普雷比什（Raúl Prebisch, 1901—1986）于20世纪40年代末建立了"中心"和"外围"的二元术语。他将世界分为经济"中心"和"外围"，前者包括像美国这样的工业化国家，后者包括原材料生产国家。

［2］J. Antonio Dávila（2004），'Transferencia de tecnología：Licencia y cesión de patentes y know how', http：//www.ventanalegal.com/revista_ventanalegal/transferencia_tecnologia.htm.

［3］Arnold Reisman；Aldona Cytraus, 'Institutionalized Technology Transfer in USA：A Historic Review',（August 27, 2004）. Available at Social Science Research Network：http：//papers.ssrn.com/sol3/papers.cfm?abstract_id=585364.

［4］Henry de Wolf Smyth（1946），*La energía atómica al servicio de la guerra*. Madrid：Espasa Calpe, pp. 73-167. Lawrence Badash（1995），*Scientists and the Development of Nuclear Weapons. From Fission to the Limited Test Ban Treaty*. 1939-1963, New Jersey：Humanities Press, pp. 11-48. Richard Hewlett and Oscar Jr Anderson（1962），*The New World 1939–1946. A History of the United States Atomic Energy Commission*. Berkeley：University of California Press, vol. 1, 16-25, 63-101, 110-30, 220-50.

［5］Robert Colborn（1948），'What happened on atomic energy in' 47?'. *Electrical World*, 10, 97-104.

[6] Richard G. Hewlett（1964），'Pioneering on nuclear frontiers'. *Technology & Culture*, V, 4, 512-22. Clark A. Miller 1938, 1959, 'The Origins of Scientific Internationalism in Postwar U.S. Foreign Policy'. *Osiris*, *2006*, *21*, http：//www9.georgetown.edu/faculty/khb3/Osiris/papers/Miller.pdf.

[7] Ralph M. Parsons（1995），'History of technology policy-commercial nuclear power', *Journal of Professional Issues in Engineering Education and Practice*, 121, 2, 85-98. Richard G. Hewlett（1989），*Atoms for Peace and War 1953-1961*. Berkeley：University of California Press, pp. 209-71. Cecilia Martínez and John Byrne（1996），'Science, society and state：the nuclear project and the transformation of the American political economy', in John Byrne and Steven M Hoffman, *Governing the Atom. The Politics of Risk*. New Brunswick：Transaction Publishers, pp. 67-102. John Krige（2006），'Atoms for Peace, Scientific Internationalism and Scientific Intelligence' Osiris, 2006, 21, http：// www9.georgetown.edu/faculty/khb3/Osiris/papers/Krige.pdf.

[8] 和平利用原子能国际会议记录（Actas de la Conferencia Internacional sobre la Utilización de la Energía Atómica con Fines Pacíficos）（Ginebra, 1956）.

[9] Francesc X. Barca-Salom（2002），*Els inicis de l'enginyeria nuclear a Barcelona. La Càtedra Ferran Tallada*（1955-1962）. Barcelona：, http：//www.tdx.cat/TDX-0725102-122237.

[10] 表是作者利用《核反应堆目录，卷1，卷4》（*Directory of Nuclear Reactors*. I and IV）的资料自行制作的,（Vienna, International Atomic Energy Agency, 1959, 1962）。

[11] 与阿根廷之间的信息来自Emanuel Adler（1987）*The Power of Ideology. The Quest for Technology Autonomy in Argentina and Brazil*. Berkeley：University of California Press.

[12] Kenneth Jay（1956），*Calder Hall. The Story of Britain's First Atomic Power Station*. London：Methuen & Co. Ltd, 1956. Manuel de la Sierra（1958），*Actividades nucleares en el mundo*. Madrid：Servicio de Estudios del Banco Urquijo, p. 101.

[13] Maurice Vaïsse（1994），*France et l'atome. Études d'histoire nucléaire*, Brussels：Bruyllant, pp. 13-40. Spencer R. Weart（1980），*La grande aventure des atomistes français. Les savants au pouvoir*. Paris：Fayard. Michel Pinault（1997），'Naissance d'un dessein：Fréderic Joliot et le nucléaire français（août 1944-septembre 1945）', *Revue d'Histoire des Sciences et leurs Applications*, 50, 3-47.

[14] Marguerite Cordier（1954），'Le centre atomique de Saclay', *Bulletin de l'Institut Français en Espagne*, 1954, 76, 124-31. M. Baissas,（1962）'Actividad del Comisariado Francés de la Energía Atómica（CEA）', *Metalurgia y Electricidad*, 303, 155.

[15] Ana Romero de Pablos, José Manuel Sánchez Ron（2001），*La energía nuclear en España. De la JEN al CIEMAT*. Madrid：Centro de Investigaciones Energéticas, Medioambientales y Tecnológicas. p. 15. Armando Durán,（1998）'Los orígenes de la Junta de Energía Nuclear'. *Nuclear España. Revista de la Sociedad Nuclear Española*, June, 20. Carlos Sánchez del Rio

(1983), 'José Maria Otero y la energía nuclear', in *Homenaje al Excmo. Sr. D. José M.ª Otero de Navascués. Sesión necrológica celebrada el día 20 de abril de 1983*. Madrid: Real Academia de Ciencias Exactas, Físicas y Naturales, 25-9. Albert Presas Puig (2000), 'La correspondencia entre José M. Otero Navascués y Karl Wirtz, un episodio de las relaciones internacionales de la Junta de Energía Nuclear'. Arbor, CLXVII, 659-60, 527-601.

[16] Antoni Roca Rosell, José Manuel Sánchez-Ron (1990), *Esteban Terradas* (1883-1950), Madrid, Barcelona: Instituto Nacional de Técnicas Aeroespaciales y Ediciones del Serbal, 302.

[17] Durán, op. cit. (14), 21. Romero de Pablos, Sánchez Ron, op. cit. (14), 30-40.

[18] 'Noticiario' (1958). *Energía Nuclear*, 8, 128-31. José María Otero Navascués, 'Hacia una industria nuclear' (1957). *Energía Nuclear*, 3, 14-38. Leonardo Villena Pardo (1984), 'José Maria Otero Navascués (1907-1983)'. *Óptica Pura y Aplicada*, 17, 1, 8.

[19] Luis Gutiérrez Jodra, Adolfo Pérez Luiña (1957), 'El Centro Nacional de Energía Nuclear de la Moncloa'. *Energía Nuclear*, 2, 4-18. Rafael Caro et al. (eds) (1995), *Historia nuclear de España*. Madrid: Sociedad Nuclear Española, p. 111.

[20] Jovino Pedregal (1957), 'El Centro Nacional de Energía Nuclear de la Moncloa'. *Energía Nuclear*, 1, 7.

[21] Javier Ordóñez, José M. Sánchez-Ron (1996), 'Nuclear Energy in Spain. From Hiroshima to the sixties', in Paul Forman and José M Sánchez-Ron (eds), *National Military Establishments and the Advancement of Science and Technology*. Boston: Kluwer Academic Publishers, pp. 185-213. Romero de Pablos, Sánchez Ron, op. cit. (14), 51.

[22] Presas Puig, op. cit. (14), 527-601.

[23] 奥特罗·纳瓦斯库埃斯与玛丽亚·阿兰萨苏·维贡，卡洛斯·桑切斯·德尔·里奥，拉蒙·奥尔蒂斯·福纳奎拉，路易斯·古铁雷斯·乔德拉（Luis Gutiérrez Jodra），里卡多·冈萨雷斯·切利尼（Ricardo Fernández Cellini），何塞·特拉萨·马托雷尔，何塞·路易斯·奥特罗·德拉甘达拉（José Luis Otero de la Gandara），德梅特里奥·桑塔纳（Demetrio Santana）一起前往安阿伯。这次会议上提交的论文之一是由阿道夫·佩雷斯·吕纳（Adolfo Perez Luiña）和路易斯·古铁雷斯·乔德拉共同撰写的，题目为"*El sistema nitrato de uranilo-éter dietílico-agua. Extracción de nitrato de uranilo con agua a partir de disoluciones etereas en columnas de pulverización y de relleno.*" Madrid: JEN. Romero de Pablos, Sánchez Ron, op. cit. (14), 54。

[24] Joaquín Ortega Costa, 'Síntesis crítica de la Conferencia Internacional de Ginebra sobre las Aplicaciones Pacíficas de la Energía Nuclear', (1955) *Acero y Energía*, 71, 39-43.

[25] Ordóñez, Sánchez-Ron, op. cit. (20), 196. Parsons, op. cit. (6), R.M. 85-98. 'Entrevistas. CIEMAT 50 años de historia' (1958). *Nuclear España. Revista de la Sociedad Nuclear Española*, June, 11.

[26] Óscar Jiménez Reynaldo (1958), 'El reactor', *Energía Nuclear*, 8, 21-31. Santiago Noreña

de la Cámara (1958), 'Edificios para el reactor experimental de piscina de 3MW de la Junta de Energía Nuclear'. *Energía Nuclear*, 8, 5–20.

[27] *Inauguración del curso académico 1957–1958*. Barcelona: School of Industrial Engineering, 1957, p. 4. Álvaro Rodrigo (1956), 'Usos pacíficos de la energía nuclear'. *Metalurgia y Electricidad*, 220, 154–6. Ortega, op. cit. (23), 43.

[28] Minutes of session of the Camber of Commerce of 1955, 29 November. *Llibre d'actes de la Cambra Oficial d'Indústria de Barcelona*. Barcelona: Archive of Camber of Commerce, Industry and Navigation. 'Antecedents of Fernando Tallada chair'. Barcelona: Archive School of Industrial Engineering.

[29] *Programa para el curso* 1955–56. *Cátedra Fernando Tallada*, Barcelona: School of Industrial Engineering, October, 1955.

[30] *Ciclo de conferencias de información nuclear, por profesores de la JEN. Cátedra Fernando Tallada*. Barcelona: School of Industrial Engineering, January, 1957. *Ciclo de conferencias sobre técnicas de los reactores y la economía de su aplicación industrial. Cátedra Fernando Tallada*. Barcelona: School of Industrial Engineering, January 1957. *Ciclo de conferencias sobre isótopos. Cátedra Fernando Tallada*. Barcelona: School of Industrial Engineering, March, 1957.

[31] *Programa para el curso 1957–58. Cátedra Fernando Tallada*. Barcelona: School of Industrial Engineering, January 1958. *Programa para el curso 1958–59. Cátedra Fernando Tallada*. Barcelona: Schools of Industrial Engineering, Novembre 1958. *Programa para el curso 1959–60. Cátedra Fernando Tallada*. Barcelona: Schools of Industrial Engineering, October 1959.

[32] *Nuclear Power*, abril 1959: 122.

[33] Raymond L. Murray (1957), *Introducción a la ingeniería nuclear*. Barcelona: Ed. Palestra.

[34] Neal F. Lansing, 'Corazas de reactores nucleares' (1959). *Dyna*, 5, April, 260–6. Daniel Blanc (1959), 'Tratamiento de combustibles irradiados en los reactores'. *Acero y Energía*, 91, 54–8. Daniel Blanc (1959), 'Procedimientos de separación de los isótopos estables'. *Acero y Energía*, 92, 54–60.

[35] Thomas Reis, *Reactores nucleares. Aspectos económicos de las aplicaciones industriales de la energía atómica* (1959), Madrid: Patronato de Publicaciones de la Escuela Técnica Superior de Ingenieros Industriales.

[36] Francesc X. Barca Salom (2005), 'Nuclear power for Catalonia: the role of the Official Chamber of Industry of Barcelona, 1953–1962'. *Minerva*, 43(2), 163–81.

[37] *Memoria correspondiente al período académico 1957–58. Cátedra Fernando Tallada de Ingeniería Nuclear*. Barcelona, Escuela Técnica Superior de Ingenieros Industriales, 7. Minute 2 from technical commission of nuclear energy of the Official Chamber of Industry, 15 December 1958. Barcelona: Archive School of Industrial Engineering.

[38] 'Clua a Aragonés. Madrid, 30 de juliol de 1959'. Barcelona: Archive School of Industrial Engineering. 'Nota del Sr. Clua a D. Damián Aragonés, sobre el Laboratorio de Energía Nuclear. Madrid, 9 de setembre de 1959'. Barcelona: Archive School of Industrial Engineering. 'Nota del Sr. Clua para el Sr. Aragonés. Madrid, 30 de setembre de 1959'. Barcelona: Archive School of Industrial Engineering.

[39] Carlos Fernandez Palomero, Luís Álvarez del Buergo (1962), 'Descripción mecánica y eléctrica y operaciones de los reactores Argos y Arbi', *Energía Nuclear*, 21, 4–51.

[40] 'Nota. Asunto: Viaje a Alemania'. Barcelona: Archive School of Industrial Engineering.

[41] 'Nota. Asunto: Grafito Argonaut'. Barcelona: Archive School of Industrial Engineering. 'Nota del Sr. Clua al Sr. Aragonés. Informe sobre el estado actual del reactor Argonaut. Barcelona, 7 de juliol de 1960'. Barcelona: Archive School of Industrial Engineering.

[42] Miquel Masriera, 'La primera pila atómica barcelonesa. El reactor de la Escuela de Ingenieros Industriales'. *La Vanguardia Española*, 19 July 1961, 9.

[43] 'Clua a Aragonés. Madrid, 7 d'octubre de 1959'. Barcelona: Archive School of Industrial Engineering.

[44] 'Clua a Aragonés. Madrid, 13 de juny de 1960'. Barcelona: Archive School of Industrial Engineering. 'Informe sobre el estado actual del reactor Argonaut'. Barcelona: Archive School of Industrial Engineering. 'Clua a Aragonés. Barcelona, 2 d'agost de 1960'. Barcelona: Archive School of Industrial Engineering.

[45] J. L. del Val Cid, J. M. Regife Vega and J. M. Clemente Casado (1962), 'Descripción y funcionamiento de una instalación de obtención de U_3O_8, a partir de hexafluoruro de uranio enriquecido al 20 por 100 en U-235'. *Energía Nuclear*, 21, 71–8.

[46] J. M. Guillen Galban and N. Darnaude Rojas-Marcos (1961), 'Obtención de hexafluoruro de uranio a partir de tetrafluoruro utilizando flúor como agente de fluoración'. *Energía Nuclear*, 19, 4–11.

[47] M. López Rodríguez (1962), 'Etapa de investigación y desarrollo en la fabricación de los elementos de combustible para los reactores Argos I y II'. *Energía Nuclear*, 21, 87–94.

[48] H. Bergua, A. Fornes, G. Gerbolés, J. Redondo and A. de las Rivas (1962), 'Fabricación de los elementos combustibles del reactor Argos I y II'. *Energía Nuclear*, 21, 95–104. Jacobo Díaz Díaz, José Maroto Muñoz (1962), 'Instalaciones para la fabricación de elementos combustibles de los reactores Argos I y II', *Energía Nuclear*, 21, 105–12.

[49] 'Carga de combustible. Madrid, 23 de febrer de 1960'. Barcelona: Archive School of Industrial Engineering.

[50] 'Diego Gálvez (managing director of the JEN) to School of Industrial Engineering. Madrid, 26 de novembre de 1962'. Barcelona: Archive School of Industrial Engineering.

[51] 'Clua a Orbaneja. Nota de 10 de desembre de 1963'. Barcelona: Archive School of Industrial

[52] 第一个电力反应堆是何塞·卡夫雷拉（José Cabrera），其他十个是：圣玛利亚·德·加罗纳（Santa María de Garoña），凡德洛斯（Vandellos）1号和2号，阿尔马拉斯（Almaraz）1号和2号，阿斯科（Ascó）1号和2号，科夫伦特斯（Cofrentes），和特里略（Trillo）1号和2号。见L. Sánchez Vázquez（2009），"Los discursos de legitimación de la industria nuclear española"，Revista paz y conflictos，2，99-116。

第十四章

本章是在A.德·卡普尼研究中心（Centre de Recerca A. de Capmany）进行的，由"ECO2008-00398/ECON"项目资助。部分内容已上报向国际技术史委员会、学术研讨会（2007年）、第二届技术史会议、加泰罗尼亚理工大学、巴塞罗那工业工程学校（2007年）和加泰罗尼亚科学技术史学会第九次会议（2006年），并提交给了第九届世界卫生大会和世界儿童福利理事会大会（2010年）。

感谢西班牙前副总统纳尔西斯·塞拉（Narcís Serra），让我有机会查阅到各种相关文件；我也要对西班牙阿尔卡特-朗讯公司的高管和员工〔何塞·费梅尼亚（José Femenía），M. J. 温苏伦萨加（M. J. Unzurrunzaga），J. 贝纳维德斯（J. Benavides），阿娜·保拉·泰博（Ana Paula Taibo），马里·C. 比希尔（Mari C. Vigil）和西班牙电信公司A. 阿隆索（A. Alonso），R. 桑切斯·德·勒林（R. Sánchez de Lerín），哈维耶·纳达尔（Javier Nadal），以及孔苏埃洛·鲍尔贝（Consuelo Barbé）和M. 维克多利亚·塞雷索（M. Victoria Cerezo）及其团队〕表示衷心的谢意。

[1] W. Keller,（2004），'International technology diffusion'，*Journal of Economic Litterature*，42，752-82；J. H. Dunning and J. A. Cantwell,（1991），'The changing role of MNEs'. In F. Arcangeli, P. A. David and G. Dosi（eds），*The Diffusion of Innovation*. Oxford；H. Pack. and S. Kamal,（1997），'Inflows of foreign technology and indigenous technology development'. *Review of Development Economics*，1，81-98；A. Glass and K. Saggi（2002），'Multinational firms and technology transfer'，*Scandinavian Journal of Economics* 104，4，495-513；Carr, Jr., 'Technology adoption and diffusion'. http：//www.au.af.mil/au/awc/；Mayanja, *Is FDI? An analysis of the interconnection between technology，market and regulation in* J. Hills, J. （2007）'Regulation, innovation and market structure in international telecommunications: the case of the 1956 TAT1 submarine cable'，Business History，49，6：868-85；关于国家监管和技术变革之间的关系，见A. Antonelli,（1995），*The Economics of Localized Technological Change and Industrial Dynamics*. Berlin. 与目前大多数已出版的文献不同，最近的作品肯定了规模较小的、更具创业精神的企业在技术发现中的重要作用。N. Lamoreaux, K. Sokoloff. and D. Sutthiphisal（2009b），'The reorganization of inventive activity in the United States during the early twentieth century'，NBER Working Papers，15440，or innovation [Chesbrough, H.（2006），*Open Innovation：Researching a New Paradigm*，New York：Oxford University

Press].

[2] 在大量关于国家创新体系的文献中，请参见 R. Nelson（1993），*National Innovation Systems. A Comparative Analysis*, New York/Oxford; R. Nelson. and G. Dosi. (2009), *Technical Change and Industrial Dynamics as Evolutionary Processes* (on-line). Freeman, 'Technology and "The National"'; B. Å Lundvall (ed.)(1992), *National Innovation Systems: Towards a Theory of Innovation and Interactive Learning*, London; P. Patel and K. Pavitt (1994), 'The nature and economic importance of National innovation systems'. *STI Review 14*. 关于国家风格，重要作品请参见 T. Hughes (1983), Networks of Power: *Electrification in Western Society. 1880–1930*, Baltimore。

[3] L. Galambos (1997), 'Global perspectives on Modern Business'. *Business History Review* 1, 71(2), 287-90.

[4] J. Molero (2000), 'Multinational and national firms in the process of technology internationalization: Spain as an intermediate case', in F. Chesnais *et al.* (eds) *European Integration and Global Innovation Strategies*. London.

[5] 有一个例外：见 C. Betrán. (1999), 'La transferencia detecnología en España en el primer tercio del siglo XX: el papel de la industria de bienes de equipo'. *Revista de Historia Industrial*, 15, 41-80。

[6] 人们特别强调了这些过程的复杂性，尤其参见 D. J. Jeremy (ed.)(1991), *International Technical Transfer: Europe Japan and the USA*, 1700-1914. Aldershot。

[7] Lee, Johnson and Joyce (2004, 207); Mishan, 1970, 18. Lena Anderson-Skog, 'Political Economy...' 强调了国家和地区权力结构以及非正式制度的重要性。Carl Jeding, *Co-ordination* (2001) 强调了社会网络的重要性。

[8] Hanusch and Pyka (2007), p. 864; Roos (2005), on-line; Fagerberg, Mowery and Nelson (2005), pp. 220-1.

[9] Angel Calvo, 'Regulación...' 291-320。在美国通过纵向和横向一体化加上国家监管的私人订购模式以及由私营公司提供的公共网络的北欧模式（斯堪的纳维亚和德国）之前，西班牙有由私营公司提供的特有的半公共网络模式，见 Kenneth Lipartito, 'Failure...' 54 页起。"PTT 模式"的共同特征是合法垄断，尽管形式可能因国情而异，见 Millward (2005); Magnusson and Ottosson (eds.)(2001); Lena Andersson-Skog and Krantz (eds)(1999); ITT (1952); ATT (1914, 12); on the vertical integration: Hardy *et al.* (2002, 7); Foreman-Peck and Muller (1988, 138); Hills (1984, 114 and 124-5).

[10] Sterling *et al.*, Shaping; Rama, 'Foreign'; Cassiman and Veugelers, 'Foreign subsidiaries'; Flowers, 'Organizational', 317-46; Keller, 'International', 317-46; Blomström and Kokko, 'Multinational', 247-77.

[11] AT&T (1910): 15-21; Casson (1920); Rosston and Teece (1995). 1882 年，西班牙国家电话公司成为贝尔电话公司的专属制造商，后者在 1885 年创建了美国电话电报公司，作

为其子公司。见 Stephen B. Adams, Orville R. Butler, *Manufacturing* ... 47。

[12] Stehman（1967），pp. 9-10；Foreman-Peck（1991），p. 134；Rippy（1946），p. 116. 国际贝尔电话公司在西班牙注册了33154号专利，用于改进电话设备，该专利于1884年生效：马德里西班牙专利商标局。关于这些设备的技术，见 Bennett（1895），p. 330。

[13] AT&T, *Annual report* 1909, pp. 15-21；Stehman, *The Financial*, 9-10；Foreman-Peck, 'International Technology', 134. 国际贝尔电话公司在西班牙注册了33154号专利，用于改进电话设备，该专利于1884年生效：马德里西班牙专利商标局。记录显示，设备是从安特卫普电话和电气工程公司运往马德里电信公司的：AHPB, Notary Plana y Escubós, 1895, fol. 1.108. 西班牙电信业电话设备主要由终端、传输和交换设备组成。Ronald A. Cass and John R. Haring, *International*..., 83 ff.

[14] 虽然城际线的材料和绝缘体都受到监管，但企业可以自主决定其他一些重要事宜，如电缆的厚度。条例规定应安装最好的设备，但没有规定特定型号。电报局保留了扩大设备范围的权利，并可以在同等价格下接受其他具有同等或更好性能的品牌商品。*MG*, 4 January and 21 March 1891.

[15] 例如，第一台自动交换机：由于安装已使用爱立信的技术，所以决定扩大系统时，这家瑞典公司就成了不二之选。

[16] 在巴塞罗那的一个展览会上，西班牙电力公司展示了许多不同品牌的电话。西班牙引进电话的先行者，如 E. 罗通多·尼古劳（E. Rotondo Nicolau），都是发明家：马德里西班牙专利商标局4363号专利。西班牙专利的主要参考文献是 P. Saiz, *Invención...y Propiedad industrial*...；而关键的国际书目参考的是 'Inertia', 343-8; 'Politicising', 45-87 and 'Patents as indicators', 179-208。

[17] 这是布鲁塞尔私人电话公司（Société de Téléphonie Privée de Bruxelles）通过公共电话公司（Sociedad Anónima de Telefonía，成立于1903年）建立联系的例子；同样的，还有瑞典的 L. M. 埃里克松（L.M.Ericsso）、丹麦的海伦森·恩克（Hellenseng Enke）和 V. 卢德维格森（V. Ludvigsen）的中介索夫里诺斯·德·R. 普拉多（Sobrinos de R.Prado），法国通用电气公司（CGE）通过拥有汤姆森-休斯顿专利的法国电气建筑公司（Sociedad Ibérica de Construcciones Eléctricas, SICE, 1921）建立联系，并于1931年与汤姆森-休斯顿和通用电气公司签署协议，将法国电气建筑公司并入格塞姆公司（Geathom）。Southard, p. 211；Castro, 'The history'. 法国电气建筑公司以政府为客户，从官方保护中获得了一定的优势。

[18] D. Landes, *The Unbound*, 450-2；Kingsbury, *The Telephone*；Aldcroft, *The European*, 43. 创新包括载波和频分多路复用：Thomson, 'Electricity', 357；Atherton（1984），108-11；Griset（1992），242；Lipartito, 'Component Innovation', 352-7。从美国安装第一台自动交换机到18个发达国家完成自动交换机安装的时间为25.22年，西班牙安装自动交换机用了31年。

[19] 对于德国的情况，见 M. Wilkins, 'Multinational Enterprise', 45-80；Hertner, 'German Multinational', 129；Koch, 'Electric', 44。

[20] 爱立信在俄罗斯（1897年）、英国（1903年）、法国（1908年）和奥地利都有制造工厂。它还在20世纪初通过与斯德哥尔摩公共电话公司的协议在莫斯科、华沙和墨西哥取得了特许权：United States Census Office（1902），178；Foreman-Peck，'International Technology'，148；Lundström，'Swedish Multinational'。在德国，早期的国家保护政策促进了电话设备和材料的生产，作为蓬勃发展的电力工业（西门子）中的一个细分产业出现，或是作为一个严格意义上的细分产业出现（米克斯-杰内斯特公司在德国柏林，还有德国费尔顿-圭廉姆公司在米尔海姆）。见Koch，'Electric ...'，44。

[21] Kroess and Bakker（1992），pp. 135-53. 关于对专利的保护作为一种创新手段，见Nilsson（1995），pp. 33 ff。

[22] Alvaro，'Redes empresariales'；Calvo，'Telefónica'，67-96 and 'State'，454-73。

[23] 电话公司对国家制造商的纵向一体化和依赖性，见Frieden（2001），pp. 54-5。

[24] 布达佩斯、马德里、米兰和奥斯陆的工厂都以标准电气公司的名字命名。其他运营中的工厂有电话设备和汤姆森-休斯顿电话公司（巴黎）、联合电话电报工程有限公司和奥塔格公司（ÖTAG，位于维也纳）、德国无线电报公司（柏林）和标准电话与电缆公司（悉尼）：欧洲I.S.E.关联公司，特拉达斯档案馆，未出版。1922年，国际西部电气公司购买了德国电信公司10%的股份。

[25] Sobel，*I.T.T. The management*，72；Young，'Power'. 更多信息见Calvo（2008），pp. 454-73。

[26] ITT，*Annual Report*（s）；ibid.，*Description*...；Sobel（1982）；Burns（1974），p. 7；Southard（1931），p. 43；Lipartito（2009），pp. 132-59. 也可参见Lamoreaux（2007），pp. 213-43 and Lamoreaux and Sokoloff（2009），pp. 43-78。

[27] Tranter and Grandry，'Laboratoire'，435-40；*Electrical Communications* 40，1（1965）；ibid. 9 and 47，1（1972）：4-11. 横杆系统，1953年由法国汤姆森-休斯顿公司的一名法国工程师F. P. 戈阿雷尔（F. P. Gohorel）所发明，提高了选择的速度和变速器的质量：F. Gohorel，'Pentaconta dial'，224；75-106；12。

[28] SESA，*Board of Directors Proceedings*（*BDP*），21 January 1926，Alcatel-Spain（Madrid）Archives（ASMA）。

[29] Condict，'The new factory'，33-5。

[30] *Electrical Communication*，IX，4，1931，p. 236。

[31] 葡萄牙的工厂将很快开业。

[32] Robert Millward，*Private*...，180. 我们认为，邮政、电报和电话模式（PTT模式）对设备的监管是C. Chapuis and Joel（2005，226）指出的国际电话电报公司国家制造商相对自主的原因之一。

[33] G.Deakin，'The Rotary...'，95 - 108；G. Valensi，'Les cinq premières ...'。

[34] *BDP*，21 January and 3 May 1926，ASMA. 1928年，国际电话电报公司的联营公司拥有1395项未决专利申请，5560项专利，并获得了超过3500项他人拥有的专利和专利申请的许可，分布在69个国家：见ITT，*Annual report* 1928。

[35] Standard Eléctrica, SA, *The First Spanish*, 3; *Electrical Communications* 47, 1, 1972, pp. 4-11.

[36] Steven Shepard, *Telecom crash*... 7. 国际组织也赞成公司和政府之间的交流和相互理解。Kenneth H. F. Dyson and Peter Humphreys, *The Political Economy*...pp. 37 ff.

[37] *New York Times*, 21 June 1931, p. 37. 国际电话电报公司在罗马尼亚遵循了西班牙国家电话公司在西班牙已使用过的模式：Tucker（1940），pp. 71-7. 因 I. 克罗伊格（I. Kreuger）丑闻，爱立信遭受了重大损失。

[38] ITT（1932），p. 19. 巴塞罗那—马略卡岛（Barcelona-Mallorca）线被认为是一条非凡的无线电中继路线，也是第一条 170 千米的超视距线路（Huurdeman, 2005, p. 347），对于一项新的、未经试验的技术来说，在进入大型国际市场之前，它可能具有合适的、良好的半实验性和半商业性。频率高于 30Mc/s 的无线电中继系统。M. D. Fagen *et al.*（1984），p. 207.

[39] Martín Aceña and Martínez（2006）.

[40] *BDP*, 26 August 1936 and 1 December 1937.

[41] *BDP*, 1 December 1937 and 20 January 1938.

[42] J. Catalán, *La política*...（1995）and 'Spain, 1939-96'... 324-42; García Delgado（1995）; Harrison, *The Spanish Economy*...; 利伯曼（Lieberman）指的是"激进的民族主义，敏锐的保护主义-反动主义和任意干涉主义"：Sima Lieberman, *Growth* ..., 17-61. 对于一般背景，见 Paul Preston（1976）。

[43] Pedro Fraile, 'Spain', 240-1. 1939 年的法律旨在建立一个庞大而繁荣的西班牙国民经济，摆脱对外国的依赖，重新评估了国家的首要事务。该政权的研发政策是在成立高级科学研究委员会、核能委员会和国家航空技术研究所后制定的：Santiago López and Luis Sanz, 'Política tecnológica ...'。

[44] *BDP*, 11 October 1945.

[45] Jonathan Zeitlin and Gary Herrigel, *Americanization*...169.

[46] ITT（1944），12; Calvo, 'Telefónica', 67-96.

[47] 标准电气有限公司为大约 500 艘渔船和贸易船制造无线电设备。见《董事会议事录》（*BDP*, 30 March 1950, pp. 6-7）。

[48] 1924 年以前，允许外国竞争制造国家使用的某些产品，其中包括电缆。

[49] *MG*, 12 July 1926, p. 269. 例如，普拉纳斯-弗拉克尔公司，西班牙爱迪信公司和西门子公司：*MG*, 3-3-1928, 63, pp. 1427-8 和 19-4-1954, 109, p. 2548.

[50] *Yearly Report* of 1929, unpublished document, Terradas Archives; SESA, General board meeting, 30 March 1950, unpublished document, Terradas Archives.

[51] 最重要的中心是已经提到的巴黎实验室，它和美国电话电报公司的贝尔实验室水平差不多：*Electrical Communications*, 4, 1944, p. 282; Robert J. Chapuis and Amos E. Joel, *100 Years* ... 294.

[52] 位于马德里的西班牙专利商标局，P. 赛斯（P. Saiz）研究小组数据库。

[53] 虽然旋转号盘电话机是迪金（Deakin）发明的，但在最初阶段，它是以法国工程师安托万·巴奈（Antoine Barnay）的名义在西班牙注册的，该公司还开发了专利并进行了一些改进：SESA, *BDP*, 1 July 1930; OEPM, Madrid.

[54] *Electrical Communications*, 4, 1944, p. 282.

[55] 该中心由 G. E. R. 贝尼（G. E. R. Penny）领导，之前在悉尼的标准电话与电缆公司。马克斯·雅各布森（Max Jakobson）公司于1926年在苏可安（Suckan）的监督下建造了马利亚尼奥工厂，有16名工程师和6名学生在伦敦和安特卫普受训，另外还有3名学生在公司内部临时实习。SESA, *BDP*, 28 September 1926 and Standard 1926-1975, Alcatel-Lucent Spain Archives, Madrid（ASMA）。

第十五章

[1] Pascal Griset（1996），*Entreprise, technologie et souveraineté: les télécommunications transatlantiques de la France (XIXe-XXe siècles)*. Paris.

[2] Jean-Claude Montagné（1998），'Eugène Ducretet/Pionnier français de la radio', self-published.

[3] Philippe Monod-Broca（1990），*Branly/1844–1940/Au temps des ondes et des limailles*. Paris.

[4] Jesús Sánchez Miñana（1996），*La introducción de las radiocomunicaciones en España*（1896-1914）. Madrid.

[5] 专利号：305052；授权时间：1900年11月3日；专利名称：用于无线电报和电话的电气传输系统（Système électrique de transmissions télégraphiques ou téléphoniques sans fils），和专利号：312237[与舍费尔（Schaeffer）合作]；授权时间：1901年6月28日；专利名称：带有电阻电容器电极和可调电阻电极的无线陆海电报系统（Système de télégraphie sans fil par terre et par eau, avec électrodes condensateurs à résistance et électrodes à resistance réglables）。

[6]《费加罗报》，1901年7月2日。这篇论文将"很大一部分首创"归功于维尔洛特，这与他在1900年举行的国际电力大会上交流的关于毕苏茨基系统的问题是一致的。7月4日的《小报》（*Le Petit Journal*）也报道了这次公众演示。《晨报》（*Le Matin*）已经在6月19日发表了关于此次测试的文章。关于他们在外媒上的反响，见7月5日的《泰晤士报》（伦敦）和7月19日的《先锋报》（巴塞罗那）。埃米尔·戈蒂埃在7月8日的《费加罗报》中谈到了这个问题，并在《陆地无线电报》（*La télégraphie sans fil par voie terrestre*），《科学与工业年鉴》（*L'année scientifique et industrielle*）中用几乎相同的文字谈到了这个问题，增加了发射机和接收机的照片。站在前者一边的人可能是毕苏茨基。

[7] 'Revue des sciences', *Journal des Débats*, 11 July 1901.

[8] T. Obalski（1901），'La télégraphie sans fil par le sol', *La Nature*, 15 July, 106-7. 在一篇

未署名的文章"通过地面层的无线电报"（La télégraphie sans fil par les couches terrestres），142，该杂志发表了9天前进行的新测试，并宣布自己仍然不相信传播真的能在地面上发生。

[9] Supplement to the magazine of 13 July 1901, xxiii and xxv.

[10] 'Wireless telegraphy in France', *The Electrical Review*, 28 November 1902, 19 December 1902 and 16 January 1903, 920-2, 1050-1 and 91-3. 瓜里尼评论说，他在试验中"采取了预防措施，避免发射器对接收器的直接作用"。他在 *Revue de l'électricité et de l'éclairage en général*, 1903, 46-7 中描写了更多细节。

[11] 'La télégraphie sans fil par l' emploi des couches terrestres', *L'Industrie Électrique*, 10 July 1901, 289-90.

[12] *Telegrafia e telefonia senza fili* (Milan, 1905). *Wireless Telegraphy and Telephony* (New York and London, 1906), 294-5.

[13] 'Les tribunaux/Popp et Boulaine en correctionnelle', *La Presse*, 19 May 1903. 巴黎公证人名叫马克西姆·奥布龙（Maxime Aubron）。

[14] "关键人物"在法语原文中为"La cheville ouvrière"。

[15] 其中一些人，包括罗斯柴尔德（Rothschild），在本章后面提到的《矿业杂志》的两篇文章的第二篇中被列出。

[16]《费加罗报》于1901年8月30日首次宣布了这次旅行，并于9月5日宣布了无线电报的合作。更令人感兴趣的是9月14日、17日、18日和19日发布的公告和报告。

[17] 费里埃上尉（Captain Ferrié）负责审判。见1901年9月16日和17日的《时报》（*Le Temps*）和《晨报》。

[18] *Revue du Cercle Militaire*, 2 November 1901, 490, 引用自"Ruskii Invalid"杂志，这是俄罗斯帝国战争部的一本期刊。《晨报》1901年6月19日结束了对韦西内镇测试报告，俄罗斯帝国政府还要求毕苏茨基在那里进行试验，便于进行邮政和电报服务。

[19] *L'année éléctrique*, year XII (1901), (París, 1902), 406。这本书的序言日期是1901年12月31日。根据广告，除了波普（主席）和皮诺律师（董事总经理）之外，董事会成员还有"法国荣誉军团军官特隆松·杜·库德雷"（Tronçon du Coudray，他也是"名誉财政部监察员"）和指挥官圣泰利（Santelli, 护卫队指挥官，荣誉军团骑士，都兰号邮轮前指挥官，跨大西洋公司的检查官）。

[20] 'Société française des télégraphes et téléphones sans fil', *L'Industrie Électrique*, December 10, 1901, 537-8.

[21] 'Correspondance', *L'Industrie Électrique*, 25 December 1901, 555. 杜克雷特曾警告过布朗利说，他的名字被用于商业目的，布朗利于12月7日书面答复说，他将"制止这种滥用情况"。见 Montagné, op. cit. (2), 68。另一方面，布朗利并不是唯一对12月17日的文章做出反应的人。可在1月25日的杂志上看到皮若诺写给该公司的一封信和奥皮塔利耶的答复。这些文章暗示了波普和公司之间的关系不甚友好。

[22] Patent 318, 528, 'Système de récepteur d'ondes électriques (procédés Branly)'.

[23] 'Radioconducteurs à contact unique. Note de M. Édouard Branly', *Comptes rendus hebdomadaires des séances de l'Académie des Sciences*, vol. 134, 347-9.

[24] 'Une révolution dans la télégraphie sans fil/Le nouveau radioconducteur Branly', 20 February 1902. 在这篇文章（*The Electrician*, 28 Febuary, 730-1）的摘要中，戈蒂埃根据公司文献写道，布朗利担任其技术委员会主席。这项发明也被亨利·德·帕维尔（Henri de Parville）在2月27日《辩论日报》（*Journal des Débats*）上评论过。4月24日《新闻报》（*La Presse*）提到了这一点。

[25] Patent 321, 017, 'Dispositif récepto-enrégistreur d'ondes électriques, procédés Branly'.

[26] 'Récepteur de télégraphie sans fil. Note de M. Édouard Branly', *Comptes rendus ...*, op. cit (23), 1197-9.

[27] *La Télégraphie sans fil expliquée au public*（Paris, 1902）, Éditions de la Revue Dorée, 33 pages, illustrated. 序言由雅克·迪尚热（Jacques Duchange）于7月题写。

[28] 专利号：325264、325265和325266，专利名称分别是"无线电报的无线电记录应用装置——理查德·波普系统"（Appareil radio-enregistreur pour télégraphie sans fil, système Richard Popp）, "用作天线的高压线的绝缘系统——理查德·波普系统"（Système d'isolation du fil de haute tension servant d'antenne, système Richard Popp）和"风暴记录仪——理查德·波普系统"（Appareil enregistreur d'orage, système Richard Popp）, 最后两个专利都有"德·马兰·德·姆西"（De Marande de Mouchy）的名字。

[29] L. S. Howeth (1963), *History of Communications-Electronics in the United States Navy*, pp. 37-49. 弗朗西斯·摩根·巴伯（Francis Morgan Barber）指挥官于1901年受命报告欧洲的无线电报状况，根据他的建议，美国海军决定购买斯勒比-阿科、博朗-西门子&哈尔斯克（Braun-Siemens und Halske）、杜克雷特-波波夫（Ducretet-Popoff）和罗什福尔（Rochefort）系统各两个站台，并派人接受操作指导。1902年5月9日，负责该项任务的上尉J. M. 赫金斯（J. M. Hudgins）带着两个助手到达巴黎。在某一天，大概6月7日前，三人都去柏林之前，赫金斯观看了波普的试验。

[30] Henry Hale, 'Branly-Popp Aerial Telegraphy System', *Electrical World and Engineer*, 16 May 1903, 823-5. 这篇论文显然是在写完很久之后才发表的 Griset, op. cit. (1), 196-7 提到了一本广为流传的法国公司的小册子，描述了这个"热门"企业。

[31] 戈蒂埃写道，第二个项目是由"蒙泰伊（Monteil）上校和波普工程师"（不清楚是父亲还是儿子）签署的。

[32] *L'Écho de Paris*, 9 October 1902.

[33] 11月7日的《费加罗报》和11月8日的《晨报》和《辩论报》也发布了类似的报道。

[34] *Le Figaro*, 12 December 1902.

[35] *Le Figaro*, 6 December 1902. 值得注意的是，法国无线电报电话公司提出用无线电报而不是用计划的电缆建立马达加斯加—留尼汪—莫里斯线路的提议刚刚被拒（*Journal des*

　　　　 Débats, 16 November 1902）。

[36] *L'Industrie Électrique*, 25 November 1902, 505. 公报是在一个部际委员会成立后发布的，该委员会的职责是"审查建立和开发无线电站的总体条件"（见 *Journal des Débats*, 12 November 1902）。

[37] 1851年12月27日的法律。

[38]《高卢报》（*Le Gaulois*）和《巴黎回声报》（*L'Écho de Paris*），12月19日；《晨报》和《小巴黎人》（*Le Petit Parisien*），12月19日和12月20日，《小报》（*Le Petit Journal*），《辩论报》和《时代》（*Le Temps*），12月20日。

[39] 波普的主张来自他写给《小巴黎人》的信（见下一注释），他在信中说当局提出要求的日期是11月8日，可能是11月6日的误识，因为没有发现后来访问的证据。

[40] 12月2日的《高卢报》和12月22日的《辩论报》和《晨报》发表了同样的信，但没有发表任何评论。在12月20日的《费加罗报》上，戈蒂埃简单地补充道："在法国做一些有用的、创新的大事显然非常困难，因为这是一个讲究舒适的国度"。《新闻报》选择转载《巴黎日报》的一篇文章，文中把这封信描述为有倾向性的。[另一方面，该案文提供了一个有趣的信息，它反问道，在被布文斯（Bouvines）军舰拦截后，拉阿格海角和德国号的信息交流被当局发现是否属实]。波普给《小巴黎人》寄了一封不同的、很具体的信（12月21日发表），驳斥了它的一些说法，并提醒他们，他不是外国人，他在1881年获得了法国国籍，并表示希望他的时间上的奉献，在压缩空气和电力方面的工作能够确立他的"法国身份和品质"。

[41] *The Electrician*, 6 February 1903, 630. 该杂志引用了该公司在纽芬兰附近的圣皮埃尔（Saint-Pierre）岛建立长途无线电站点的申请，"允许与拉阿格海角建立的无线电站通信，我们已经向你们申请了重新开放的批示"。

[42] 正是他在1902年11月25日与德国号进行了通信。

[43]"为了原则！"（Pour le principe!），《费加罗报》5月12日的记者写道。另见5月9日刊和4月18日、5月8日和12日的《新闻报》。

[44]"幻觉在真实的情况下无法产生"（L'illusion qu'ils ont pu éprouver sur la véritable situation qui leur à été faite）。见 *La France Judiciare* 1903, 264。

[45] 见5月1日和19日的《新闻报》和5月26日的《晨报》。

[46] 见1903年4月17日的《新闻报》上刊登的103个零件销售广告。

[47] 这些章程是在马恩河畔沙隆（Chalons-sur-Marne）的一位名叫布迪耶（Boudier）的公证人处备案的。《电气行业》（*L'Industrie Électrique*，1903年6月10日，263—264页）发表了一篇对它们的全面总结的文章。

[48] 该副刊附有11张照片（其中一张是波普的）和布朗利的肖像。除了有英国和德国已经建造或计划建造的站台照片，还包括一张地图，显示"法国公司为了确保与海上船只和殖民地的直接通信，向国家提出建造无线电站，以防止财政部为摆脱英国的垄断而花费可能超过1亿法郎来铺设海底电缆"。地图上标注了许多位于欧洲、非洲、亚洲和美洲的站

台。同样引人注目的是"跨大西洋通信"的两个线路，一个是达喀尔（Dakar）和伯南布哥（Pernambuco）之间，另一个是从布列塔尼（Brittany）的韦桑岛（Ouessant）到纽芬兰以南的法国圣皮埃尔和密克隆（Miquelon）群岛。

[49] 章程于1903年5月27日在波尔多一名叫洛斯特（Loste）的公证人处备案。

[50] 专利号：332066；批准日期：1903年5月14日；专利名称：自动雷暴预警系统（Système avertisseur automatique d'orages）。

[51] 1903年3月12日的《新闻报》在报道展览开幕时写道，展览的主要亮点是"无线电站上的冰雹风暴指示装置"。在3月15日报道了总统的出席，他仔细参观了无线电站，受到了波普和布朗利的欢迎。根据3月15日《费加罗报》上C. 多扎（C. Dauzats）的纪实，总统抵达后首先参观了公司的展品，除了保护农作物的设备，波普还向他展示了拉阿格海角站的计划和照片，指出一旦投入使用，法国将像英国一样能够与美国通信。

[52] 在1903年3月18日的这次会议上，《高卢报》的副刊提到了布朗利的演讲。但新闻报道上未发现此报道。

[53] *L'année scientifique et industrielle*, 1903, 75-76.

[54] *Le Gaulois*, 7 July 1903.

[55] 文章展示了一张天线的照，是扇形的，电线的一端接入一个棚屋。

[56] Gautier, op. cit.(53), 74-5.

[57] Montagné, op. cit.(2), 67.

[58] 截至1903年7月30日，这笔账已付清。

[59] 无线电报和电话股份有限公司（Telegrafía y Telefonía sin Hilos）是西班牙无线电领域的第一家公司，在陆军工程兵部队的朱里奥·塞维拉·巴维耶拉（Julio Cervera Baviera）少校的努力下，于1902年成立。自1899年以来，他一直致力于研究无线电报，并在1901年利用自己的设计在塔里法和休达之间建立了横跨直布罗陀海峡的永久通道。第二年，他试图在地中海的拉瑙角（Cape of La Nao）和伊维萨岛（Island of Ibiza）之间进行同样的尝试，至今原因不明。这4个无线电站是打算由法国无线电报电话公司重建的。见 Sánchez Miñana, op. cit.(4), 9-26。

[60] 见 Sánchez Miñana, op. cit.(4), 55-6。

[61] Op. cit.(53), 73-4., 戈蒂埃有两张奇怪的阿姆斯特丹无线电站照片。其中一张显示一个装有仪器的房间，另一张显示了悬挂在码头上的一艘海军训练船的桅杆上的天线。

[62] *Journal des Débats*, 29 February 1904.

[63] Archives Commerciales de la France, 3 August 1904, 1068.

[64] 布朗利本人在1904年3月1日的一封信中是这样说的[Monod-Broca, op. cit.(3), 240]，在上述引文中。引用其中一段。他补充说，他离职了，因为他在公司没有找到任何方法来进行他的实验（原文"n'y trouvant aucun moyen de réaliser mes expériences"）。

[65] 见 William Maver, Jr.(1904), *Maver's Wireless Telegraphy*: *Theory and Practice*. New York, pp. 98-101, and Frederick A. Collins(1905), *Wireless Telegraphy*: *its History*, *Theory and*

　　　　Practice. New York, pp. 180-2 and 203-4。

[66] Op. cit.(30).

[67] 'La télégraphie sans fil', *L'Industrie Électrique*, 25 March 1902, 122.

[68] *La telegrafía sin hilos*(Madrid, 1904, 1st edition, and Cádiz, 1905, 2nd and 3rd editions).

[69] *L'Industrie Électrique*, 1904, 347.

[70] Archives Commerciales de la France, 7 June 1905, 698.

[71] 'Telegrafía sin hilos entre Constanza y Constantinopla', *La Energía Eléctrica*, 25 August 1904, 304.

[72] [US] Navy Department, Bureau of Equipment, List of Wireless-Telegraph Stations of the World(1906).

[73] 'Servicio radiotelegráfico internacional', *Electrón*, July 1909, cover page.

[74] *L'Industrie Électrique*, 1906, 144. 亨利·波普是董事会的一员。*The Bulletin de la Société Internationale des Électriciens*, 1908, 106, 在该组织的成员名单中包括一名叫约阿希姆－汉斯·莫维茨（Joachim-Hans Morwitz）的电气工程师，他是该公司的"实验室主任"，地址在巴黎佩雷雷大道150号。

[75] 西班牙媒体的第一条新闻出现在"La Vanguardia, 28 February 1907"上。关于这一问题的全面论述，见 Raymond-Marin Lemesl（1996），*Des rékkas à Radio Maroc: 100 ans des postes et télécommunications marocaines*，1855-1955, pp. 45-53。

[76] 《阿尔赫西拉斯协定》（Algeciras agreement）全文可在在线媒体"El Imparcial"（马德里）上阅读，1906年4月8日。

[77] 'Ministère des Affaires Étrangères. Documents diplomatiques/1908/Affaires du Maroc/IV/1907-1908[...]Paris/Imprimérie Nationale/MDCCCCVIII', 284, 294, 299-300. 请参阅 *Bulletin du Comité de l'Afrique Française*, July 1908, 263., 其中有一项详细介绍了这三个站点服务项目。

[78] 他在萨利斯德贝阿恩（Salies-de-Béarn）去世，也许正试图通过水疗治病。请见1910年5月14日和17日的《辩论报》和5月17日的《费加罗报》。根据1909年6月18日的这份文件，他因对西班牙海军的贡献受到国王阿方索十三世的嘉奖。

[79] *La Lumière Électrique*, 11 April 1908, 67.

[80] 根据 *La Lumière Électrique*, 25 July 1908, 125, 一些金融报纸提到该公司在运营方面的不足之处。

[81] *Le Figaro*, 14 February 1909, signed by A. de Gobart.

[82] *Le Figaro*, 21 May 1909, signed by G. Duchemin.

[83] 详情见 Sánchez Miñana, op.cit.(4)。

[84] *Le Figaro*, 28 January 1910. 美国专利号：995254，专利名称：用于无线电报、信号传输和类似用途的伸缩式桅杆（Telescopic mast for wireless telegraphy, signals and similar uses），由巴黎的阿尔邦·弗朗索瓦·瑞亚克（Alban François Juillac）于1910年3月23

日提交，波普的转让人，可能和这种设备有关。
[85] *Le Figaro*, 2 March 1911. 报纸指出，该公司的资本为167万法郎。因此，这与3年前批准的250万的数额相差甚远。
[86] 参见1911年1月16日由维克多·波普和阿道夫·米内（Adolphe Minet）（米内转让给波普）申请的美国专利；专利号：1003789；专利名称：一种持续运行的高温电阻炉（Continuously operating high-temperature resistance-furnace）。
[87] *Le Figaro*, 17 and 19 October 1912.
[88] 法语原文为"Une politique de brimades"。见 Paul Brénot, 'L'industrie de la radioélectricité; son importance, son évolution, ses besoins, son avenir', *Bulletin de la Société d'Encouragement pour l'Industrie Nationale*, July-September, 1926, 595-613。

第十六章

本章为西班牙教育科学部资助的 HUM2007-62276 项目中的部分成果。
[1] 见 Edgerton（2006：Chapter 5）。
[2] 见 Schumpeter（1939）和 Rosenberg（1976）。
[3] 此外，Mokyr（1994：572）表明，"增加相互作用的经济体的数量，可以提高系统战胜卡德韦尔定律（Cardwell's Law）的机会。"
[4] 本节和下一节的灵感来源于 Bourguignon and Verdier（2005），在其中我们发现地主并不想增加技工供给。
[5] Audiencia Nacional - Juzgado Central de Instrucción N° 005,（16 October 2008）, 'Diligencias previas procedimiento abreviado 399 /2006V. Auto'.
[6] Notas sobre producción de energía eléctrica en España y fabricación de material eléctrico, 27-2-1942, Archivo Histórico del INE, caja 3602, doc 3.
[7] Nota sobre legislación referente a la ordenación eléctrica nacional. 89-3-1943. Archivo Histórico del INI, caja 3602, doc. 51.
[8] 我们之所以采用这种关系，首先是因为西班牙劳动力流失与教育之间的关系（即每一年的战争和镇压造成的劳动力流失相当于四年的教育流失）。第二个原因是在前工业化社会中建立了人口流失与技术知识损失之间的关系（即每10%的人口流失代表5%的知识流失），见 Baker（2008）。
[9] 在当时，主导建筑技术和每台机器生产力的水电站模型以1936年在建造的胡佛水坝为代表。见 Schnitter（1994, Table 38）。

参考书目

导言

Alayo i Mannubens, Joan Carles (2007), *L'electricitat a Catalunya. De 1875 a 1935*. Lleida: Pagès editors.

Alberdi, Ramon (1980), *La formación profesional en Barcelona*. Barcelona: Ediciones Don Bosco.

Alonso-Viguera, José M. (1944), *La ingeniería industrial española en el siglo XIX*. Madrid: Blass Tipografica. (Second edition 1961, Madrid: ETS Ingeniería Industrial; facsimile of the second edition 1993, Madrid, Asociación de Ingenieros Industriales de Sevilla).

Arroyo Huguet, Mercedes (1996), *La industria del gas en Barcelona (1841-1933): innovación tecnológica, territorio urbano y conflicto de intereses*. Barcelona: EL Serbal.

Camarasa, J. M. and A. Roca-Rosell (eds)(1995), *Ciència i tècnica als Països Catalans. Una aproximació biogràfica als darrers 150 anys*. Barcelona: Fundació Catalana per a la Recerca, 2 vols.

Calvo, Angel (2002), 'The Spanish telephone sector (1877-1924): a case of technological backwardness', *History and Technology*, 18 (2), 77-102.

Calvo, Angel (2008), 'Cambio tecnológico en la telefonía de cataluña durante el monopolio de ctne, 1924-1936', *Actes d'Història de la Ciència i de la Tècnica*, 1 (1), 169-76.

Capel, Horacio (ed.)(1994), *Las Tres chimeneas: implantación industrial, cambio tecnológico y transformación de un espacio urbano barcelonés*. Barcelona: FECSA.

Capel, Horacio, Joan Eugeni Sánchez and Omar Moncada (1988), *De Palas a Minerva. La formación científica y la estructura institucional de los ingenieros militares en el siglo XVIII.* Barcelona: Serbal/CSIC.

Caro-Baroja, Julio (1988), *Tecnología popular española.* Madrid: Montena Aula.

Cartañá i Pinén, Jordi (2005), *Agronomía e ingenieros agrónomos en la España del siglo XIX.* Barcelona: Serbal.

Casals Costa, Vicente (1996), *Los ingenieros de montes en la España contemporánea: 1848-1936.* Barcelona: Serbal.

Centro de Estudios Históricos de Obras Públicas y Urbanismo (CEHOPU) (1996), *Betancourt los inicios de la ingeniería moderna en Europa.* Madrid: Ministerio de Obras Públicas, Transporte y Medio Ambiente.

Chatzis, K., D. Gouzévitch and I. Gouzévitch (eds) (2009), special issue 'Agustin de Betancourt. A European engineer', *Quaderns d'Història de l'Enginyeria*, X.

De Foronda y Gómez, Manuel (1948), *Ensayo de una bibliografía de los ingenieros industriales.* Madrid: Estades Artes Gráficas.

Del Castillo, Alberto and Manuel Riu (1963), *Historia de la Asociación de Ingenieros Industriales de Barcelona, 1863-1963.* Barcelona: Asociación de Ingenieros Industriales de Barcelona.

Edgerton, David (1998), 'De l'innovation aux usages. Dix thèses éclectiques sur l'histoire des techniques', *Annales HSS*, 4-5, 815-37.

Edgerton, David (2007), *The shock of the old: technology and global history since 1900.* Oxford: Oxford University Press.

Gallardo i Garriga, Antoni and Santiago Rubió i Tudurí (1930), *La Farga catalana: descripció i funcionament - Història - Distribució geogràfica.* Barcelona: Nagsa.

García Ballester, Luis (ed.) (2002), *Historia de la ciencia y de la técnica en la Corona de Castilla.* Valladolid: Junta de Castilla y León. Consejería de Educación y Cultura, 4 volumes.

García Tapia, Nicolás (1992), *Del dios del fuego a la máquina de vapor: la introducción de la técnica industrial en Hispanoamérica.* Valladolid: Ámbito.

Garcia Tapia, Nicolás (ed.) (1994), *Historia de la Técnica.* Barcelona: Prensa Científica.

— (1997), *Los veintiún libros de los ingenios y las máquinas de Juanelo, atribuidos a Pedro Juan de Lastanosa.* Zaragoza: Diputación General de Aragón, Departamento de Educación y Cultura.

— (2003), *Técnica y poder en Castilla durante los siglos XVI y XVII.* Salamanca: Junta de Castilla y León. Consejería de Educación y Cultura.

Garrabou i Segura, Ramon (1982), *Enginyers industrials, modernització econòmica i burgesia a Catalunya: 1850-inicis del segle.* Barcelona: L'Avenç.

López Piñero, J. M. (1979), *Ciencia y técnica en la sociedad española de los siglos XVI y XVII.* Barcelona: Labor.

López Piñero, J. M., T. F. Glick, V. Navarro-Brotons and E. Portela Marco, E. (eds) (1983), *Diccionario histórico de la ciencia moderna en España*. Barcelona: Península, 2 vols.

Lusa, Guillermo (1994a), 'Contra los titanes de la rutina. La cuestión de la formación matemática de los Ingenieros Industriales (Barcelona 1851-1910)', in S. Garma, D. Flament, D. and V. Navarro (eds) *Contra lostitanes de la rutina. Encuentro de investigadores Hispano-franceses sobre la historia y la filosofía de la matemática*. Madrid: Comunidad de Madrid/CSIC, pp. 335-65.

— (1994b), 'Industrialización y educación: los ingenieros industriales (Barcelona, 1851-1886)', in R. Enrich, G. Lusa, M. Mañosa, X. Moreno and A. Roca(eds) *Tècnica i Societat al món contemporani*. Sabadell: Museu d'Història de Sabadell, pp. 61-80.

— (1996), 'La creación de la Escuela Industrial Barcelonesa (1851)', *Quaderns d'Història de l'Enginyeria*, I, 1-51.

Lusa, Guillermo and Antoni Roca-Rosell (1999), 'Doscientos años de técnica en Barcelona. La técnica científica académica', *Quaderns d'Història de l'Enginyeria*, vol. 3, 101-30.

Lusa-Monforte, Guillermo and Antoni Roca-Rosell (2005), 'Historia de la ingeniería industrial. La Escuela de Barcelona 1851-2001', *Documentos de la Escuela de Ingenieros Industriales de Barcelona*, vol. 15, 13-95.

Maluquer de Motes, J. (ed.) (2000), *Tècnics i tecnologia en el desenvolupament de la Catalunya contemporània*. Barcelona: Enciclopèdia Catalana.

Murúa y Valerdi, Agustín (1909), 'El desarrollo histórico de la química según se representa en el 'Deutsches Museum' (Museo Alemán) y la alta significación cultural del mismo', *Memorias de la Real Academia de Ciencias y Artes de Barcelona Barcelona*, 3ª época, vol. 8, nº 5.

Nadal, Jordi (1975), *El fracaso de la revolución industrial en España 1814-1913*. Barcelona: Ariel.

Nadal, Jordi and Albert Carreras (eds) (1990), *Pautas regionales de la industrialización española siglos XIX y XX*. Barcelona: Ariel.

Olivé Roig, Sebastián (2004), *El Nacimiento de la telecomunicación en España : el cuerpo de telégrafos (1854-1868)*. Madrid: Fundación Rogelio Segovia para el desarrollo de las telecomunicaciones.

Roca-Rosell, Antoni (1993), 'Una perspectiva de la historiografia de la ciència i de la tècnica a Catalunya', in Víctor Navarro, Vicent L. Salavert, Mavi Corell, Esther Moreno and Victòria Rosselló (eds), *II Trobades de la Societat Catalana d'Història de la Ciència i de la Técnica*. Barcelona-Valencia: Societat Catalana d'Història de la Ciència i de la Tècnica, pp. 13-26.

Roca-Rosell, Antoni, Guillermo Lusa-Monforte, Francesc Barca-Salom, Carles Puig-Pla, (2006), 'Industrial engineering in Spain in the first half of the XX century: from renewal to crisis', *History of Technology*, XXVII, 147-61.

Rumeu De Armas, Antonio (1980), *Ciencia y tecnología en la España Ilustrada. La Escuela de Caminos y Canales*. Madrid: Turner.

Sáenz Ridruejo, Fernando (1990), *Ingenieros de caminos del siglo XIX*. Madrid: Colegio de Ingenieros de Caminos, Canales y Puertos.

Sáenz Ridruejo, Fernando (2005), *Una historia de la Escuela de Caminos: la Escuela de Caminos de Madrid a través de sus protagonistas: primera parte, 1802-1898*. Madrid.

Sánchez Miñana, Jesús (2004), *La Introducción de las radiocomunicaciones en España (1896-1914)*. Madrid: Fundación Rogelio Segovia para el Desarrollo de las Telecomunicaciones.

Silva-Suárez, M. (ed.) (2004-2009), *Técnica e ingeniería en España*. Zaragoza: Institución Fernando el Católico, Real Academia de Ingeniería.

Thomson, J. K. J. (1992), *A Distinctive Industrialization Cotton in Barcelona, 1728-1832*. Cambridge: Cambridge University Press.

— (1998), 'The arrival of the first Arkwright machine in Catalonia', *Pedralbes*, 18, 63-71.

— (2003), 'Transferencia tecnológica en la industria algodonera catalana de las indianas a la selfactina', *Revista de Historia Industrial*, 24, 13-49.

Vernet. J. (1975), *Historia de la ciencia española*. Madrid: Instituto de España.

— (1978), *La cultura hispano-árabe en Oriente y Occidente*. Barcelona: Ariel.

Vernet, J. and R. Parés (eds) (2005-2009), *La Ciència en la Història dels Països Catalans*. Valencia-Barcelona: Universitat de València, Institut d'Estudis Catalans, 3 vols.

第一章

Gómez Urdáñez, J. L. (1996), *El proyecto reformista de Ensenada*, Lérida.

— (2006), 'El ilustrado Jorge Juan, espía y diplomático' *Canelobre*, 51, pp. 107-27.

Harris, J. R. (1997), *Industrial Espionage and Technology Transfer. Britain and France in the Eighteenth Century*. Aldershot.

Helguera Quijada, J. (1986), 'La invención del procedimiento de fundición de artillería en sólido y su recepción en España a mediados del siglo XVIII', in *Actas del I Congreso Internacional de Historia Militar*. Zaragoza, t. 1, pp. 327-45.

— (1988), 'Las misiones de espionaje industrial en la época del Marqués de la Ensenada, y su contribución al conocimiento de las nuevas técnicas metalúrgicas y artilleras a mediados del siglo XVIII', in VV. AA., *Estudios sobre la Historia de la Ciencia y de la Técnica*. Valladolid, vol. II, pp. 671-95.

— (1995), 'Antonio de Ulloa en la época del marqués de la Ensenada: del espionaje industrial al Canal de Castilla (1749-1754)', in *Actas del II Centenario de Don Antonio de Ulloa*. Sevilla, pp. 197-218.

Lafuente, A. and J. L. Peset (1981), 'Política científica y espionaje industrial en los viajes de Jorge Juan y Antonio de Ulloa (1748-1751)', *Melanges de la Casa de Velazquez*, XVII, pp. 234-62.

—(1985), 'Militarización de las actividades científicas en la España ilustrada (1726-1754)', in J. L. Peset (ed.), *La ciencia moderna y el Nuevo Mundo*. Madrid, pp. 127-47.

Merino Navarro, J. P. (1981), *La Armada española en el siglo XVIII*, Madrid.

—(1984), 'La misión de Antonio de Ulloa en Europa'. *Revista de Historia Naval*, II, 4, pp. 5-22.

Morales Hernández (1973), 'Jorge Juan en Londres', *Revista General de Marina*, 184, pp. 663-70.

Solano Pérez-Lila, F. from (1999), *La pasión de reformar: Antonio de Ulloa, marino y científico (1716-1795)*, Cádiz.

Taracha, C. (2001), 'El Marqués de la Ensenada y los servicios secretos españoles en la época de Fernando VI' *Brocar*, 25, 109-22.

Ulloa, A. (1995), *La Marina: Fuerzas navales de la Europa y costas de Berbería*, Cádiz. Preliminary study and editing by J. Helguera Quijada.

第三章

Agustí Cullell, J. (1983), *Ciència i tècnica a Catalunya en el segle XVIII o la introducció de la màquina de vapor*. Barcelona: Institut d'Estudis Catalans.

Alder, K. (2003), *The Measure of All Things: the Seven-Year Odyssey and Hidden Error that transformed the world*. New York: Free Press.

Arranz i Herrero, M. (1991), *Mestres d'obres i fusters: la construcció a Barcelona en el segle XVIII*. Barcelona: Col·legi d'Aparelladors i Arquitectes Técnics de Barcelona.

Barca, F. X. (1993), 'La càtedra de matemàtiques de la Reial Acadèmia de Ciències i Arts de Barcelona. Més de cent anys de docència de les matemàtiques' in, V. Navarro, V. L. Salavert, M. Corell, E. Moreno, V. Rosselló (eds), *Actes de les II Trobades d'Història de la Ciència i de la Tècnica*. Barcelona: Societat Catalana d'Història de la Ciència i de la Tècnica, pp. 91-105.

Barca-Salom, F. X., P. Bernat, M. Pont and C. Puig-Pla, (eds) (2009), *Fàbrica, taller, laboratori: La Junta de Comerç de Barcelona: ciència i tècnica per a la indústria i el comerç (1769-1851)*. Barcelona: Cambra de Comerç.

Chatzis, K, D. Gouzévitch and I. Gouzévitch (eds) (2009), 'Agustin de Betancourt y Molina (1758-1824)', *Quaderns d'Història de l'Enginyeria*, X, special issue.

Gouzévitch, I. (2009), 'Le Cabinet des machines de Betancourt: à l'origine d'une culture de l'ingénieur des lumières', *Quaderns d'Història de l'Enginyeria*, X, 85-118.

Gouzévitch, I. and D. Guozévitch (2007), 'El *Grand Tour* de los ingenieros y la aventura internacional de la máquina de vapor de Watt: un ensayo de comparación entre España y Rusia' in, A. Lafuente, A. Cardoso de Matos, and T. Saraiva (eds), *Maquinismo Ibérico*. Madrid: Doce Calles, pp.147-90.

Helguera, J. and J. Torrejón (2001), 'La introducción de la máquina de vapor' in, F. J. Ayala-Carcedo (ed.), *Historia de la Tecnología en España*, vol 1. Barcelona, Valatenea, pp. 241-52.

Hills, R. L. (1989), *A History of the Stationary Steam Engine*. Cambridge: Cambridge University Press.

Iglésies, J. (1969), *L'obra cultural de la Junta de Comerç 1760-1847*. Barcelona: Rafael Dalmau.

Jones, P. (2009), 'Commerce des lumières: the international trade in technology, 1760-1820'. *Quaderns d'Història de l'Enginyeria*, X, 67-82.

Lusa, G. (1996), 'La creación de la Escuela Industrial Barcelonesa (1851)'. *Quaderns d'Història de l'Enginyeria*, I, 1-39.

Lusa G. and A. Roca (2005), 'Historia de la ingeniería industrial. La Escuela de Barcelona 1851-2001'. *Documentos de la Escuela de Ingenieros Industriales de Barcelona*, 15, 13-95.

Nieto, A. (2001), *La seducción de la máquina*. Madrid: Nivola.

Payen, J. (1969), *Capital et machine à vapeur au XVIIIe siècle: Les frères Périer et l'introduction de la machine à vapeur de Watt*. Paris: Mouton.

Puig-Pla, C. (1996), 'L' establiment dels cursos de mecànica a l' escola industrial de Barcelona (1851-1852). Precedents, professors i alumnes inicials'. Quaderns d' Història de l' Enginyeria, I, 127-96.

Puig-Pla, C. (1999), 'From the academic endorsement of the mechanical arts to the introduction of the teaching of machinery in Catalonia (Spain)'. *ICON*, 5, 20-39.

Puig-Pla, C. (2000), 'Els primers socis artistes de la Reial Acadèmia de Ciències i Arts de Barcelona (1764-1824)' in, A. Nieto Galán and A. Roca-Rosell (eds), *La Reial Acadèmia de Ciències i Arts als segles XVIIII i XIX*. Barcelona: RACAB, IEC, pp. 287-309.

Puig-Pla, C. (2002-2003), 'Las memorias de agricultura y artes (1815-1821): innovación y difusión de tecnología en la primera industrialización de Cataluña'. *Quaderns d'Història de l'Enginyeria*, V, 27-58.

Puig-Pla, C. (2006), *Física tècnica i il·lustració a Catalunya. La cultura de la utilitat: assimilar, divulgar, aprofitar*. Barcelona: Universitat Autònoma de Barcelona. Available at: http://www.tesisenxarxa.net/TDX-1106107-172655.

Puig-Pla, C. (2009), 'L' influence française dans les premiers périodiques scientifiques et techniques espagnols: Les *Memorias de agricultura y artes* (1815-1821)' in, P. Bret, K. Chatzis and L. Hilaire-Pérez, (eds) *La presse et les periodiques techniques en Europe 1750-*

1950. Paris: L'Harmattan, pp. 51-70.

Puig-Pla, C. and J. Sánchez Miñana, (2009), 'Conèixer i dissenyar màquines: El Gabinet de Màquines: L'Escola de Mecànica, La Càtedra de Maquinària' in, F. X. Barca, P. Bernat, M. Pont and C. Puig-Pla (eds) *Fàbrica, taller i laboratori: La Junta de Comerç de Barcelona: ciència i tècnica per a la indústria i el comerç (1769-1851)*. Barcelona: Cambra de Comerç de Barcelona, pp. 113-37.

Roca-Rosell, A. (2005) 'Técnica, ciencia e industria en tiempo de revoluciones: la química y la mecánica en Barcelona en el cambio del siglo XVIII al XIX' in, M. Silva (ed.) *Técnica e ingeniería en España: El siglo de las luces*. Zaragoza: Real Academia de Ingeniería, III, pp. 183-35.

Roca-Rosell, A. and C. Puig-Pla (2007), 'Francesc Santponç i Roca (1756-1821) i el projecte per crear escoles de mecànica a totes les províncies espanyoles [1813]'. *Quaderns d'Història de l'Enginyeria*, VIII, 343-58.

Rumeu de Armas, A. (1980), *Ciencia y tecnología en la España ilustrada: la Escuela de Caminos y Canales*. Madrid: Turner.

Sánchez, A. (2000), 'Les berguedanes i les primeres màquines de filar' in, Maluquer de Motes, J. (ed.) *Tècnics i tecnología en el desenvolupament de la Catalunya contemporània*. Barcelona: Enciclopèdia Catalana, pp. 161-75.

Santponç, F. (1793), 'Resumen de los méritos literarios del Doctor Don Francisco Sanponts y Roca, médico de la ciudad de Barcelona', unpublished manuscript, Barcelona, (2 pages).

Santponç, F. (1805-1806), 'Noticia sobre una nueva bomba de fuego'. Barcelona, Manuscript, family archive Santponç (Olot). Reproduced in J. Agustín (1983), *Ciència i tècnica...*, pp. 143-78.

Santponç, F. (1813), 'Sobre el modo de establecer en España escuelas de mecánica para fomento de las Artes y de la Agricultura' [Cadiz]. Manuscript, Family Archive Santponç (Olot). Reproduced in, A. Roca-Rosell and Puig-Pla, C. (2007), 'Francesc Santponç ...'.

Santponç, F. (1816), 'Noticia sucinta del origen y progresos de la máquina de vapor'. *Memorias de Agricultura y Artes*, III, 81-96, 125-43.

Segovia, F. (2008), *Les Reials Drassanes de Barcelona entre 1700 y 1936: astillero, cuartel, parque y maestranza de artillería, Real Fundición de bronce y fuerte*. Barcelona: Museu Marítim de Barcelona.

Thomson, J. K. J. (1990), *La indústria d'Indianes a la Barcelona del segle XVIII*. Barcelona: L'Avenç.

Thomson, J. K. J. (2003), 'Transferencia tecnológica en la industria algodonera catalana: de las indianas a la selfactina'. *Revista de Historia Industrial*, 24, 13-49.

Townsend, J. (1988), *Viaje por España en la época de Carlos III (1786-1787)*. Madrid: Turner.

(Original (1791), *A Journey through Spain in the Years 1786 and 1787*. London: C. Dilly)

第七章

Agustí i Cullell, J. (1983), *Ciència i tècnica a Catalunya en el segle XVIII o la introducció de la màquina de vapor*. Barcelona: Institut d'Estudis Catalans.

Becattini, G. (1979), 'Dal settore industriale al distretto industriale. Alcune consideración sull'unità di indagine dell'economia industriale'. *Rivista di Economia e Politica Industriale*, 1, 7–21.

—— (2000), *Il distretto industriale. Un nuovo modo di interpretare il cambiamento economico*. Turin: Rosenberg and Séller.

—— (2002), 'Del distrito industrial marshalliano a la "teoría del distrito" contemporánea. Una breve reconstrucción crítica'. *Investigaciones Regionales*, 9, 1–32.

Becattini, G., M. Bellandi, M., Dei Ottati and F. Sforzi (2003), *From Industrial District to Local Development. An Itinerary of Research*. Cheltenham: E. Elgar.

Bellandi, M. (2003), 'Sistemas productivos locales y bienes públicos específicos'. *Economiaz*, 53, 51–73.

Berg, M. (1987), *La era de las manufacturas, 1700–1820. Una nueva historia de la revolución industrial británica*. Barcelona: Crítica.

Berg, M., P. Hudson and M. Sonenscher (eds) (1983), *Manufacture in Town and Country before the Factory*. Cambridge: Cambridge University Press.

Berg, M. and K. E. Bruland. (1998), *Technological Revolutions in Europe. Historical Perspectives*. Cheltenham: Edward Elgar.

Calvo, A. (2010), 'Xarxes institucionals per a la transferencia de tecnología. La Junta de Comerç de Barcelona', in AA.VV, *Fàbrica, taller i laboratori. La Junta de Comerç de Barcelona: ciencia i tècnica per a la indústria i el comerç (1769–1851)*. Barcelona: Cambra de Comerç de Barcelona, pp. 277–89.

Chassagne, S. (1991), *Le coton et ses patrons. France, 1760–1840*. Paris: Editions de l'EHESS.

Cohen, I (1985) 'Worker's control in the cotton industry: a comparative study of British and American mule spinning'. *Labor History*, 26 (1), 53–85.

Cooke, P. (2002), *Knowledge Economies. Clusters, Learning and Cooperative Advantage*. London: Routledge.

Delgado, J. M., (1990), 'De la filatura manual a la mecànica. Un capítol del desenvolupament de la indústria cotonera a Catalunya (1794–1814)'. *Recerques*, 23, 161–79.

Domínguez, R. (2002), *La riqueza de las regiones. Las desigualdades económicas regionales en España, 1700–2000*. Madrid: Alianza.

Feldman, M. P. (1994), *The Geography of Innovation*. Dordrecht: Kluwer.

Ferrer, L. (2004), 'Bergadanas, continuas y mules. Tres geografías de la hilatura del algodón en Cataluña (1790-1830)'. *Revista de Historia Económica*, 22 (2), 337-86.

García Balañà, A. (2004), *La fabricació de la fàbrica. Treball i política a la Catalunya cotonera (1784-1874)*. Barcelona: Publicacions de l'Abadia de Montserrat.

Germán, L., E. LLopis, J. Maluquer de Motes and S. Zapata, S. (eds) (2001), *Historia económica regional de España (siglos XIX y XX)*. Barcelona: Ariel.

Graell, G. (1911), *Historia del Fomento del Trabajo Nacional*. Barcelona.

Harris, J. R. (1998), *Industrial Espionage and Technology Transfer: Britain and France in the Eighteenth Century*. Aldershot.

Hudson, P. (ed.) (1989), *Regions and Industries: A Perspective on the Industrial Revolution in Britain*. Cambridge: Cambridge University Press.

Jeremy, D.J. (Ed.) (1991), *Internacional Technology Transfer: Europe, Japan and USA, 1770-1914*. Edward Elgar: Aldershot.

— (1996), 'Lancashire and Internacional Difusión of Technology', in M. B. Rose (ed.), *The Lancashire Cotton Industry: A History since 1700*. Preston: Lancashire County Books, pp. 210-37.

— (1998), *Artisans, Entrepeneurs amd Machines: Essays on the Early Amglo-American Textile Industries, 1770-1840s*. Aldershot: Edward Elgar.

— (2004), 'The international Difusión of cotton Manufacturing technology, 1750-1990s', in D. A. Farnie and D. J. Jeremy, (eds), *The Fibre that Changed the World. The Cotton Industry in International Perspective*. Oxford: Oxford University Press, pp. 85-127.

Lazonick, W. (1991), *Competitive Advantage on the Shop Floor*, Cambridge, MA: Havard University Press.

Lescure, M. 'Le territoire comme organisation et comme institution', in *La mobilisation du territoire. Les districtes industriels en Europe occidentale du XVIIe au XXe siècles*, Paris: Comité pour l'Histoire Economique et Financière de la France.

Maluquer de Motes, J. (ed.) (2000), *Tècnics i tecnología en el desenvolupament de la Catalunya contemporània*. Barcelona: Enciclopèdia Catalana.

Nadal, J. (1991), 'La indústria cotonera', in *Història econòmica de la Catalunya contemporània*. Barcelona: Enciclopèdia Catalana, III, pp. 12-85.

Nadal, J. and A. Carreras (eds) (1990), *Pautas regionales de la industrialización española. Siglos XIX y XX*. Barcelona: Ariel.

Okuno, Y. (1999), 'Entre la llana i el cotó. Una nota sobre l'extensió de la indústria del cotó als pobles de Catalunya en el darrer quart del segle XVIII'. *Recerques*, 38, 47-76.

Paluzie, E., J. Pons and D. Tirado (2002), 'The geographical concentration of industry across Spanish regions, 1856-1995', Documents de Treball de la Divisió de Ciències Jurídiques,

Econòmiques i Socials, nº E02/86, Universitat de Barcelona.

Parejo, A. (2006), 'De la región a la ciudad. Hacia un nuevo enfoque de la historia industrial española contemporánea'. *Revista de Historia Industrial*, 30, 53-102.

Pollard, S. (1981), *Peaceful Conquest. The Industrialization of Europe, 1760-1970*. Oxford: Oxford University Press.

— (1994), 'Regional and inter-regional economic development in Europe in the eighteenth and nineteenth centuries'. Debates and Controversies in Economic History. A-sessions. Proccedings Eleventh International Economic History Congress, Milan, pp. 57-94.

Raveux, O. (2005a), 'Los fabricantes de algodón de Barcelona (1833-1844): estrategias empresariales en la modernización de un distrito industrial'. *Revista de Historia Industrial*, 28, 157-85.

— (2005b), 'Equiper l'industrie catalane au début de la révolution industrielle: l'exemple des machines à vapeur (1833-1850)'. *Estudis Històrics i Documents dels Arxius de Protocols*, XXIII, 243-78.

Reddy, W. (1984), *The Rise of Market Culture. The Textile Trade and French Society, 1750-1900*, Cambridge/Paris: Cambridge University Press/Editions de la Maison des Sciences de l'Homme.

Rosés, J. R. (2003), 'Why isn't the whole of Spain industrialized? New economic geography and early industrialization (1797-1910)'. *Journal of Economic History*, 63, 4, 995-1022.

Sánchez, A. (1987), 'Los inicios del asociacionismo empresarial en España: la Real Compañía de Hilados de Algodón de Barcelona, 1772-1820'. *Hacienda Pública Española*, 108/109, 253-68.

— (1989), 'Entre el tradicionalismo manufacturero y la modernización industrial. El cuerpo de Fabricantes de Tejidos e Hilados de Algodón de Barcelona, 1799-1819'. *Estudis d'Història Econòmica*, 1, 71-88.

— (1996), 'La empresa algodonera en Cataluña antes de la aplicación del vapor, 1783-1832', en F. Comín F. and P. Martín Aceña P. (eds), *La empresa en la historia de España*, Madrid: Civitas, pp. 155-70.

— (2000a), 'Crisis económica y respuesta empresarial. Los inicios del sistema fabril en la industria algodonera catalana, 1797-1839'. *Revista de Historia Económica*, 18 (3), 485-523.

— (2000b), 'Les berguedanes i les primeres màquines de filar', en J. Maluquer de Motes (ed.), *Tècnics i tecnologia en el desenvolupament de la Catalunya contemporània*. Barcelona: Enciclopèdia Catalana, pp. 161-75.

Solà, À. (1995), 'Indústria textil, màquines i fàbriques a Berga'. *L'Erol*, 47, 12-15.

— (2004), *Aigua, indústria i fabricants a Manresa (1759-1860)*. Manresa, Centre d'Estudis del Bages.

Thomson, J. (1994), *Els orígens de la industrialització a Catalunya. El cotó a Barcelona, 1728-*

1832. Barcelona: Edicions, 62.

——(2003a), 'Transferencia tecnológica en la industria algodonera catalana: de las indianas a la selfactina'. *Revista de Historia Industrial*, 24, 13–50.

——(2003b), 'Olot, Barcelona and Ávila and the Introduction of the Arkwright Technology to Catalonia'. *Revista de Historia Económica*, XXI, 2, 297–334.

——(2003c), 'Transferring the Spinning Jenny to Barcelona: an apprenticeship in the technology of the industrial revolution'. *Textile History*, 34 (I), 21–46.

Tirado, D., J. Pons and E. Paluzie (2003), 'Industrial agglomeration and indus trial location. The case of Spain before World War I'. *Journal of Economic Geography*, 2, 343–63.

——(2006), 'Los cambios en la localización de la actividad industrial en España, 1850–1936'. *Revista de Historia Industrial*, 31, 41–63.

Torras, J. (1994), 'L' economia catalana abans del 1800. Un esquema', en AA.VV. *Història econòmica de la Catalunya contemporània*. Barcelona: Enciclopèdia Catalana, I, p. 13–38.

第八章

Bejarano, Francisco (1951), *La industria de la seda en Málaga en el siglo XVI*. Madrid: CSIC.

Buxareu, Ramon (1973), *'Diario de los viajes hechos en Cataluña' de Francisco de Zamora*. Barcelona: Curial.

Calvo, Ángel, (2004) 'Sulla via dell' Italiana: speranze e frustración dell' industria della seta catalana durante la transizione al regime liberale'. *Ricerche historiche* 24, I.

Calvo, Ángel (1999), 'Transferencia internacional de tecnología y condicion amientos nacionales: la industria sedera catalana durante la transición al Régimen liberal', *Quaderns d'Història de l'Enginyeria*, III.

Calvo, Ángel (1991–1992), 'Diffusion et transfert technologique: Vaucanson et l' Espagne des Lumières', *L'Archeologie Industrielle en France*, 22.

Calvo, Àngel (1994), 'Constructores sin fábrica. Tecnología y sociedad a finales del siglo XVIII', in Roser Enrich *et al.*, *Tècnica i societat en el món contemporani*. Sabadell: Museu d' Història.

Camon, José (1968), 'Una escuela de constructores y montadores de telares para medias de seda en el siglo XVIII'. *Divulgación histórica*, vol. VI, Barcelona.

Capella, Miguel and Antonio Matilla (1957), *Los cinco gremios mayores de Madrid*. Madrid: Imprenta Sáez.

Derry, T. K. and Trevor I. Williams (1960), *A Short History of Technology. From the Earliest Times to A.D. 1900*, Oxford: The Clarendon Press.

Díez, Fernando (1990), *Viles y mecánicos. Trabajo y sociedad en la Valencia pre-industrial*. Valencia: Edicions Alfons el Magnànim.

Díez, Fernando (1992), 'La crisis gremial y los problemas de la sedería valenciana (finales del siglo XVIII y principios del XIX)' . *Revista de Historia Económica*, (I), 39-61.

Dubuisson, Marguerite, 'Bonneterie' (1965), in Maurice Daumas (ed.), *Histoire générale des techniques. I. Les premières étapes du machinisme*. Paris: PUF.

Fontanals, Maria Reis (2000), 'La contribució de la família Cavaillé al progrés tecnològic', in J. Maluquer de Motes (ed.), *Tècnics i tecnologia en el desenvolupament de la Catalunya contemporània*. Barcelona: Enciclopèdia Catalana.

Franch, Ricardo (2000), *La sedería valenciana y el reformismo borbónico*. Valencia: Alfons el Màgnànim, pp. 229-38.

Franch, Ricardo, 'La sedería valenciana en el siglo XVIII' (1996), in *España y Portugal en las rutas de la seda. Diez siglos de producción y comercio entre Oriente y Occidente*. Barcelona: Universitat de Barcelona, pp. 201-22.

Gonzáez Enciso, Agustín, et al. (1992), *Historia económica de la España moderna* Madrid: Actas.

Iradiel, Paulino and Germán Navarro (1996), 'La seda en Valencia en la edad media', *España y Portugal en las rutas de la seda. Diez siglos de producción y comercio entre Oriente y Occidente*. Barcelona: Universitat de Barcelona.

Kamen, Henry (1983), *Narcís Feliu de la Penya: Fènix de Catalunya*. Barcelona: Generalitat de Catalunya.

Lapayese, Joseph (1784), *Tratado del arte de hilar, devanar, doblar y torcer las sedas según el metodo de Mr. Vaucanson con algunas adiciones y correcciones a él. Principio y progresos de de la Fábrica de Vinalesa, en el Reyno de Valencia, establecida bajo la protección de* S. M. Valencia. Joseph y Thomas de Orga.

Laforce, James C. (1965), *The Development of the Spanish Textile Industry, 1750-1800*, Berkeley: University of California Press.

Molas, Pere (1977), *Comerç i estructura social a Catalunya i València als segles XVII i XVIII*. Madrid: Confederación Española de Cajas de Ahorros.

Morral, Eulàlia; Segura, Antoni (1991), *La seda a Espanya. Llegenda, poder i realitat*, Barcelona: Lunwerg.

Norbury, James, (1957), 'A note on knitting and knitted fabrics', in Charles Singer, E. J. Holmyard, A. R. Hall and T. I. Williams (eds), *A History of Technology*, vol. III From Renaissance to the Industrial Revolution. Oxford: Oxford University Press.

Peñalver, Luis F., (2000), *La Real Fábrica de tejidos de seda, oro y plata de Talavera de la Reina. De Rulière a los cinco gremios mayores, 1748-1785*. Talavera: Ayuntamiento de Talavera de la Reina.

Puig Reixach, Miquel (1988), *Les primeres companyies per a la fabricació de gènere de punt a*

Olot (1774-1789). Olot: Ajuntament d'Olot.

Santos, Vicente M. (1981), *Cara y cruz de la sedería valenciana (siglos XVIII-XIX)*. Valencia: Institució Alfons el Magnànim.

Sarasúa, Carmen (2004), 'Una política de empleo antes de la industriali zación: paro, estructura de la ocupación y salarios', in Pablo M. Aceña and Paco Comín (eds), *Campomanes y su obra económica*, Madrid: Ministerio de Hacienda/Instituto de Estudios Fiscales, pp. 171-91.

Sarasúa, Carmen (2008), 'Technical innovations at the service of cheap labor in pre-industrial Europe. The Enlightened agenda to transform the gender division of labor in silk manufacturing'. *History and Technology* 24, (I), 23-39.

Solà, Àngels (2004), *Aigua, indústria i fabricants a Manresa, 1763-1860*, Manresa: Centre d'Estudis del Bages.

Virós, Lluís 'Llenguatge i tecnologia dels vetaires manresans (Vocabulari tradicional de la cinteria)', *Miscel·lània d'Estudis Bagencs* 10, 1997.

第九章

Anuario Financiero y de Sociedades Anónimas de España (1924). Madrid: Sopec.

Arthur, W. Brian (1989), 'Competing technologies, increasing returns, and lock-in by historical events'. The Economic Journal, 99, 394. 116-31.

Becattini, Giacomo and Marco Bellandi and L. De Propis (eds) (2009), *A Handbook of Industrial Districts*. Cheltenham: Edward Elgar.

Bernard, Andrew B. and Charles I. Jones (1996), 'Technology and convergence'. The Economic Journal, Royal Economic Society, 106 (437), 1037-44.

Bruland, Kristine (1989), British Technology and European Industrialization: The Norwegian Textile Industry in the Mid-nineteenth Century. Cambridge: Cambridge University Press.

Cámara Oficial de Comercio e Industria de Sabadell (1942), *Memoria correspondiente a 1939-1941*. Sabadell.

Cámara Oficial de Industria de Barcelona (1934), *Anuario Industrial de Cataluña*. Barcelona: Sucesores de Rivadeneyra.

Chandler, Alfred D. (1991), 'La lógica permanente del éxito industrial'. *Harvard Deusto Business Review*, 45, 117-29.

Cooper, Charles (1972), 'Science, technology and production in the underdeveloped countries: An introduction'. *Journal of Development Studies*, 9, 1, 1-18.

Deu, E. (1995), 'Ferran Casablancas Planell. La tecnologia tèxtil innovadora', in J. M. Camarasa and A. Roca, A. (eds), *Ciència i tècnica als Països Catalans. Una aproximació biogràfica*. Barcelona: Fundació Catalana per a la Recerca.

Deu, E. (2000), 'Les patents Casablancas: una innovació tèxtil d'abast internacional', in J. Maluquer de Motes (ed.), *Tècnics i tecnologia en el desenvolupament de la Catalunya contemporània*. Barcelona, Enciclopèdia Catalana.

Deu, Esteve and Montserrat Llonch (2008), 'La maquinaria textil en Cataluña: de la total dependencia exterior a la reducción de importaciones, 1870–1959'. *Revista de Historia Industrial*, 38, 17–49.

Farell Domingo, J. (1961), 'Ferran Casablancas. Notes biogràfiques'. *Alba*, 302-6.

Farnie, D. A. (1991), 'The textile Machine-making industry and the world market, 1870–1960', in M. B. Rose (ed.), *International Competition and Strategic Response in the Textile Industry since 1870*. London, Frank Cass, pp. 150–70.

Gerschenkron, Alexander (1962), Economic Backwardness in Historical Perspective. Cambridge: Belknap Press of Harvard University Press.

Instituto Industrial de Tarrasa (1935), *Anuario de industrias textiles sus derivadas y auxiliares*. Barcelona: La Estampa.

Instituto Nacional de Estadística (1954), *Estadística de la industria textil*. Madrid: INE.

Inkster, Ian (2007), 'Technology in world history. Cultures of constraint and innovation, emulation and technology transfers'. *Comparative Technology Transfer and Society*, 5, 2, 108-27.

López, Santiago and Jesús M Valdaliso (eds) (1997), *Que inventen ellos?: tecnología, empresa y cambio económico en la España contemporánea*. Madrid: Alianza.

Lozano, Celia (2007), *Ideología, política y realidad económica en la formación profesional industrial española (1857–1936)*. Lleida: Fundación Ernest Lluch and Editorial Milenio.

Maluquer de Motes, Jordi (ed.) (2000), *Tècnics i tecnologia en el desenvolupament de la Catalunya contemporània*. Barcelona: Enciclopèdia Catalana.

Martín Aceña, P. (1984), *La política monetaria en España, 1919–1935*. Madrid: Instituto de Estudios Fiscales.

Mokyr, Joel (2005), 'Long-term economic growth and the history of technology', in Philippe Aghion and Steven N.Durlauf (eds), *Handbook of Economic Growth*. Amsterdam: Elsevier, pp. 1113–80.

Nadal, Jordi (1975), *El fracaso de la revolución industrial en España, 1814–1913*. Barcelona: Ariel.

Nadal, Jordi (1985), 'Un siglo de industrialización de España, 1833–1930', in Nicolás Sánchez-Albornoz (ed.), *La Modernización económica de España: 1830–1930*. Madrid, Alianza, 1985, pp. 89–101.

Nadal, Jordi (1991), 'El cotó, el rei', in J. Nadal, J. Maluquer de Motes, C. Sudrià and F. Cabana, F. (eds), *Història econòmica de la Catalunya contemporània*. Barcelona:

Enciclopèdia Catalana, vol. 3, pp. 13-85.

Nadal, Jordi (ed.) (2003), *Atlas de la industrialización española*. Barcelona: Crítica and Fundación BBVA.

Nadal, Jordi and Jordi Maluquer de Motes (1985), *Catalunya, la fàbrica d'Espanya: un segle d'industrialització catalana: 1833-1936*. Barcelona: Ajuntament de Barcelona.

Nuñez, Clara Eugenia (2005), 'Educación', in A. Carreras and X. Tafunell (eds), Estadísticas Históricas de España. Bilbao: Fundación BBVA, vol. I, pp. 155-244.

Ortiz-Villajos, José M. (2004), 'Spain's low technological level: an explanation', in Jonas Ljungberg and Jan-Pieter Smits, *Technology and Human Capital in Historical Perspective*. Basingstoke: Palgrave Macmillan, pp. 182-204.

Ortiz-Villajos, José M. (1999), *Tecnología y desarrollo económico en la historia contemporánea: estudio de las patentes registradas en España entre 1882 y 1935*. Madrid: Oficina Española de Patentes y Marcas, 1999.

'Picañol history 1936-2006. 70 years of excellence'. *Picañol News*, 2006.

Reis, Jaime (2004), 'Human capital and industrialization: the case of a latecomer-Portugal, 1890', in Jonas Ljungberg and Jan-Pieter Smits, *Technology and Human Capital in Historical Perspective*. Basingstoke: Palgrave Macmillan, pp. 22-48.

Rosenberg, Nathan (1994), *Exploring the Black Box: Technology, Economics and History*. Cambridge: Cambridge University Press.

Rostow, W. W. (1959), 'The stages of economic growth'. *Economic History Review*, 12, 1, 1-16.

Rothwell, Roy (1976), '*Picañol* Weefautomaten: a case study of a successful textile machinery builder'. *Textile Institute and Industry*, 14, 103-6.

Sáiz, José Patricio (2002), 'Los orígenes de la dependencia tecnológica española: evidencias en el sistema de patentes, 1759-1900'. *Economía Industrial*, 343, 2002, 83-95.

Sáiz, Patricio (2005), 'Investigación y desarrollo: patentes', in A. Carreras and X. Tafunell (eds), Estadísticas Históricas de España. Bilbao; Fundación BBV, vol. II, pp. 835-72.

Saxonhouse, Gary and Gavin Wright (2000), 'Technological evolution in cotton spinning, 1878-1933', in Economic Department Working Paper Series, Stanford Available at: http://www-siepr.stanford.edu/programs (SST_Seminars/Jeremy.pdf), p. 30.

Saxonhouse, Gary and Gavin Wright (1984), 'New evidence on the stubborn English mule and the cotton industry, 1878-1920'. *The Economic History Review*, 37, 4, 507-19.

Simó Bach, R. (1984), *100 sabadellencs en els nostres carrers*. Sabadell: Ausa, pp. 269-71.

Soler, Raimon (1997), 'Réditos algodoneros: las cuentas de la fábrica de "la Rambla" (1840-1913): revisión y ampliación'. *Revista de Historia Industrial*, 12, 205-32.

Solow, Robert M. (1985), 'Economic history and economics'. *The American Economic Review*,

75, 2, 328-31.

Tuma, E. H. (1987), 'Technology transfer and economic development: lessons of history'. *The Journal of Developing Areas*, 21, 403-21.

Von Tunzelmann, G. N. (2000), 'Technological generation, technological use and economic growth'. *European Review of Economic History*, 4, 121-46 Weefautomaten Picañol Naamloze Vennootschap, 1979, Ieper.

第十章

Benaul, J. M. (1989), 'Pere Turull i Sallent i la modernització de la indústria tèxtil llanera. 1841-1845',*Arraona*, III època, 5, 81-95.

Benaul, J. M. (1995), 'Cambio tecnológico y estructura industrial. Los inicios del sistema de fábrica en la industria pañera catalana, 1815-1835'. *Revista de Historia Económica*, XIII(2), 199-226.

Benaul, J. M. (2003), 'Transferts technologiques de la France (Normandie, Languedoc et Ardennes) vers l'industrie lanière espagnole (1814-1870)', in A. Becchia (ed.), *La draperie en Normandie du XIIIe siècle au Xxe siècle*. Rouen: Publications de l'Université de Rouen, pp. 263-91.

Betrán, C. (1999), 'La transferencia de tecnología en España en el primer tercio del siglo XX: el papel de la industria de bienes de equipo'. *Revista de Historia Industrial*, 15, 41-82.

Berg, M. and K Bruland (1998), 'Culture, institutions and technological transitions', in M. Berg and K. Bruland (eds), *Technological Revolutions in Europe. Historical Perspectivas*. Cheltenham: Edward Elgar, pp. 3-16.

Bruland, K. (1989), *British Technology and European Industrialization. The Norwegian textile industry in the mid-nineteenth century*. Cambridge: Cambridge University Press.

Bruland, K. (1998), 'Skills, learning and the international difusión of technology: a perspectiva on Scandinavia industrialization', in M. Berg and K. Bruland (eds), *Technological Revolutions in Europe. Historical Perspectives*. Cheltenham: Edward Elgar, pp. 161-87.

Bureau of Foreign and Domestic Commerce (1915), *Paper and Stationery Trade of the World*. Washington, DC: Government Printing Office.

Cabrera, M. (1994), *La industria, la prensa y la política. Nicolás María de Urgoiti (1869-1951)*, Madrid: Alianza Editorial.

Carrión, I. M. (2010), 'Una aproximación a la intensidad industrial vasca: la industria guipuzcoana en 1860', *Investigaciones de Historia Económica*, 16, 73-100.

Catalán, J. (1990), 'Capitales modestos y dinamismo industrial: orígenes del sistema de fábrica en los valles guipuzcoanos, 1841-1918' in, J. Nadal; A. Carerras (ed.), *Pautas regionales de la industrialización española* (*siglos XIX y XX*). Barcelona: Ariel, pp. 125-55.

Clara, J. (1978), '"La Aurora", fàbrica de paper continu (1845-1932)', in R. Albech, *Girona al segle XIX*. Girona: Edit. Ghotia, pp. 145-61.

Deu, E. and Llonch, M. (2008), 'La maquinaria textil en Cataluña: de la total dependencia exterior a la reducción de importaciones, 1870-1959'. *Revista de Historia Industrial*, 38, XVII (3), 17-50.

Germán, L. (1994), 'Empresa y familia. Actividades empresariales de la sociedad "Villarroya y Castellano" en Aragón (1840-1910)'. *Revista de Historia Industrial*, 6, 75-93.

Gutiérrez, M. (1999), "*L'Espagne est encore dans l'enfance*. Máquinas francesas y fracaso español. La mecanización de la industria papelera española (1836-1880)", in M. Gutiérrez (ed.), *Doctor Jordi Nadal. La industrialització i el desenvolupament econòmic d'Espanya*, Barcelona: Publicacions de la Universitat de Barcelona, 1248-1276.

Magee, G. B. (1997), *Productivity and performance in the paper industry. Labour, capital, and technology in Britain and America, 1860-1914*. Cambridge: Cambridge University Press.

Martínez, P. (1865), *La Provincia de Gerona. Datos estadísticos*. Girona: Imprenta de F. Doria sucesor de J. Grases.

Ministerio de Industria y Comercio. Dirección General de Industria (1944), *Estadísticas de la industria del papel en 31 de diciembre de 1943*. Madrid: Publicaciones de la Sección de Estadística Industrial.

Moreno, J. (1994), 'Empresa, burguesía y crecimiento económico en Castilla la Vieja en el siglo XIX: los Pombo; una historia empresarial', *Anales de estudios económicos y empresariales*, 9, 333-56.

Moreno, J. (1998), La industria harinera en Castilla L Vieja y León, 1778-1913, Tesis Doctoral (inédita) presentada en el Departamento de Historia e Instituciones Económicas y Economía Aplicada, Facultad de Ciencias Económicas y Empresariales: Universidad de Valladolid.

Nadal, J. (1988), 'España durante la 1ª revolución tecnológica', *España 200 años de tecnología*. Madrid: Ministerio de Industria y Energía, pp. 29-100.

Nadal, J. (1992), 'Los Planas, constructores de turbinas y material eléctrico (1858-1949)', *Revista de Historia Industrial*, 1, 63-93.

Raveux, O. (2005), 'Los fabricantes de algodón de Barcelona (1833-1844). Estrategias empresariales en la modernización de un distrito industrial'. *Revista de Historia Industrial. Economía y Empresa*, 28, XIV (2), 157-86.

Sancho, A. (2000), 'Especialización flexible y empresa familiar: la Fundición Averly de Zaragoza (1863-1930)', *Revista de Historia Industrial*, 17, 61-96.

第十一章

Abramovitz, M. (1986), 'Catching up, forging ahead, and falling behind'. *Journal of Economic History*. XlVI, 2, 385-406.

Aftalion, F. (2001), *A History of the International Chemical Industry. From the 'Early Days' to 2000*. Philadelphia: Chemical Heritage Foundation.

Amsden, A. and Hikino, T. (1994), 'Project execution capability, organizational know-how and conglomerate corporate growth in late industrialization'. *Industrial and Corporate Change*, 3, 111-47.

Arora, A., landau, R. and Rosenberg, N. (eds) (1998), *Chemicals and long-term Economic Growth: Insights from the Chemical Industry*. New York: John Wiley Chemical Heritage Foundation.

Chandler, A. D. (1990), *Scale and Scope. The Dynamics of Industrial Capitalism*. Cambridge and London: Belknap-Harvard.

Galambos, I., Zamagni, V. and Hikino, T. (eds) (2006), *The Global Chemical Industry since the Petrochemical Revolution*. Cambridge: Cambridge University Press.

Granovetter, M. (1995), 'Coase revisited: business groups in the modern economy'. *Industrial and Corporate Change*, 4, 1, 93-130.

Guillén, M. F. (2000), 'Business groups in emerging economies: a resource based view'. *Academy of Management Journal*, 43, 3, 362-80.

Haber, L. f. (1971), *The Chemical Industry 1900-1939. International Growth and Technological Change*. Oxford: Clarendon.

Khanna, T. and Yafeh, Y. (2007), 'Business Groups in Emerging Markets: Paragons or Parasites?'. *Journal of Economic Literature*, XIV, June, 331-72.

Leff, N. (1978), 'Industrial organization and entrepreneurship in developing countries: the economic groups'. *Economic Development and Cultural Change*, 26, 4, 661-75.

Lesch, J. E. (ed.) (2000), *The German Chemical Industry in the Twentieth Century*, Dordrecht-london: Kluwer.

Morck, R. and Yeung, B. (2004), 'Family control and the rent-seeking society'. *Entrepreneurship Theory & Practice*, Summer, 391-409.

Nelson, R. R. and Winter, S. (1982), *An Evolutionary Theory of Economic Change*. Cambridge, MA: Harvard University Press.

PETRI, R. (ed.) (2004), *Technologietransfer aus der deutschen Chemieindustrie*. Berlin: Duncker & Humboldt.

Puig, N. (2003), *Constructores de la industria química española: Bayer, Cepsa, Puig, Repsol, Schering y La Seda*. Madrid: Lid Editorial Empresarial.

Puig, N. (2004a), 'Networks of innovation or networks of opportunity? The making of the spanish antibiotics industry', *Ambix*, 2004, 167-85.

Puig, N. (2004b), 'Auslandsinvestitionen ohne technologietransfer? Die deutsche chemieindustrie in spanien (1897-1965)', in R. Petri (ed.), *Technologietransfer aus der deutschen Chemieindustrie*. Berlin, 2004, pp. 291-322.

Puig, N. (2006), 'The global accommodation of a latecomer: The Spanish chemical industry since the petrochemical revolution', in L. Galambos et al. (eds) *The Global Chemical Industry Since the Petrochemical Revolution*. Cambridge: Cambridge University Press, pp. 368-400.

Puig, N. (2010), 'Networks of opportunity and the Spanish pharmaceutical industry', in P. Fernández and M. Rose (eds), *Innovation and Networks in Europe*. London: Routledge, pp. 164-83.

Puig, N. and Torres, E. (2008), *Banco Urquijo. Un banco con historia*. Madrid: Turner.

READER, W. J. (1970, 1975), *Imperial Chemical Industries: A History*, 2 vols. London: Oxford University Press.

San Román, E. (1999), *Ejército e Industria. El nacimiento del INI*. Barcelona: Crítica.

Santesmases, M. J. (1999), *Antibióticos en la autarquía: banca privada, industria farmacéutica, investigación científica y cultura liberal en España, 1940-1960*. Madrid: Fundación Empresa Pública, Programa de Historia Económica, WP 9906.

Stokes, R. G. (1988), *Divide and Prosper: The Heirs of I. G. Farben under Allied Authority, 1945-1951*. Berkeley, CA: University of California Press.

第十六章

Aiyar, S., C. J. Dalgaard and O. Moav (2008), 'Technological progress and regress in pre-industrial times'. *Journal of Economic Growth*, 13, 125-44.

Alcaide, J. (2008), 'Las secuelas demográficas del conflicto', in Fuentes Quintana (ed.) (2008), pp. 365-84.

Anes, G., C. Sudrià and A. Gómez Mendoza, A. (eds) (2006), *Un siglo de luz. Historia empresarial de Iberdrola*. Bilbao: Iberdrola.

Arthur, W. B. (1994), *Increasing Returns and Path Dependence in the Economy*. Ann Arbor, MI: University of Michigan Press.

Barciela, C. (1997), 'La modernización de la agricultura y la política agraria'. *Papeles de Economía Española*, 73, 112-33.

Bartolomé, I. (1999), 'La industria eléctrica antes de la guerra civil, reconstrucción cuantitativa'. *Revista de Historia Industrial*, 15, 139-59.

— (2007), 'La industria eléctrica en España (1880-1936)'. *Estudios de Historia Económica*,

50, Madrid, Banco de España.

Baker, M. (2008), 'A structural model of the transition to agriculture'. *Journal of Economic Growth*. 13, 4, 257-92.

Bourguignon, F. and T. Verdier (2005), 'The political economy of education and development in an open economy,' *Review of International Economics*, 13, (3), 529-48.

Cardwell, D. S. L. (1972), *Turning Points in Western Technology*. New York: Neale Watson.

Chapa, Á. (2002), *Cien años de historia de Iberdrola. Los hechos*. Madrid: Iberdrola.

David, P. A.(1985), 'Clio and the economics of QWERTY'. *American Economic Review*, 75, (2), 332-7.

de Walque, D. (2006), 'The socio-demographic legacy of the Khmer Rouge period in Cambodia'. *Population Studies*, 60, (2), 223-31.

Díaz Morlán, P. (2006), 'Los Saltos del Duero, 1918-1944', in Anes *et al*., pp. 279-324.

Edgerton, D. (2006), *The Shock of the Old, Technology and Global History since 1900*. Oxford: Oxford University Press.

Fuentes Quintana, E. and F. Comín (eds), (2008), *Economía y economistas españoles en la Guerra Civil*, Vol 2. Barcelona: Galaxia Gutenberg-Real Academia de Ciencias Morales and Políticas.

Glick, T.F. (1986), *Einstein y los españoles. Ciencia y sociedad en la España de entreguerras*. Madrid: Alianza Editorial.

Gómez Mendoza, A. (2006), 'Hidroeléctrica Española en los años 1940-1973', in Anes *et al*., pp. 421-62.

— (2007), 'UNESA y la autorregulación de la industria eléctrica (1944-1973)', in Gómez Mendoza *et al*., pp. 441-632.

Gómez Mendoza, A., C. Sudrià and J. Pueyo (2007), *Electra y el estado. La intervención pública en la industria eléctrica bajo el franquismo*, vol. I. Cizur Menor (Navarra): Editorial Aranzadi (CNE-Thomson-Civitas).

Hall, R. and C. Jones. (1999), 'Why do some countries produce so much more output per worker than others?', *Quarterly Journal of Economics*, 114, 83-116.

Hughes, T. P. (1983), *Networks of Power*. Chicago: The University of Chicago Press.

Landes, D. S. (1998), *The Wealth and Poverty of Nations, Why Some Are So Rich and Some So Poor*. New York-London: W. W. Norton & Company.

Leal, J. L., J. Leguina, J. M. Naredo, and L. Tarrafeta, (1986), *La agricultura en el desarrollo capitalista español, 1940-1970*. Madrid: Siglo XXI.

Malefakis, E. (1970). *Agrarian Reform and Peasant Revolution in Spain, Origins of the Civil War*. New Haven, CT: Yale University Press.

Martínez, P. (1962). 'El salto de Aldeadávila I', *Revista de Obras Públicas*, December, 793-

803.

MIC (1951), 'Electricidad. Datos y previsiones.' *Documentos Azules*, 6, February. Madrid: MIE- Dirección General de Industria.

Mokyr, J. (1994), 'Cardwell's Law and the political economy of technological progress', *Research Policy*, 23, 5, 561-74.

— (2002), *The Gifts of Athena. Princeton*. Princeton: University Press.

Muriel, M. (2002), *Cien años de historia de Iberdrola. Los hombres*. Madrid: Iberdrola.

Nelson, R. R. and E. S. Phelps (1966). 'Investment in humans, technological diffusion, and economic growth'. *American Economic Review*, 56, 69-75.

Nicolau, R. (1989), 'La población española, siglos XIX-XX', in Albert Carreras (ed.), *Estadísticas históricas de España*. Madrid: Fundación Banco Exterior, Madrid.

Olsson, O. (2000). 'Knowledge as a set in idea space, An epistemological view on growth'. *Journal of Economic Growth*, 5, 253-75.

Ortega, J. A. and J. Silvestre (2006), 'Las consecuencias demográficas', in Pablo Martín Aceña and Elena Martínez Ruiz (eds.), *La economía de la guerra civil*. Madrid: Marcial Pons, pp. 53-105.

Pechman, C. (1994), *Regulating Power, The Economics of Electricity in the Information Age*. Boston: Kluwer Academic Press.

Pueyo, J. (2007), 'La regulación de la industria de producción y distribución de energía Eléctrica in España, 1939-1972', in Gómez Mendoza, Sudrià, and Pueyo, pp. 61-439.

Puig, N. and S. López (1994), 'Chemists, engineers, and entrepreneurs. The Chemical Institute of Sarrià's impact on Spanish industry (1916-1992)'. *History and Technology*, 11, 345-59.

Reher, D. S. (2003), 'Perfiles demográficos de España, 1940-1960', in Carlos Barciela (ed.), *Autarquía y mercado negro. El fracaso económico del primer franquismo, 1939-1959*. Barcelona: Crítica, pp. 1-26.

Reher, D. S. and E. Ballesteros (1993), 'Precios y salarios en Castilla la Nueva. La construcción de un índice de salarios reales, 1501-1991'. *Revista de Historia Económica*, 11, 1, 101-51.

Rivas, R. (1951), 'El factor eléctrico en la economía nacional', *De Economía*, IV, 13-14, 23-33.

Robledo, R. (2008), Los economístas ante la reforma agraria de la Segunda República', in Enrique Fuentes Quintana (ed.), pp. 243-76.

Robledo, R. and T. Gallo, T. (2009), 'El ojo del administrador, política económica de una aristocracia en la Segunda República'. *Ayer*, 73, 161-94.

Romer, P. (1990), 'Endogenous technological change'. *Journal of Political Economy*, 98, 71-102.

Rodríguez, J. I. (1993). 'Las mil y una presas'. *Revista MOPT*, 411, 81-93.

Rosenberg, N. (1976), *Perspectives on Technology.* Cambridge: Cambridge University Press.

Rosés, J. R. (2008), 'Las consecuencias macroeconómicas de la guerra civil', en Fuentes Quintana (ed.), pp. 339-64.

Ruíz de Azua, E. (2000). 'Un primer balance de la educación en España en el siglo XX'. *Cuadernos de Historia Contemporánea*, 22, 159-82.

Schnitter, N. J. (1994), *A History of Dams*, *The Useful Pyramids.* Rotterdam: Balkema.

Sudrià, C. (1990), 'La industria eléctrica y el desarrollo económico de España', in J. L. García Delgado (ed.), *Electricidad y desarrollo económico, perspectiva histórica de un siglo.* Oviedo: Hidroeléctrica del Cantábrico.

— (2006), 'Iberduero, 1944-1973, la consolidación de un gran proyecto empresarial.' in Anes *et al*. 383-420.

— (2007), 'El Estado y el sector eléctrico español bajo el franquismo, regulación y empresa pública' in Gómez Mendoza *et al.*, 21-60.

Schumpeter J. A. (1939). *Business Cycles. A Theoretical*, *Historical and Statistical Analysis of the Capitalist Process*, vol, I and vol. II. New York: McGraw-Hill.

UNESA (2005), *El sector eléctrico a través de UNESA (1944-2004)*. Madrid: Unesa.

Verdoy, A. (1995), *Los bienes de los jesuitas. Disolución e incautación de la Compañía de Jesús durante la II República*, Madrid: Trotta.

索 引

巴塞罗那工业工程学校 86，187，200，212-215，218
半岛战争 44，46，48，49，114，118
贝尔格达纳纺纱机 114-118
泵 18，20，21，30，36，39，40，42，43，47，49，156
边缘 151，199
标准化 101，102，225，229，230
创新活动 58，131-133，137
创新体系 53，54，61，67，68，222，229，234
垂直整合 119，172，228
大规模生产 32，142，145
大航海时代 94，106，199
大炮钻孔 6，7
代理人 53，54，65-67，121，137，155，160，161，198，225
单一税 2
电话机 224，225，233
电力供应 188，189，191，193，194，197，198，200，258，260
电气化 160，189，191，192，196-200，259
电气设备 193，198，200
电网 191，193-195，258，259，264，265
动力织机 115
缎带织机 124
发电厂 188，189，191-198，200
发电机 187-189，191-195，197，200，235
发动机 41-44，66，158，188，195，196
发明 6，10，12，20，25，26，30，33，35，36，43，50，52，54，58-61，63-68，97，113，123，124，127，129，131-133，135，148，149，165，188，224，225，230，233，235，237-240
发展中国家 131，202，207
风帆船 92
改进 18，20，21，27，36，39-42，50，59，60，90，92，95，113-115，122，125，127，128，130，134，

› 337

136, 138, 140, 196
改良 92, 114, 119, 127, 136
干船坞 7, 15
工匠 7, 18, 25, 39, 41, 42, 45, 46, 48-51, 63, 69-71, 73, 79, 80, 90, 92, 110, 116, 117, 121-125, 128-130, 135, 139
工业革命 31, 55, 63, 66, 78, 120, 131, 132, 134, 135, 145, 148, 167, 169, 172, 178, 200, 222, 223, 228, 233, 254, 255
工业化 38, 52, 63, 65, 107-109, 113, 115, 120, 133, 138, 148, 168, 170, 177, 254, 256, 258
工业区位 107, 108, 120
工艺美术学院 37, 49, 60, 75, 76, 79, 136
汞 17-21, 28, 32, 34-36
孤立 209-211, 219, 220, 231
故障 135, 195, 264
关税 55, 56, 133, 159
国际组织 209, 229, 230
国家之友爱国协会 53
国家之友经济协会 23, 24, 28, 29, 57, 65, 73
合伙人 127, 135, 143, 152, 155, 157, 163, 173, 193, 233, 235
合资 137, 174, 176, 177, 179, 192
合资企业 137, 174, 176
合作伙伴 35, 41-43, 54, 72, 127, 137, 143, 144, 157, 169-174, 176-178, 180, 181, 226, 250
皇家法令 56, 61, 76, 96, 114
皇家宪章 59-61

火炮 8, 9, 14, 43, 92, 95, 96
机密 7, 13, 203
机械陈列室 29-31, 36, 40, 45-51
激励 22, 66, 133
技能 26, 27, 70, 79, 91, 121, 130, 134, 147, 152, 164, 266, 267
技术变革 52, 53, 62, 63, 108, 109, 113, 114, 120, 125, 212
技术发展 50, 53, 118, 132, 148, 212, 224, 229, 254, 256, 261, 266
技术教育 46, 47, 79, 80, 83, 86, 88, 166
技术能力 106, 130, 168, 268, 269
技术人员 3, 4, 12, 13, 18, 20, 51, 53, 62, 64, 73, 77, 113, 114, 122, 123, 125, 126, 129, 130, 132, 134, 137, 141, 149, 158, 191, 193, 198, 207, 208, 211, 224, 229, 234, 268
技术学校 74, 85
技术研究 76, 79, 88, 131, 140
技术支持 156, 174
技术知识 15, 50, 54, 71, 125, 141, 145, 153, 179, 255, 266, 267
技术转让 57, 63, 66, 109, 113, 131, 166, 167, 180
技术转移 15, 49, 53, 54, 56, 68, 130, 147, 148, 152, 153, 155, 161, 167, 178, 200, 202-204, 207-210, 212-214, 219, 220, 222-227, 231-234
技艺 3, 8, 15, 18, 19, 21, 26, 30, 47, 50, 57, 63, 70-72, 78, 79, 90, 92, 101, 102, 122, 125,

索 引

126，145

家族企业　116，135，140，141，164，169，173，177

间接税　56

建造技术　125，208

桨帆船　91，92，95

交换机　228

交流电　190，191，193-195，199

焦油　25-27

绞车　18，19，35

教席　38，46，57，203，212-214，220

竞争　4，58，63，65，66，68，78，88，106，110，115，121，133-135，141，142，144，145，149，171，173，174，176-178，181，230，232，249，252，269

卡斯蒂利亚　6，18，24，71，91，125，157，174

卡特尔　168-173，176，179，258，259，263-266

可连续　149，151-154，156-159，161-163

矿床　18，32，208

矿井　18，22

矿山　17-22，27，28，30-32，35，36，85，86，152，178

矿业学院　11，12，15，30，73，75，76

扩散　63，169，203，204，207

拉姆福德壁炉　43

劳动力　64，107，108，110-112，116，117，119，133，147，164，166，261，262，269

冷凝　27，43

里程碑　80，165，207，218，226，229

理工学院　47，82，84，209

理工专家　32，34

理论教学　51，82

利润　133-135，141，172，180，229

连续纺纱　117，118

联合体　175，180，181

联营　223，228，229，232

灵活　93，103，105，116，133，145，210，228

垄断　58，60，110，111，116，173，178，179，223，224，227，228，234，239，242-244，250，257，258，262，264-266

论文　12，34，50，64，103，220，248，254

贸易委员会　19，38，40，44-49，51，73，112，113，123，124，126，129，186

煤矿石洗选　17，23-25，28

煤炭　23-26，29，176，181，197，200，265

秘密　36，40，90，103，204，208，209，243，248

民用　5，70-72，84，203，204

磨床　30-32

磨木机　149，153-155

内战　87，116，135，138，139，141，148，164，172-174，230，231，260-263，269

黏合剂　32-34

女工　122，127

排水系统　18-21

培训　3，14，19，21，23，31，32，34，

339

40, 49, 51, 64, 69, 71, 73, 74, 78, 80-82, 85-87, 111-114, 132-134, 141, 152, 156, 160, 163-165, 207-214, 220, 226, 233

启蒙运动 16, 36, 71, 74, 75, 200

气压计 39

汽缸 42, 43

情报 3, 4, 6, 8-13, 15

渠道 121, 122, 147, 153, 161, 222, 223, 226, 228, 229, 232-234

取代 19, 21, 42, 78, 115, 117, 119, 134, 161, 170, 176, 187, 196, 197, 239, 250, 263

人力资本 117, 226, 234, 254-256, 261, 262, 265-267, 269

熔炉 20, 28-30, 32, 36

什一税 56

生产过剩 133, 158

生态 76, 77, 256

圣费尔南多三艺皇家学院 17, 21

实践 15, 30, 31, 36, 50, 51, 60, 67, 71, 75, 79, 80, 82, 86, 116, 145, 151, 165, 229

实验室 53, 57, 62, 73, 76, 82, 86, 142, 186, 200, 202, 203, 207, 210, 214, 216, 217, 227-230, 233

市场规模 108, 117, 119, 120, 226

收购 114, 142, 143, 175, 178, 224, 227, 228, 231

收益 116, 238, 258

授权 13, 24, 58, 60, 70, 127, 137, 149, 180, 181, 188, 191, 194, 224, 229, 235, 243, 244, 250

双动机 40, 41

双动式作用 36

水力纺纱机 39, 114, 115, 117-120

水利团队 23, 75

水泥 34, 269

丝纺机 125-129

所有权 177, 229, 238, 259

特许 13, 58-60, 65, 69, 70, 86, 123, 126, 127, 151, 196, 200, 227, 230, 232-235, 242, 251, 252

停滞 255, 261, 266, 269

铜 5, 8, 9, 12, 30, 35, 99, 158, 186, 217

突破 32, 154, 168, 268

图纸 12, 29, 41, 43, 45, 48, 49, 103, 106, 126, 242

袜子织机 125

外围国家 134, 172, 178, 202

危机 51, 59, 66, 75, 85, 170, 171, 225, 230

文艺复兴 69-72, 92, 105

涡轮机 150, 156-158, 160, 162, 163, 191, 195-197, 266

武器 72, 96, 203, 204, 207

现代化 2, 3, 12, 15, 24, 53, 63, 66, 67, 75, 109, 114, 131, 132, 142, 143, 150, 159, 160, 164, 177, 181, 200, 226, 230, 234, 269

相干器 237, 238, 240, 241, 245, 247, 248

小作坊 116, 117, 119

效率 12, 20, 76, 118, 127, 128, 134, 135, 187, 223, 256, 263, 267

协议 10, 54, 170-173, 175, 181, 205,

207, 208, 211, 212, 219, 220, 226, 230, 246, 251, 257, 264, 265

新技术 3, 9, 25, 48, 58, 60, 63-65, 67, 69, 83, 114, 116, 123, 130, 131, 135-137, 144, 145, 147, 154, 195, 229, 237

雅卡尔提花织机 129

研究所 73, 83, 169, 171, 174-176, 179, 208, 209, 211, 231, 265

研究中心 137, 204, 207, 208, 210-212, 215, 220, 230, 233, 234, 259

冶金 8, 9, 12, 25, 30, 43, 179, 210

一体化 141, 168, 171, 176, 177, 223, 227, 234

翼锭纺纱机 114

引领 29, 32, 113, 164

印刷 34, 42, 45, 151

铀 203, 204, 208-212, 216-220

再生主义 77, 231

长网造纸机 148-151, 153, 157, 163

蔗糖精制 55, 63-65

针织机 122-124

珍妮纺纱机 111, 113-118, 120

蒸馏 25-27, 59, 64

蒸汽机 4, 16, 19, 21, 30, 40-46, 50, 152, 156, 162, 187, 188, 192-195

织带机 124

直流电 187, 190, 191, 193-195, 199

植物园 53, 57

纸浆 148-150, 153, 158, 159, 161

制度化 71, 72, 80

制图 47, 66, 67, 70, 72, 75

朱砂 18, 20, 32

主导 50, 65, 76, 78, 80, 136, 144, 147, 149, 152, 158, 159, 174, 193, 196, 223, 225, 236

专业化 54, 55, 107-109, 117, 147, 163, 166

专业知识 116, 224, 226, 232, 233, 269

转化 12, 33, 195, 209, 216-218, 220

子系统 60, 62, 64, 68

自动换梭织机 140, 142

自动走锭精纺机 115

自给自足 162, 170, 174, 179, 225, 231, 254, 263

宗主国 53-58, 61-65, 67, 68

综合体 63, 177, 181

走锭纺纱机 113-115, 118-120

组织创新 53, 63, 66, 110

› 341

译者后记

西班牙科技，一部风格流变的交响乐，一段探索技术的冒险之旅

西班牙的科技发展历程犹如一部宏大的交响乐，融合了多元文化、历史事件与社会变革的丰富音符。西班牙的科技交响乐是刚柔结合、风格变幻的，有大航海时代舰船航行的恢宏奏鸣，有18世纪工业谍报活动的窃窃私语，有阿尔马登矿山的采矿机器的轰鸣阵阵，还有机械工程学校激动人心的演讲，更有海外种植园的异域风情，以及19世纪至20世纪西班牙本土纺织、造纸、化学、电力和通信等工业的曲折变奏，再到全球化与现代信息技术、可再生能源的崛起的摩登曲风。这部交响乐中，不仅有外国人登场来担任高调的主唱，也有西班牙特有的风格若隐若现地飘荡在国外。《西班牙技术简史》这本书就是选编了这部交响乐的不同流派，强调了西班牙为全球科技的进步贡献的重要力量。

《西班牙技术简史》这本书的英文书名自嘲为"西班牙历史中的欧洲技术"（European Technologies in Spanish History），但事实上，正是西班牙的仁人志士与众多组织机构积极引进并发展欧洲技术，这本书也让我们看到

众多技术在全球的深化与普及的生动过程中，有着西班牙的影子。让我们认识到西班牙的技术史也不仅仅是本国的创造发明的历史，更是助推全球的科技发展的历史。

"以史为鉴，可以知兴替。"科学史是一门古老而不断发展的学科，它是科学与人文交汇的桥梁。在如今这个科学日新月异、技术飞速发展的时代，我们似乎已对身边的科学成果麻木，面对"无人驾驶"与"人工智能"这些日常概念，起初的惊奇似乎渐行渐远。然而，正是在这样的时刻，我们更需要回望历史，探寻科技发展的根源与未来。我们不仅需要了解中国的近现代科学技术史，还需要观照世界科技发展的全景图，才能真正理解技术发展的动态过程，提升自身对核心科技和创新能力的认识。

翻译这样一部科技与人文知识交织的作品，既令人愉悦，又颇具挑战。第一章中，工业革命初期，西班牙的间谍活动不仅仅是技术盗取，更是一场国家发展的隐秘斗争，这背后是技术传播的光明与阴影的交错。而到了第二章，阿古斯丁·德·贝当古在处理汞和煤矿的研究中屡屡碰壁，换了思路改变的工作方向，却依然不忘将吸取的经验继续发展，甚至造福了国外。因而我时常陷入对人性、妥协、智慧与勇气的沉思，被西班牙人民奋斗的精神所感动。在机械工程的发展史中，科技进步与社会变革密不可分，每一项新技术的诞生都是无数工程师与工匠智慧的结晶。当今我们所倡导的"大国工匠"精神，是否也孕育着未来源源不断的创新与发展？

在翻译西班牙黄金世纪船舶制造的篇章时，我被创造与工艺结合的美感所震撼，感受到大航海时代的无畏精神。船舶不仅是运输工具，更是技术与艺术的完美结合。在本书的故事中，我们还可以看到更多与当下科技发展的契合点。例如，在讨论棉纺织工业的国际转移时，我们可以看到技术并非孤立存在。科技人员通过不同区域经济和文化的特点，促进技术在区域间的流动，实现外国机器与本土车间的更好匹配，探讨外来技术与民族身份的融合。而进入20世纪，电力与核技术的引入加快了西班牙的工业化步伐。通过思考技术在不同政治背景下如何影响社会发展，必能为当代中国的科技工作者和对科技史感兴趣的读者提供新的研究视角。

  同时，我们也希望通过生动的文字，还原其中复杂多样的历史事件，让读者窥见科技背后的人类智慧光辉，也能领略到科技与伦理如何实现平衡。在这篇后记完成之际，期待以此书为载体，与读者朋友们一起踏上这场跨文化与穿越历史的旅程。希望本书能搭建科学与人文融合的桥梁，促进不同学科之间的交叉与融合。

  在《西班牙技术简史》中文版的出版过程中，我们衷心感谢中国科学技术出版社的编辑们，正是他们深厚的科技情怀和全球视野，才使得这一重要选题得以实现。这不仅为我们提供了一个了解西班牙技术发展的窗口，也为读者呈现了一段丰富而深刻的历史。与此同时，我也要特别感谢出版社科技史编辑部团队的辛勤付出。他们在编辑、校对和排版过程中倾注了大量心血，确保了译作的高质量与流畅性。正是他们的专业和耐心，才让这部作品得以顺利问世。我们也感谢出版社实习生顾笑奕的审读。

  译者是"戴着镣铐的舞者"。作为译者，我们并非科技领域的专业人士，却肩负着传播科技思想与成果的重任。在翻译这部涵盖丰富内容的学术著作过程中，译者通过不断查询与求证，才能将准确的科技信息传递给中国读者。在此，我们向参加本次翻译辅助工作的四川大学、成都信息工程大学、成都理工大学、西南科技大学、西南石油大学等高校的师生表示衷心的感谢。

  我们相信，随着新技术不断演变，每一次创新都在重塑我们的生活方式与思维方式。科技的变化不仅是工具与方法的转变，更是对人类认知的挑战与扩展。瞻仰西班牙科技群星闪耀之时，旅途的意义不仅关乎历史，更在于照进未来。

李伟彬

2024 年，于成都信息工程大学